RaumFragen:
Stadt – Region – Landschaft

Herausgegeben von
S. Kinder, Tübingen, Deutschland
O. Kühne, Saarbrücken, Deutschland
O. Schnur, Tübingen, Deutschland

Im Zuge des „spatial turns" der Sozial- und Geisteswissenschaften hat sich die Zahl der wissenschaftlichen Forschungen in diesem Bereich deutlich erhöht. Mit der Reihe „RaumFragen: Stadt – Region – Landschaft" wird Wissenschaftlerinnen und Wissenschaftlern ein Forum angeboten, innovative Ansätze der Anthropogeographie und sozialwissenschaftlichen Raumforschung zu präsentieren. Die Reihe orientiert sich an grundsätzlichen Fragen des gesellschaftlichen Raumverständnisses. Dabei ist es das Ziel, unterschiedliche Theorieansätze der anthropogeographischen und sozialwissenschaftlichen Stadt- und Regionalforschung zu integrieren. Räumliche Bezüge sollen dabei insbesondere auf mikro- und mesoskaliger Ebene liegen. Die Reihe umfasst theoretische sowie theoriegeleitete empirische Arbeiten. Dazu gehören Monographien und Sammelbände, aber auch Einführungen in Teilaspekte der stadt- und regionalbezogenen geographischen und sozialwissenschaftlichen Forschung. Ergänzend werden auch Tagungsbände und Qualifikationsarbeiten (Dissertationen, Habilitationsschriften) publiziert.

Herausgegeben von
Prof. Dr. Sebastian Kinder,
Universität Tübingen

PD Dr. Olaf Schnur,
Universität Tübingen

Prof. Dr. Dr. Olaf Kühne,
Universität Saarbrücken

Ludger Gailing • Markus Leibenath (Hrsg.)

Neue Energielandschaften – Neue Perspektiven der Landschaftsforschung

Springer VS

Herausgeber
Ludger Gailing
Leibniz-Institut für Regionalentwicklung
   und Strukturplanung
Erkner, Deutschland

Dr. Markus Leibenath
Leibniz-Institut für ökologische
   Raumentwickung
Dresden, Deutschland

ISBN 978-3-531-19794-4   ISBN 978-3-531-19795-1 (eBook)
DOI 10.1007/978-3-531-19795-1

Die Deutsche Nationalbibliothek verzeichnet diese Publikation in der Deutschen Nationalbibliografie;
detaillierte bibliografische Daten sind im Internet über http://dnb.d-nb.de abrufbar.

Springer VS
© Springer Fachmedien Wiesbaden 2013

Gedruckt auf säurefreiem und chlorfrei gebleichtem Papier

Springer VS ist eine Marke von Springer DE. Springer DE ist Teil der Fachverlagsgruppe Springer
Science+Business Media.
www.springer-vs.de

Inhalt

Landschaften unter Strom

Markus Leibenath

1 Die Energiewende der Landschaftsforschung

Wenn heute in der Öffentlichkeit über Landschaft gesprochen wird, dann sehr oft in Zusammenhang mit erneuerbaren Energien. Die verschiedenen Formen erneuerbarer Energie bilden einen wichtigen, wenn nicht den wichtigsten inhaltlichen Bezugspunkt öffentlicher Auseinandersetzungen über Landschaft (Leibenath und Otto 2013; s. auch den Beitrag von Otto und Leibenath in diesem Band).

In Fachkreisen ist eine ähnliche Entwicklung zu beobachten. In den letzten Jahren hat sich die Zahl der Publikationen, die sich mit dem Themenkomplex „erneuerbare Energie und Landschaft" befassen, geradezu explosionsartig entwickelt. Recherchiert man beispielsweise in der Literaturdatenbank „dnl-online" des Bundesamts für Naturschutz (BfN 2012) nach Titeln zum Stichwort „erneuerbare Energie", so ergibt sich für den Zeitraum von 1982 bis 2011 eine exponentielle Ergebniskurve. Während nur acht Titel für das Fünf-Jahres-Intervall 1982-1986 erfasst sind, findet man bereits 16 Titel für 1987-1991, 30 Titel für 1992-1996, 167 Titel für 1997-2001, 470 Titel für 2002-2006 und sogar 836 Titel für 2007-2011. Auch wenn man das Attribut „erneuerbar" weglässt, ergibt sich ein ähnlicher Verlauf. Nach diesen Indizien wurde also in der Landschaftsforschung in den letzten Jahren eine Energiewende dergestalt vollzogen, dass man sich in ungeahntem Ausmaß Energiethemen zugewandt hat.

Offensichtlich waren die Bezüge zwischen Landschaft und Energie zuvor im Bewusstsein von Landschaftsforschern wenig präsent. Dabei sind die Nutzung und das Erscheinungsbild von Landschaften seit jeher auf das Engste mit den energetischen Rahmenbedingungen verbunden, unter denen Gesellschaften leben. Der Historiker Sieferle (1997) unterscheidet zwischen drei hauptsächlichen Energie-Regimen. Dies sind das unkontrollierte Solarenergiesystem paläolithischer Jäger und Sammler, das kontrollierte agrarische Solarenergiesystem sowie das auf fossilen und atomaren Energieträgern beruhende industrielle Energiesystem. Jedes dieser Systeme korrespondiert mit bestimmten Landschaftsformen, etwa mit Agri-Kulturlandschaften oder „totalen" Landschaften, womit Sieferle umfassend und gleichförmig industrialisierte Landschaften meint.

Folgt man Sieferles Systematik, so kann man in der verstärkten Hinwendung zur Nutzung erneuerbarer und damit vor allem solarer Energien – denn auch die Windenergie resultiert größtenteils aus der Sonnenenergie – einerseits eine Rückkehr zum kontrollierten Solarenergiesystem der Agrargesellschaften sehen. Andererseits kann man jedoch die Installation von Windrädern, Freiflächen-Photovoltaikanlagen und Bioreaktoren auch als eine weitere Facette der totalen Technisierung und Industrialisierung von Landschaften betrachten. Widersprüchlich ist auch die neue Rolle der Landwirtschaft als Energielieferant: Ihre politischen Repräsentanten geben zwar vor, die Landwirtschaft von einem reinen „Betrieb zur Stoffumwandlung [...], der weitgehend auf die Verfügbarkeit fossiler Energieträger angewiesen ist", zurück zu transformieren in einen „Bestandteil des Energiesystems" (Sieferle 1997, S. 145f.). Es ist jedoch umstritten, ob und inwieweit diese Transformation gelingen kann angesichts der unverändert hohen Energiezufuhren in Form von Treibstoffen, Düngemitteln und Pestiziden.

Aus diesen Widersprüchen ergibt sich ein Unterschied zu früheren Debatten unter Naturschützern und naturschutzorientierten Landschaftsforschern über Landschaftsveränderungen. Bei Problemen wie der oftmals beklagten Zerschneidung von Landschaften durch den Bau von Fernstraßen, dem Rückgang der biologischen Vielfalt durch den steigenden Einsatz von Agrarchemikalien, der Wasser- und Luftverschmutzung durch Industriebetriebe oder der Bodenversiegelung durch Siedlungstätigkeiten war der Frontverlauf klar: Dort die „böse" Industrie und die naturvergessenen Konsumenten, hier die „guten" Naturschützer und die wissenschaftlichen Mahner gegen die Landschaftszerstörung. Die erneuerbaren Energien hingegen spalten vielerorts das „grüne" Lager, soweit es ein solches je gegeben hat: Das unter dem Banner des Klimaschutzes und des Atomausstiegs (mehr oder weniger) euphorisch vorgetragene grundsätzliche Bekenntnis zu erneuerbaren Energien paart sich mit vielfältigen Einwänden und Bedenken, wenn es um konkrete Verfahren oder Anlagenstandorte geht (vgl. bspw. Mannsfeld et al. 2012).

Das steigende Interesse von Landschaftsforschern an den Zusammenhängen zwischen Energie und Landschaft korreliert mit der verstärkten Errichtung und der zunehmenden Präsenz von Anlagen zur Nutzung erneuerbarer Energien. 2011 gab es in Deutschland zum Beispiel mehr als 5.800 Biogasanlagen; im Bereich der Windenergie waren mehr als 22.000 Anlagen installiert. Ebenfalls 2011 hatten die erneuerbaren Energien in Deutschland einen Anteil von über 20,1 % an der Stromerzeugung (2010: 17,1 %). Davon entfiel mit 7,7 % der größte Anteil auf die Windenergie, gefolgt von Biomasse, Wasserkraft und Solarenergie (AEE 2012; BWE 2012).

Dieser Entwicklung haftet nichts „Naturwüchsiges" an, sondern sie ist Ausdruck eines politischen Willens und eines geänderten Bewusstseins. Die gegenwärtige Debatte über die Energiewende steht stark unter dem Eindruck des Reaktorunfalls von Fukushima und des erneuten Ausstiegs aus der Atomenergie, den die Bundesregierung bald darauf verkündet hat. Dabei hat das Bundesforschungsministerium bereits in den 1980er Jahren beispielsweise für die Windenergie umfangreiche Forschungs- und Markteinführungsprogramme unterstützt. Schon 1991 trat das Stromeinspeisungsgesetz in Kraft, ein Vorläufer der späteren Erneuerbare-Energien-Gesetze. 1996 wurde die baurechtliche Privilegierung von Windenergieanlagen im Außenbereich mit einer Novellierung des Baugesetzbuches eingeführt. Im Koalitionsvertrag von 1998 hat die damalige Bundesregierung von SPD und Bündnis 90/Die Grünen beschlossen, aus der Nutzung der Kernenergie auszusteigen und Hemmnisse zu beseitigen, die eine verstärkte Nutzung erneuerbarer Energien behindern (Schlegel 2005).

Aktuell vollzieht sich der Ausbau der erneuerbaren Energien in Deutschland vor allem auf der Grundlage folgender Konzepte und gesetzlicher Regelungen (vgl. auch die Überblicksdarstellung in Bosch und Peyke 2011):

- Das Strategiepapier „Eine Energiepolitik für Europa" der Europäischen Kommission, das die Zielvorgabe enthält, „den Anteil erneuerbarer Energien am Gesamtenergiemix der EU von heute [2007] weniger als 7 % auf 20 % bis zum Jahr 2020 zu erhöhen" (EU-KOM 2007, S. 16).
- Die EU-Richtlinie zur Förderung von Energie aus erneuerbaren Quellen, die Deutschland dazu verpflichtet, einen nationalen Aktionsplan für erneuerbare Energie zu verabschieden und bis 2020 mindestens 18 % des Bruttoendenergieverbrauchs aus erneuerbaren Quellen zu decken (EE-Richtlinie 2009, Artikel 3 und 4 in Verbindung mit Anhang 1).
- Das Energiekonzept der Bundesregierung von 2010, in dem die Regierung die 18-%-Vorgabe der EU übernimmt und sich außerdem dazu bekennt, den Anteil der Stromerzeugung aus erneuerbaren Energien am Bruttostromverbrauch bis 2020 auf 35 % zu erhöhen (BMWi und BMU 2011, S. 5).
- Das Erneuerbare-Energien-Gesetz, das den Zweck hat, „insbesondere im Interesse des Klima- und Umweltschutzes eine nachhaltige Entwicklung der Energieversorgung zu ermöglichen" (EEG 2012, § 1 Abs. 1), und das unter anderem die Einspeisevergütung für Strom aus erneuerbaren Energien regelt (EEG 2012, §§ 16ff.).

Es kann also festgehalten werden, dass es mittlerweile eine stabile politisch-institutionelle und ökonomische Basis für die Nutzung erneuerbarer Energien gibt. Die räumlichen Implikationen dieser Energiewende sind vielerorts zu erleben. Sowohl in der breiten Öffentlichkeit als auch in der Fachwelt haben diese Entwicklungen dazu geführt, dass über Landschaften in anderer Weise als bisher kommuniziert wird. Blickt man unter energetischen Gesichtspunkten und vor dem Hintergrund des bedrohlichen anthropogenen Klimawandels auf Landschaften, dann müssen neue Antworten auf die Frage gefunden werden, was eine nachhaltige Landschaft oder Landnutzung ist. Ist es beispielsweise im Sinne der Nachhaltigkeit schlüssig, weiterhin einen möglichst strengen Arten- und Biotopschutz für Deutschland zu fordern und die Schattenseiten der Energieversorgung wie bisher in andere Länder und Erdteile zu verlagern und damit zu „de-sensualisieren" (Kühne in diesem Band)? Oder ist es nachhaltig, gravierende Risiken für Vögel und Fledermäuse in Kauf zu nehmen, indem man Windräder in großer Zahl in Wäldern und geschützten Gebieten installiert? Ist es nachhaltig, die Landwirtschaft zu Zwecken der Biomasseproduktion weiter zu intensivieren (soweit das überhaupt noch möglich ist), um auf diese Weise neben einem hohen Fleischkonsum auch noch einen hohen Energiekonsum abzusichern? Oder müsste die gesamte Problematik eigentlich ganz anders, grundsätzlicher diskutiert werden?

Wenn man durch die „Energie-Brille" auf Landschaften und durch die „Landschafts-Brille" auf die Energieversorgung schaut (Nadaï und van der Horst 2010), ergeben sich in jedem Falle spannende und neue Fragen, der sich die Landschaftsforschung stellen muss. Das Gros der oben erwähnten Fachpublikationen zu diesem Themenkomplex ist aber entweder natur- oder ingenieurwissenschaftlicher Art oder aber normativ geprägt in dem Sinne, dass bestimmte Leitbilder, gestalterische Visionen und politische Positionen unterbreitet werden. Vor allem aus dem angelsächsischen Raum gibt es eine Reihe sozialwissenschaftlicher Studien zur Akzeptanz erneuerbarer Energien, insbesondere von Windkraftanlagen[1]. Ohne auf die Ergebnisse dieser Untersuchungen im Detail einzugehen, kann gesagt werden, dass – je nach theoretischem Ausgangspunkt und je nach Forschungsinteresse – aus sozialwissenschaftlicher Sicht zumindest drei große Bereiche von Interesse sind, zwischen denen vielfältige Querbezüge bestehen:

- Erstens Akteure, Institutionen und Steuerungsansätze,
- zweitens die unterschiedlichen Wahrnehmungen, Sichtweisen und Bewertungen im Zusammenhang mit Landschaftsveränderungen, wobei vor allem Aspekte des Landschaftsbildes zum Tragen kommen, und
- drittens schließlich die praktische Gestaltung von Planungs- und Entscheidungsverfahren.

Auch die Struktur des vorliegenden Bandes orientiert sich an diesen drei Schwerpunkten.

2   Übersicht über die Beiträge

Der Band gliedert sich in drei Hauptteile. Der erste trägt die Überschrift „Akteure, Governance und Diskurse" und beginnt mit einem Beitrag von Sören Becker, Ludger Gailing und Matthias Naumann über die Akteure der neuen Energielandschaften. Am Beispiel des Bundeslandes Brandenburg untermauern die Autoren ihre These, dass die neuen Energielandschaften mit neuen Akteurslandschaften einhergehen und dass die Energielandschaften nur gestalten und steuern kann, wer die entsprechenden Akteurslandschaften kennt und versteht. Nach einem Überblick über grundlegende Veränderungen der technologischen, institutionellen und politischen Rahmenbedingungen des Energiesektors nehmen die Autoren drei Typen von Akteuren in den Blick. Dies sind erstens energiewirtschaftliche Unternehmen, zweitens öffentliche Akteure in Kommunen und Regionen und drittens die Zivilgesellschaft. Der Beitrag schließt mit weiterführenden Überlegungen zum Zusammenwirken von Akteurs- und Energielandschaften.

Conrad Kunze lenkt in seinem Artikel über „Die Energiewende und ihre geographische Diffusion" den Blick auf so genannte energieautonome Kommunen und Regionen, denen zwar unter energiewirtschaftlichen Gesichtspunkten noch kein großes Gewicht

---

1   Zu erwähnen sind hier vor allem die Arbeiten von Aitken et al. (2008), Ellis et al. (2006), Haggett und Toke (2006), Warren et al. (2005), Wolsink (2000), Woods (2003) sowie Zoellner et al. (2008).

zukommt, aber die nach Ansicht des Autors als interessante „Versuchslabore" angesehen werden können. Kunze legt dar, warum sich gerade kleine Orte in ländlichen Räumen Ost- und Süddeutschlands oft zu Vorreitern der Energiewende entwickelt haben, und geht in diesem Zusammenhang unter anderem auf die Faktoren „Sozialkapital" und „Lernprozesse" näher ein. Im zweiten Teil seines Beitrags gibt Kunze einen Ausblick auf die mögliche weitere Entwicklung und Diffusion energieautonomer Kommunen und Regionen. Darüber hinaus ordnet er die von ihm analysierten Entwicklungen in einen konzeptionellen Rahmen ein, den er der Transitionstheorie entnommen hat.

Der Beitrag von Markus Leibenath basiert auf dem Befund, dass die Energiewende in Deutschland Hand in Hand geht mit einer neuartigen kommunalen und regionalen Energiepolitik. In diesem Zusammenhang geht er erstens der Frage nach, inwieweit dabei Governance im Sinne netzwerkartiger, partizipativer Steuerungsansätze zum Tragen kommt. Die zweite Frage lautet, ob diese Governance-Ansätze, so es sie denn gibt, auch als Landschafts-Governance zu qualifizieren sind. Zur Beantwortung dieser beiden Fragen gibt der Autor einen Überblick über verschiedene Handlungsansätze der neuen kommunalen und regionalen Energiepolitik. Die dritte Leitfrage richtet sich auf die theoriegestützte Untersuchung landschaftsbezogener Governance-Aktivitäten im Kontext der Energiewende und lautet, welche analytischen Möglichkeiten zwei unterschiedliche Perspektiven bieten. Dies sind zum einen der Rational-Choice-Institutionalismus und zum anderen ein diskurstheoretischer Ansatz.

Ein Anwendungsbeispiel der diskurstheoretischen Perspektive stellt der Text von Antje Otto und Markus Leibenath dar. Die Autoren analysieren, wie Landschaften in konkurrierenden Diskursen über die Nutzung der Windenergie konstruiert werden und welche Argumentationsmuster dabei zum Einsatz kommen. Diese beiden Aspekte werden sowohl auf einer allgemeinen, nicht ortsbezogenen Ebene als auch in einer lokalen Fallstudie zu einer Kontroverse über einen geplanten Windpark in der nordhessischen Kleinstadt Wolfhagen untersucht. In der Fallstudie wird außerdem der Zusammenhang zwischen Diskursen und Akteuren beleuchtet. Genauer gesagt handelt es sich um Koalitionen, die bestimmte Diskurse produzieren, und um die Dynamik, der diese Diskurskoalitionen unterliegen. Darüber hinaus hat der Beitrag das Ziel, Hinweise für die Planungspraxis sowie für weiterführende Studien zu formulieren.

Im zweiten Hauptteil des Bandes geht es um divergierende Sichtweisen auf die Veränderung von Landschaften und somit um Ästhetik, Wahrnehmung und Werturteile. Indem Ute Hasenöhrl Konflikte um regenerative Energien und Energielandschaften unter umwelthistorischen Gesichtspunkten betrachtet, eröffnet sie eine Perspektive, die in den gegenwärtigen Diskussionen leider wenig präsent ist. Im Mittelpunkt des Beitrags stehen nicht die aktuell viel beachteten Energiequellen Wind und Sonne, sondern Wasserkraftprojekte in Bayern in der Mitte des zwanzigsten Jahrhunderts. Detailliert geht die Autorin auf vier Fälle ein: Ein geplantes und letztlich nicht realisiertes Staudammprojekt in der Partnachklamm bei Garmisch-Partenkirchen, die Überleitung des Rißbachs in den Walchensee sowie den Bau von Staustufen entlang des Lechs und der Salzach. Einige Parallelen zur heutigen Situation liegen auf der Hand: Auch damals gab es einen dringenden Bedarf zur Erschließung neuer Formen der Energiegewinnung und auch damals standen sehr weit reichende Landschaftsveränderungen zur Debatte. Mit Hilfe von Originalquellen kann die Autorin aufzeigen, wie für und gegen diese Vorhaben argumentiert wurde und welche aus heutiger Sicht überraschenden Allianzen zum Beispiel manche Naturschutzvertreter eingegangen sind.

Inverse Landschaften: wie Olaf Kühne in seinem Beitrag darlegt, handelt es sich dabei um solche Aspekte von Landschaften, die in der Regel ignoriert und nicht wahrgenommen werden. Gemäß einer These des Autors ist dies auf Strategien der De-Sensualisierung zurückzuführen, die darauf abzielen, bestimmte Aspekte oder Elemente der sensorischen Wahrnehmung zu entziehen. Im Umkehrschluss kann es folglich auch Prozesse der Re-Sensualisierung geben, auf die Olaf Kühne am Ende seines Beitrags eingeht. Zuvor schlägt er einen Bogen von der sozialen Konstruktion des Klimawandels und den Bezügen zwischen Landschaft und Ästhetik über wichtige Merkmale eines sozialkonstruktivistischen Landschaftsverständnisses bis hin zu den Wechselwirkungen zwischen Energiewende und Landschaft. Abschließend präsentiert der Autor Gedanken zu den Zusammenhängen zwischen inversen Landschaften und Macht und skizziert Forschungsperspektiven, die sich daraus ableiten lassen.

Susanne Kost stellt die Bewohnersicht auf die Transformation von Landschaften durch regenerative Energie ins Zentrum ihrer Untersuchung. Den Ausgangspunkt bildet die Annahme, dass sich der vielerorts zu beobachtende Widerstand gegen regenerative Energien nicht auf Konflikte über das Landschaftsbild reduzieren lässt. Stattdessen sei es erforderlich, auch die identifikatorische Funktion von Räumen sowie Prozesse der Identifikation mit neuen Raumbildern zu berücksichtigen. Der Beitrag enthält eine umfassende Einordnung der Begriffe „Landschaftsbewusstsein", „Raumbild" sowie „räumliche Identität" und setzt diese in Beziehung zu erneuerbaren Energien und deren lokaler Akzeptanz. Darauf aufbauend thematisiert die Autorin Möglichkeiten, Raumbilder bewusst zu gestalten, und illustriert dies mit verschiedenen Beispielen.

Nils Franke und Hildegard Eissing analysieren die Möglichkeiten von Umwelt- und Naturschutzakteuren, gerichtlich gegen Beeinträchtigungen des Landschaftsbildes vorzugehen, die durch erneuerbare Energien verursacht werden. Das wichtigste Rechtsinstrument ist die Verbandsklage. In diesem Zusammenhang setzen sich die Autoren mit dem Passus „Vielfalt, Eigenart und Schönheit der Landschaft" im Bundesnaturschutzgesetz auseinander und analysieren, wie damit vor Gericht umgegangen wird. Gestützt auf die Auswertung zahlreicher Gerichtsurteile identifizieren sie die landschaftsbezogenen Wertsetzungen, mit denen Richter in solchen Verfahren arbeiten, und hinterfragen diese.

Der dritte Hauptteil ist planungswissenschaftlichen Ansätzen gewidmet. Den Auftakt bildet ein Beitrag von Heidi Megerle. Darin entwirft sie für Baden-Württemberg ein umfassendes Bild des spannungsreichen Verhältnisses zwischen erneuerbaren Energien und Landschaft. Im Mittelpunkt stehen die Energieträger Wind und Biomasse. Die Autorin erörtert die Raumrelevanz erneuerbarer Energien und wirft einen Blick auf den Stand der Forschung zu der Frage, wie Landschaftsveränderungen infolge des verstärkten Einsatzes erneuerbarer Energien von unterschiedlichen Bevölkerungsgruppen wahrgenommen und bewertet werden. Baden-Württemberg ist ein interessanter Untersuchungsfall, weil dort länger als in anderen Bundesländern fast ausschließlich auf fossile Energieträger und Atomenergie gesetzt wurde. Mit dem Regierungswechsel im Jahr 2011 und dem Amtsantritt des ersten deutschen Ministerpräsidenten von der Partei Bündnis 90/Die Grünen wurden die Weichen neu gestellt zugunsten der erneuerbaren Energien – insbesondere der Windenergie. Die Autorin geht den Konflikten nach, die sich daraus ergeben, und beschreibt mögliche Lösungsstrategien aus Sicht der Planungspraxis.

Planerische Entscheidungs- und Abwägungsprozesse im Zusammenhang mit Windkraftanlagen bilden auch das Thema des Beitrags von Bärbel Francis. Sie richtet ihren Blick jedoch auf Großbritannien und hier insbesondere auf den Bezirk Torridge in der südwestenglischen Grafschaft Devon. Auch dort steht man vor dem Problem, die verstärkte Nutzung erneuerbarer Energien zu ermöglichen und gleichzeitig die naturschutz- und tourismusbezogenen Qualitäten der Landschaft zu bewahren. Francis beschreibt, wie über eine von Experten erstellte Sensitivitätsanalyse und mehrere Stakeholder-Workshops versucht wurde, möglichst landschaftsverträgliche Standorte für Windkraftanlagen und Freiflächen-Photovoltaikanlagen zu ermitteln. Ausführlich werden die Methoden zur Charakterisierung des landschaftlichen Ausgangszustands und zur Bewertung eventueller Eingriffe dargestellt. Eine zentrale Rolle spielen dabei so genannte Landscape Character Types. Der Beitrag schließt mit der Vorstellung eines Sets von Landschaftsstrategien, die unterschiedliche Intensitätsniveaus der Nutzung erneuerbarer Energien implizieren, sowie mit Reflexionen über die Potenziale und Grenzen der vorgestellten Methodik.

Jenny Atmanagaras Text greift mehrere Diskussionsstränge aus anderen Beiträgen dieses Bandes auf und verbindet sie in spezifischer Weise. Grundlegend ist die Prämisse, dass der verstärkte Einsatz erneuerbarer Energien und die Verwirklichung der Energiewende nicht nur auf technischen Innovationen beruhe, sondern von den Interessen, Optionen und Handlungen einer Vielzahl von Akteuren abhänge. Konkret analysiert die Autorin die Rolle von Planungskulturen in klima- und energiebezogenen strategischen Planungsprozessen. Ihr geht es weniger um Kulturen der Planung, sondern um das Zusammentreffen von Akteuren mit unterschiedlicher kultureller Prägung in Planungsprozessen. Anhand eines planungstheoretischen Modells und empirischer Erkenntnisse aus mehreren europäischen Forschungsprojekten erörtert die Autorin die Möglichkeiten und Grenzen beteiligungsorientierter Planungs- und Bewertungsverfahren.

3   Neue Forschungsperspektiven identifizieren

Im vorliegenden Band geht es darum, von unterschiedlichen sozial- und planungswissenschaftlichen Standpunkten aus die sozialen Prozesse zu beschreiben und einzuordnen, die gegenwärtig im Schnittbereich von Energie und Landschaft zu beobachten sind. Naturwissenschaftliche und technische Fragen wurden dabei ebenso wie normative und moralische Aspekte bewusst nicht in den Mittelpunkt gerückt. Dahinter steht die Überzeugung, dass deskriptive – und nach Möglichkeit auch theoriegestützte – Analysen sozialer Strukturen und Entwicklungen eine wichtige Voraussetzung dafür bilden, sowohl die Landschafts- als auch die Energiepolitik transparent, partizipativ, fair und demokratisch zu gestalten. Außerdem sollen weiterführende Forschungsperspektiven aufgezeigt werden.

Bei den Beiträgen dieses Bandes handelt es sich um die Schriftfassungen von Vorträgen, die im Rahmen eines Workshops des Arbeitskreises Landschaftsforschung[2] erarbeitet worden sind. Der Workshop fand im April 2012 in Erkner bei Berlin statt und stand unter dem Thema „Neue Energie – Neue Energielandschaften – Neue Perspektiven der Landschaftsforschung?" Dank gebührt der britischen Landscape Research Group für die finanzielle Unterstützung, dem Leibniz-Institut für Regionalentwicklung und Strukturplanung (IRS) als Veranstalter sowie allen Teilnehmenden und Mitwirkenden, deren Diskussionsbeiträge, Ideen und Engagement ebenfalls zum Gelingen dieses Buchprojekts beigetragen haben.

Literatur

AEE (= Agentur für Erneuerbare Energien) (2012). föderal erneuerbar. Bundesländer mit neuer Energie. Bundesländer in der Übersicht. http://www.foederal-erneuerbar.de. Zugegriffen: 26. November 2012.

Aitken, M., McDonald, S. & Strachan, P. (2008). Locating ‚power' in wind power planning processes: The (not so) influential role of local objectors, *Journal of Environmental Planning and Management 51*, 777-799.

AKL (= Arbeitskreis Landschaftsforschung) (2012). Arbeitskreis Landschaftsforschung [Internetseite]. http://www.landschaftsforschung.de. Zugegriffen: 27. November 2012.

BfN (= Bundesamt für Naturschutz) (2012). Dokumentation Natur und Landschaft – online. DNL-online. Die Literaturdatenbank des Bundesamtes für Naturschutz. http://www.dnl-online.de/. Zugegriffen: 26. November 2012.

BMWi & BMU (= Bundesministerium für Wirtschaft und Technologie & Bundesministerium für Umwelt, Naturschutz und Reaktorsicherheit) (2011). Das Energiekonzept der Bundesregierung 2010 und die Energiewende 2011. http://www.bmu.de/files/pdfs/allgemein/application/pdf/energiekonzept_bundesregierung.pdf. Zugegriffen: 07. September 2012.

Bosch, S. & Peyke, G. (2011). Gegenwind für die Erneuerbaren – Räumliche Neuorientierung der Wind-, Solar- und Bioenergie vor dem Hintergrund einer verringerten Akzeptanz sowie zunehmender Flächennutzungskonflikte im ländlichen Raum, *Raumforschung und Raumordnung 69*, 105-118.

BWE (= Bundesverband WindEnergie e. V.) (2012). Statistiken. http://www.wind-energie.de/infocenter/statistiken/deutschland/windenergieanlagen-deutschland. Zugegriffen: 27. November 2012.

EE-Richtlinie (= Richtlinie 2009/28/EG des Europäischen Parlaments und des Rates vom 23. April 2009 zur Förderung der Nutzung von Energie aus erneuerbaren Quellen und zur Änderung und anschließenden Aufhebung der Richtlinien 2001/77/EG und 2003/30/EG), Amtsblatt der Euro-

---

2   Damals noch: Deutschsprachiger Arbeitskreis der Landscape Research Group. Das Hauptinteresse des Arbeitskreises Landschaftsforschung liegt auf integrativen und interdisziplinären Ansätzen zur Erforschung von Landschaften, wobei insbesondere sozial-, kultur- und politikwissenschaftliche Zugänge willkommen sind (vgl. AKL 2012).

päischen Union 2009, L 140, 16-62. http://eur-lex.europa.eu/LexUriServ/LexUriServ.do?uri=OJ:
L:2009:140:0016:0062:DE:PDF. Zugegriffen: 27. November 2012.

EEG (= Erneuerbare-Energien-Gesetz vom 25. Oktober 2008, das zuletzt durch Artikel 1 des Gesetzes vom 17. August 2012 geändert worden ist), Bundesgesetzblatt I, 38, 1754-1764. http://www.
gesetze-im-internet.de/bundesrecht/eeg_2009/gesamt.pdf. Zugegriffen: 27. November 2012.

Ellis, G., Barry, J. & Robinson, C. (2006). Renewable Energy and Discourses of Objection: Towards
deliberative Policy-Making. Summary of main Research Findings. http://www.qub.ac.uk/re-
search-centres/REDOWelcome/filestore/Filetoupload,40561,en.pdf. Zugegriffen: 23. Mai 2011.

EU-KOM (= Kommission der Europäischen Gemeinschaften) (2007). Mitteilung der Kommissi-
on an den Europäischen Rat und das Europäische Parlament: Eine Energiepolitik für Europa
(SEK[2007]12). http://eur-lex.europa.eu/LexUriServ/LexUriServ.do?uri=COM:2007:0001:FIN:
DE:PDF. Zugegriffen: 27. November 2012.

Haggett, C. & Toke, D. (2006). Crossing the great divide – using multi-method analysis to under-
stand opposition to windfarms, *Public Administration 84*, 103-120.

Leibenath, M. & Otto, A. (2013). Local debates about 'landscape' as viewed by German regional planners: Results of a comprehensive survey in a discourse analytical framework, *Land Use Policy
32*, 366-374.

Mannsfeld, K., Slobodda, S. & Wehner, W. (2012). *Erneuerbare Energien. Grenzen der Energiewende für den Landschaftsschutz. Positionen des Landesvereins Sächsischer Heimatschutz.* Dresden:
Landesverein Sächsischer Heimatschutz e.V.

Nadaï, A. & van der Horst, D. (2010). Introduction: Landscapes of energies, *Landscape Research
35*, 143-155.

Schlegel, S. (2005). Innovationsbiographie Windenergie. Eine Analyse des deutschen Windener-
giebooms seit 1990. Diplomarbeit an der TU Berlin, Institut für Landschaftsarchitektur und
Umweltplanung, betreut durch Köppel, J. & Schön, S. http://www.ecologic.de/download/ab-
schlussarbeiten/windenergie_2005_schlegel.pdf. Zugegriffen: 02. August 2010.

Sieferle, R.-P. (1997). *Rückblick auf die Natur. Eine Geschichte des Menschen und seiner Umwelt.*
München: Luchterhand.

Warren, C. R., Lumsden, C., O'Dowd, S. & Birnie, R. V. (2005). ,Green on Green': Public percep-
tions of wind power in Scotland and Ireland, *Journal of Environmental Planning and Management 48*, 853-875.

Wolsink, M. (2000). Wind power and the NIMBY-myth: institutional capacity and the limited
significance of public support, *Renewable Energy 21*, 49-64.

Woods, M. (2003). Conflicting environmental visions of the rural: Windfarm development in mid
Wales, *Sociologia Ruralis 43*, 271-288.

Zoellner, J., Schweizer-Ries, P. & Wemheuer, C. (2008). Public acceptance of renewable energies:
Results from case studies in Germany, *Energy Policy 36*, 4136-4141.

Akteure, Governance und Diskurse

Die Akteure der neuen Energielandschaften – Das Beispiel Brandenburg

2

Sören Becker, Ludger Gailing, Matthias Naumann

1 Einleitung

Die neuen Energielandschaften sind nicht nur Produkte des derzeitigen sozio-technologischen Wandels im Rahmen der Energiewende, sondern *auch* ein neues Forschungsfeld. Fachwissenschaftliche Debattenbeiträge zu den neuen Energielandschaften (vgl. exemplarisch Jessel 2011; Peters 2010; Schöbel 2012; Tischer 2011) thematisieren die brisanten physisch-materiellen Folgen der Energiewende, deren konfliktträchtige Sichtbarkeit im Landschaftsbild sowie juristische, gestalterische und planerische Steuerungsmöglichkeiten. Indem wir in diesem Beitrag auf Akteure fokussieren, soll eine wichtige ergänzende Perspektive auf die neuen Energielandschaften eingebracht werden, die bislang kaum verfolgt wird (vgl. als Ausnahme Deutsche Landeskulturgesellschaft 2011). Die neuen Energielandschaften entstehen in ihren physisch-materiellen Ausprägungen nicht nur aufgrund institutioneller Regelungen, sondern eben auch aufgrund des Akteurshandelns. Zugleich beziehen Akteure umgekehrt auch häufig „landschaftliche" Aspekte in ihr Handeln ein. Wenn die Landschaftsforschung ein Verständnis der derzeit ablaufenden gesellschaftlichen Prozesse entwickeln will, so wird es aber nicht ausreichen, sich nur auf solche „landschaftsrelevanten" Akteursgruppen zu beziehen, die traditionell in ihrem Fokus stehen, wie etwa der verbandliche oder behördliche Naturschutz. Es gilt vielmehr auch, die Akteure der Energiewirtschaft, lokale und regionale Organisationen zur Steuerung der dezentralen Energiewende sowie Protestgruppen zu beachten.

Dieser Beitrag[1] gibt am Beispiel des Landes Brandenburg einen Überblick über die veränderten Akteursstrukturen neuer Energielandschaften. Dazu beschreiben wir zunächst zentrale Entwicklungen in der Energiewirtschaft. Anschließend stellen wir neue Energielandschaften als neue Akteurslandschaften vor. Zunächst werden hierfür Energieversorgungsunternehmen untersucht, die sowohl Betroffene als auch Motoren der Energiewende sind. Anschließend zeigen wir regionale und lokale Planungen zur Energiewende im Land Brandenburg auf. Diese Planungen stehen für den Versuch vieler Regionen und Kommunen, die Energieversorgung stärker in dezentraler Verantwortung zu gestalten. Abschließend veranschaulichen energiepolitische Konflikte neue Formen des Protests, aber auch der Teilhabe der Zivilgesellschaft an der Energiewirtschaft. Bürgerinitiativen

---

1 Der Beitrag basiert auf der Studie „Neue Energielandschaften – Neue Akteurslandschaften. Eine Bestandsaufnahme im Land Brandenburg" (Becker et al. 2012).

und neue Energiegenossenschaften drücken den Wunsch vieler Menschen aus, nicht mehr einfach „nur" Verbraucher zu sein, sondern sich an der Gestaltung der zukünftigen Energieversorgung in ihrem konkreten Lebensumfeld aktiv zu beteiligen. Unser Beitrag zeichnet somit anhand von Energieversorgungsunternehmen, Regionen und Kommunen sowie zivilgesellschaftlichen Initiativen die neuen und komplexen Akteurskonstellationen nach, deren Verständnis für die künftige lokale und regionale Gestaltung der Energielandschaften notwendig ist.

2   Der Wandel der Energiewirtschaft: Überblick über zentrale Entwicklungen

Während die deutsche Energiewirtschaft über Jahrzehnte durch eine ausgeprägte Stabilität und Kontinuität geprägt war, entfaltete sich aufgrund der neuen politischen Regulation des Sektors wie auch durch eine Vielzahl technischer Neuerungen und einem veränderten Konsumentenverhalten eine Dynamik, die Monstadt als „technischen und institutionellen Strukturwandel der Energiewirtschaft" (2008, S. 188) beschreibt. Dieser Wandel führt ebenso zu Veränderungen der räumlichen Strukturen der Energieversorgung wie zum Auftreten neuer Akteure und zu zahlreichen energiepolitischen Konflikten. Im Folgenden geben wir einen allgemeinen Überblick über zentrale Entwicklungen in der bundesdeutschen Energiewirtschaft und deren Ausprägung im Land Brandenburg. Hierfür werden technische Innovationen und ökologische Modernisierung, Liberalisierung, Privatisierung und Rekommunalisierung sowie die Neuausrichtung der Energiepolitik als wesentliche Trends nachgezeichnet und mit Beispielen aus Brandenburg illustriert. Ein Verständnis dieser Trends ist als Rahmen notwendig, um die neuen Energielandschaften und deren Akteure in Brandenburg in ihrer Vielschichtigkeit erfassen zu können.

Vor dem Hintergrund eines wachsenden Bewusstseins über die Endlichkeit fossiler Brennstoffe, aber auch über die von Energiesystemen verursachten ökologischen Schäden entwickelte sich eine intensive Debatte um eine Transformation der Energieversorgung (vgl. Vallée 2011). In der Folge verbreiteten sich neue Technologien wie die Kraft-Wärme-Kopplung in Heizkraftwerken, Gas- und Dampf-Kraftwerke sowie Filtertechnologien bei fossilen Kraftwerken. Weiterhin wurden im Zuge der Debatte um den Klimawandel mit der Wind-, Biogas-, Solar- und geothermischen Energie Technologien weiterentwickelt, die nicht-fossile Energieträger nutzen und eine Stromerzeugung mit deutlich weniger CO_2-Emissionen ermöglichen. Die Nutzung dieser Energieträger wurde durch das Erneuerbare-Energien-Gesetz (EEG) erheblich gefördert. Auch das Land Brandenburg hat sich in seiner Energiestrategie verpflichtet, den Anteil erneuerbarer Energien am Primärenergieverbrauch auf 35 Prozent im Jahr 2030 zu steigern (Ministerium für Wirtschaft und Europaangelegenheiten 2012). Paradoxerweise besteht in der Brandenburger Lausitz die lange Tradition der Braunkohleförderung und -verstromung weiter fort. Mit diesem fossilen Erbe und der Ausbreitung erneuerbarer Energien bestehen im Land zwei sich überlagernde Systeme der Energieversorgung.

Für die Veränderungen des institutionellen Gefüges der Energiewirtschaft war die Liberalisierung der Strommärkte von entscheidender Bedeutung. Ausgehend von der EU-Binnenmarktrichtlinie wurde der deutsche Strommarkt geöffnet mit dem Ziel, dass sowohl Großkunden als auch private und gewerbliche Kunden ihre Stromanbieter frei wählen können (Bontrup und Marquardt 2010, S. 28). In der Folge entstanden zahlreiche neue Anbieter, die mit speziellen Produkten – von Discount- bis Ökostrom – versuchten, neue Kunden zu gewinnen. Gleichzeitig erfasste eine Welle der Privatisierung die bislang zumeist öffentlichen Energieversorgungsunternehmen. Die Zahl öffentlich-rechtlicher Gesellschaften im Stromsektor sank von 283 Gesellschaften im Jahr 1998 auf 153 Gesellschaften im Jahr 2006 (ebd., S. 76). Seit einigen Jahren ist jedoch ein gegenläufiger Trend in der deutschen Energiewirtschaft zu beobachten: Städte und Gemeinden denken über einen Rückkauf von zuvor privatisierten Stromnetzen und Unternehmen nach beziehungsweise gründen neue kommunale Energieversorger (Aden 2010; Libbe et al. 2011). Diese Entwicklung lässt sich – wie im nächsten Unterkapitel zu zeigen sein wird – auch in verschiedenen Brandenburger Städten beobachten. Kommunen hoffen, mittels Rekommunalisierungen im Energiesektor zum einen umweltpolitische Ziele in der Energieversorgung zu verankern und zum anderen aus der Energieversorgung Einnahmen für öffentliche Haushalte zu generieren.

Technologische und institutionelle Veränderungen in der Energiewirtschaft sind eng verknüpft mit einer Neuausrichtung der Energiepolitik. Diese Neuausrichtung ist erstens durch eine Ökologisierung gekennzeichnet, indem der Klimaschutz zu einer zentralen Anforderung an die Energiepolitik wird. Damit ist zweitens eine Internationalisierung verbunden, zum Beispiel durch die Umsetzung des Kyoto-Protokolls. Aber auch die Öffnung der europäischen Strommärkte, die Förderung von innovativen Technologien und der Energieeffizienz sind Themen einer Energiepolitik, die über nationalstaatliche Grenzen hinausgeht (vgl. dazu Monstadt 2008, S. 210f.). Drittens kann eine Regionalisierung der Energiepolitik konstatiert werden, die sich in regionalen Leitbildern, Energieregionen oder auch regionalen Klimaschutzkonzepten bemerkbar macht. Viertens ist die Energiepolitik zunehmend mit anderen Politikfeldern verknüpft. Dies betrifft nicht nur die Klimaschutz- und die Wirtschaftspolitik, sondern auch den Natur- und Landschaftsschutz oder die Agrarpolitik. Bundesweit führt etwa der Ausbau der Nutzung erneuerbarer Energieträger zu Konflikten unterschiedlicher Akteure und Politikfelder (vgl. u.a. Jenssen 2010; Lienbacher und Gruber 2010). In Brandenburg löst neben der weiteren Nutzung der Braunkohle vor allem die Errichtung von Windkraftanlagen erhebliche Konflikte aus.

Die Entwicklung der Energiewirtschaft ist damit durch eine hohe Veränderungsdynamik, eine Vielzahl an unterschiedlichen, teilweise widersprüchlichen Trends und zunehmenden Konflikten gekennzeichnet. Die Auswirkungen dieser Entwicklungen auf die Akteurslandschaften des Energiesektors sollen im Folgenden am Beispiel des Landes Brandenburg untersucht werden.

3 Neue Energielandschaften als neue Akteurslandschaften in Brandenburg

Die Transformationen der bundesdeutschen Energiewirtschaft lassen sich am Beispiel des Landes Brandenburg aus mehreren Gründen besonders anschaulich nachvollziehen. Erstens ist Brandenburg mit einem hohen Anteil fossiler Energieträger an der Stromerzeugung immer noch durch traditionelle Versorgungsstrukturen geprägt, gleichzeitig ist das Land aber auch bundesweit ein Vorreiter in der Nutzung erneuerbarer Energien. Die Brandenburger Energiewirtschaft zwischen Persistenz und Wandel weist damit ein breites Spektrum an Akteuren auf, die für sehr unterschiedliche Entwicklungspfade in der Energieversorgung stehen. Diese Vielfalt an Akteuren führt damit zweitens auch zu zahlreichen energiepolitischen Konflikten, etwa um die Errichtung von Windkraft- oder Biogasanlagen. Drittens hat die Energiewirtschaft sowie deren Neuausrichtung eine große wirtschaftliche Bedeutung für das Land Brandenburg, das erhebliche Strukturprobleme zu bewältigen hat. Aus diesem Grund versprechen sich Städte und Gemeinden auch wirtschaftliche Impulse von neuen Energiekonzepten. Auf der Basis einer Auswertung vorliegender statistischer Daten, Sekundärliteratur, Dokumente, Presseartikel sowie Geschäfts- und Medienberichte nehmen wir hier eine erste Bestandsaufnahme für die drei Themenfelder Privatisierung und Rekommunalisierungen, lokale und regionale Energie- und Klimaschutzkonzepte sowie energiepolitische Konflikte im Land Brandenburg vor (vgl. dazu ausführlich Becker et al. 2012).

3.1 Brandenburger Energieversorger zwischen Privatisierung und Rekommunalisierung

Die ökonomischen Strukturen der Energiewirtschaft sind durch eine wachsende Vielfalt an Unternehmensformen charakterisiert. Diese unterschiedlichen Unternehmensformen lassen sich auch für die Brandenburger Energieversorgung nachvollziehen. Aus vielen möglichen Unterscheidungsmerkmalen betrachten wir hier die Struktur der Beteiligung von öffentlichen und privaten Eigentümern und die geographische Ausrichtung des Geschäftsmodells zwischen lokalen größeren Unternehmen. Aufmerksamkeit lassen wir dabei auch dem Trend zu Rekommunalisierungen zukommen.

Erstens sind in Brandenburg sowohl vollständig kommunale wie auch private Energieversorgungsunternehmen tätig. Auffällig ist hierbei, dass vor allem in Klein- und Mittelstädten wie Neuruppin, Rathenow oder Prenzlau rein kommunale Unternehmen vertreten sind. Private Beteiligungen sind eher in den größeren Städten wie zum Beispiel Brandenburg an der Havel, Frankfurt (Oder) oder Potsdam wahrscheinlich und reichen von Minderheits- bis hin zu Mehrheitsanteilen. Mehrheitliche beziehungsweise komplette private Eigentümerschaften sind jedoch die Ausnahme. Insgesamt sind an rund drei von vier lokalen Energieversorgungsunternehmen in Brandenburg Energiekonzerne und andere private Investoren beteiligt. Darüber hinaus wird der ländliche Raum in Bran-

denburg durch mehrheitlich private Regionalversorger wie E.ON edis oder enviaM mit
Energie versorgt.

Die Bedeutung der größeren Energieversorgungsunternehmen lässt sich auch anhand des strategisch wichtigen Bereichs der Netze nachvollziehen. Mit Ausnahme des
Landkreises Prignitz und der Netze der lokalen Versorgungsunternehmen werden in allen Brandenburger Landkreisen die Mittel- und Niederspannungsnetze von E.ON edis
oder der RWE-Tochter enviaM betrieben. Weniger eindeutig ist die Rolle des Konzerns
Vattenfall. Während das Tochterunternehmen Vattenfall Europe aufgrund des Betriebs
von Tagebauen und Kraftwerken in der Lausitz bei der Stromerzeugung in Brandenburg
eine wichtige Rolle spielt, hat sich der Konzern bis auf wenige Minderheitsbeteiligungen
aus dem Netzbetrieb und der Versorgung zurückgezogen.

Die Beteiligung an lokalen Energieversorgern ist für große Energieversorgungsunternehmen eine weitere Möglichkeit, Einfluss zu gewinnen. Gerstlberger (2009) unterscheidet insgesamt drei Typen privater Beteiligung bei Stadtwerken: kommunalnahe
Privatisierungen mit der Beteiligung eines nationalen oder regionalen Energieversorgungsunternehmen, internationale Privatisierungen mit der Beteiligung eines internationalen Energiekonzerns und branchenfremde Privatisierungen mit der Beteiligung eines
Investors, der nicht aus dem Energiesektor kommt. Alle drei Typen lassen sich im Land
Brandenburg feststellen. Dabei ist der Typ der kommunalnahen Privatisierung mit zahl-
reichen Beteiligungen von E.ON edis am weitesten verbreitet. Für den zweiten Typ der
internationalen Privatisierung stehen Unternehmen in Brandenburg an der Havel oder
Brieselang, an denen internationale Versorger wie Vattenfall oder der niederländische
Staatskonzern Alliander, teilweise über Tochterfirmen, Anteile erworben haben. Einziges
Beispiel für die branchenfremde Privatisierung sind die Stadtwerke Cottbus, an denen
der Finanzinvestor DKB Progres eine Mehrheitsbeteiligung hält.

Zweitens konnten sich trotz des anfänglich befürchteten „Sterbens der Stadtwerke"
zahlreiche lokale Energieversorgungsunternehmen in Brandenburg am Markt behaupten. Insgesamt arbeiten im Land Brandenburg 27 lokale Energieversorger, das heißt Versorgungsunternehmen, die vor allem auf der Ebene von Städten und Gemeinden agieren.
Diese Unternehmen sind in allen Landkreisen sowohl in Groß- wie auch in Klein- und
Mittelstädten vertreten und spielen eine wichtige Rolle bei der praktischen Umsetzung
einer dezentral ausgerichteten Energiewende. Brandenburger Stadtwerke betreiben Anlagen zur Kraft-Wärme-Kopplung und bauen eigene Kapazitäten zur Stromerzeugung
aus erneuerbaren Energieträgern aus. Nach Einschätzung des Verbands kommunaler
Unternehmen „können Stadtwerke erfolgreich im Markt bestehen, wenn sie nicht versuchen, sich auf einen Preiskampf in den Vertriebsprodukten einzulassen, sondern mit
ihren lokalen Möglichkeiten, wie Kundenservice und -nähe zu punkten" (Verband kommunaler Unternehmen 2010, S. 2).

Die Bezeichnungen von Eigenmarken Brandenburger Stadtwerke mit landschaftlichem
oder städtischem Bezug wie „Spreewaldstrom" (Stadt- und Überlandwerke Luckau-Lüb-
benau), „Ruppinstrom" (Stadtwerke Neuruppin) oder „Ludwigstrom" (Stadtwerke Lud-
wigsfelde) stehen für diese Strategie, das lokale Profil zu schärfen. Darüber hinaus gehen

Stadtwerke Kooperationen mit lokalen oder regionalen Unternehmen ein, zum Beispiel mit einem Rabatt- und Gutschein-System für Dienstleitungen regionaler Unternehmen und Freizeitangebote in Brandenburg (Havel) und Potsdam. Weiterhin wurde mit der Local Energy GmbH ein Unternehmen gegründet, das als Dachmarke von Stadtwerken aus Brandenburg und Mecklenburg-Vorpommern agiert und lokale Unternehmen dabei unterstützt, ihre Versorgungsgebiete über kommunale Grenzen hinweg auszudehnen.

Drittens hat sich neben dem Fortbestand lokaler Energieversorgungsunternehmen in den letzten Jahren ein Trend hin zur Rekommunalisierung der Energieversorgung entwickelt. Dabei sind verschiedene Formen von Rekommunalisierungen zu unterscheiden. Diese reichen von der Integration eines neuen Netzes in bestehende kommunale Netzstrukturen, der Integration eines neu gegründeten Energieversorgers in bereits bestehende Stadtwerke, der Neugründung eines kommunalen Netzbetreibers durch Übernahme von Netzkonzessionen und der Erhöhung des Gesellschaftsanteils an gemischtwirtschaftlichen Unternehmen bis hin zur Neugründung eines kommunalen Energieversorgungsunternehmens (Verband kommunaler Unternehmen 2010, vgl. Libbe et al. 2011). Es handelt sich jedoch nur in sehr wenigen Fällen um vollständige Rekommunalisierungen ohne die Beteiligung privater Partner. So ist die Stadt Prenzlau bislang der einzige aktuelle Fall in Brandenburg, bei dem ein vollständig kommunales Stadtwerk sowohl den Netzbetrieb als auch die Stromversorgung übernommen hat. Rekommunalisierung sind zudem kein „Selbstläufer", wie gescheiterte Versuche in den Gemeinden Schöneiche oder Teltow belegen. Dem Wunsch von Städte und Gemeinden, direkten Einfluss auf die Gestaltung der Energiewende zu nehmen, sowie dem derzeit bestehenden Zeitfenster durch ablaufende Konzessionsverträge stehen häufig die finanziellen und organisatorischen Hürden einer Rekommunalisierung gegenüber. Es fällt dabei auf, dass Rekommunalisierungen in Gemeinden im Umland von Berlin gehäuft auftreten. Dennoch ist für das gesamte Bundesland eine stärkere Rolle von Kommunen und Regionen bei der Energieversorgung festzustellen, was eine Verbesserung der Möglichkeiten zur dezentralen Steuerung der Energiewende im Sinne lokaler und regionaler Zielstellungen bedeutet. Ob zu diesen Belangen auch Ziele des Schutzes und der Entwicklung von Landschaften gezählt werden können, bedarf hingegen weiterer vertiefender empirischer Studien.

3.2   Lokale und regionale Konzepte zur Energiewende

Neben den verschiedenen lokalen Energieversorgungsunternehmen und Rekommunalisierungsversuchen sind die Brandenburger Regionalen Planungsgemeinschaften, Landkreise und Kommunen durch vielfältige Konzepte und Planungen aktiv an der Gestaltung der Energiewende beteiligt. So wird versucht, die Vorgaben des Landes aus der Energiestrategie lokal und regional umzusetzen. Das Land fördert die flächendeckende Erstellung regionaler Konzepte durch die fünf Regionalen Planungsgemeinschaften. Doch auch unterhalb der Ebene der Planungsregionen gibt es zahlreiche energiepolitische Initiativen.

Die Energieregion Lausitz-Spreewald sowie die Landkreise Barnim und Märkisch-Oderland stehen exemplarisch für regionale Energiekonzepte. Vier Landkreise und die kreisfreie Stadt Cottbus haben sich in der Energieregion Lausitz-Spreewald zusammengeschlossen, um ein wahrnehmbares Label für das südliche Brandenburg zu schaffen und eine Vernetzung von regionalen Akteuren im Energiebereich voranzutreiben. Der Ansatz geht weit über energiepolitische Themen hinaus und umfasst auch Fragen des Tourismus und der ländlichen Entwicklung. Die Initiative des Landkreises Barnim „ERNEUER:BAR" hat ihre für das Jahr 2011 gesetzten Ziele zum Anteil erneuerbarer Energien an der Wärme- und Stromproduktion (14% beziehungsweise 30% Erneuerbare) bereits 2010 übertroffen. Darüber hinaus sind umfangreiche Maßnahmen zur Reduzierung des Energieverbrauchs auf Basis eines auf verschiedene Energiequellen bezogenen „Stoffstrommanagement Master-Plans" geplant. Der Landkreis Märkisch-Oderland initiierte 2009 die Bioenergieregion „Märkisch-Oderland geht den Holzweg", um die Nutzung von Holz als Energieträger zu fördern. Das eigens eingerichtete Energiebüro Märkisch-Oderland koordiniert die verschiedenen praktischen Projekte und bietet Beratungsleistungen an.

Die Implementation der regionalen Energiekonzepte ist nicht frei von Widersprüchen und Konflikten. So beendete der Landkreis Barnim die Zusammenarbeit mit dem benachbarten Landkreis Uckermark in der Initiative „BARUM111" und auch die Mitwirkung von Vattenfall in der Energieregion Lausitz-Spreewald wird teilweise kritisch bewertet. Im Fall der Energieregion „Lausitz-Spreewald" treffen etwa unterschiedliche Zielvorstellungen von einer sich „entwickelnden Nutzlandschaft" und einer „zu bewahrenden Erholungslandschaft" aufeinander. Dort fürchten zum Beispiel Tourismusakteure um ihre Außenwahrnehmung, wenn der Spreewald als inhärenter Bestandteil einer „Energieregion" präsentiert wird. Derzeit stellt sich die Herausforderung, die auf Initiative der Landesregierung von den Regionalen Planungsgemeinschaften entwickelten Energiekonzepte mit bereits bestehenden regionalen Konzepten abzustimmen. Damit soll unter anderem eine einheitliche Datenbasis geschaffen werden, die für weitere Planungen auf der Ebene der Kommunen verwendet werden kann.

Darüber hinaus existieren mittlerweile in knapp 30 Städten und Gemeinden des Landes Brandenburg lokale Energie- und Klimaschutzkonzepte, hinzu kommen acht interkommunale Kooperationsprojekte. Weitere Konzepte befinden sich im Stadium ihrer Entwicklung. Die in diesen lokalen Konzepten identifizierten Handlungsfelder reichen von der Nutzung erneuerbarer Energieträger über den Ausbau des ÖPNV bis hin zu einer klima- und umweltfreundlichen Beschaffung im öffentlichen Dienst. Beispiele für interkommunale Kooperationsprojekte sind das Energiekonzept „Spreewalddreieck" der Kommunen Burg, Calau, Lübbenau und Vetschau oder das Brandenburger Städtenetzwerk Energieeffiziente Stadt und Klimaschutz (BraNEK), in dem acht Brandenburger Städte des Städtekranzes um Berlin zusammenarbeiten. Das BraNEK-Projekt möchte zwischen den beteiligten Kommunen eine dauerhafte Kommunikation zu den Themen Klimaschutz und Energieeffizienz und damit einen interkommunalen Erfahrungsaustausch ermöglichen. Darüber hinaus sind mehrere Kommunen des Landes am ExWoSt-

Programm (Experimenteller Wohnungs- und Städtebau) des Bundes beteiligt und realisieren Projekte wie die energetische Modernisierung von Schulen, ein nachhaltiges Wärmenetz (Guben) oder die Entwicklung eines „Masterplans Energie 2021" (Lübbenau).

Da die Energie- und Klimapolitik nicht zu den Pflichtaufgaben der Gemeinden gehört, hängt es stark vom politischen Willen in den Kommunen und den Möglichkeiten externer Förderung ab, ob entsprechende Konzepte erstellt werden. Einerseits definieren dabei häufig Programme staatlicher Förderung wie das Brandenburger Städtenetzwerk „Energieeffiziente Stadt und Klimaschutz", das Modellvorhaben „Energetische Stadterneuerung" im Rahmen des ExWoSt-Programms oder die Klimaschutzinitiative des Bundes die Ausrichtung und Inhalte lokaler Energiekonzepte. Andererseits spielen Schlüsselakteure und „regionale Pioniere" (Keppler et al. 2008, S. 22) vor Ort eine entscheidende Rolle. Hierfür stehen Beispiele wie „Prenzlau. Stadt der erneuerbaren Energien" oder die „energieautarke Gemeinde" Feldheim, die mittlerweile überregionale Bekanntheit erreicht haben. In Kooperation mit ENERTRAG, Vattenfall und Total wurde in Prenzlau ein innovatives Hybridkraftwerk errichtet, das unterschiedliche erneuerbare Energieträger miteinander koppelt. Zusätzlich bestehen große Kapazitäten in den Bereichen Wind-, Biomasse und geothermischer Energie und die Stadt ist Sitz mehrerer Unternehmen im Bereich erneuerbarer Energien. Das Dorf Feldheim, ein Ortsteil der Stadt Treuenbrietzen im Landkreis Potsdam-Mittelmark, gilt als eine der ersten energieautarken Gemeinden in der Bundesrepublik. Der gesamte Bedarf an elektrischer und Wärmenergie von Privathaushalten und Gewerbe wird aus erneuerbaren Quellen vor Ort gedeckt. Die Beteiligung der Bewohner als Gesellschafter des Strom- und Nahwärmenetzes stellt eine Modelllösung für die lokale Teilhabe an der Energiewende dar. Prenzlau und Feldheim gelten als „Leuchttürme" beziehungsweise „energiepolitische Schaufenster" mit überregionaler Bedeutung. Dennoch waren es in beiden Orten vor allem engagierte Einzelpersonen und Unternehmen, die die Planungen und deren Umsetzung vorantrieben.

Angesichts zahlreicher Konflikte um Anlagen erneuerbarer Energieträger wird die Bedeutung regionaler und lokaler Planungen und Konzepte, deren Aushandlung und Umsetzung künftig noch zunehmen.

3.3   Energiepolitische Konflikte im Land Brandenburg

Die Umsetzung der Energiewende in Regionen und Kommunen wird auch im Land Brandenburg von teilweise heftigen Konflikten begleitet. Diese Auseinandersetzungen betreffen sowohl die weitere Nutzung von fossilen Energiequellen als auch die Errichtung von Anlagen erneuerbarer Energieträger. Die intensiven Debatten haben aber auch dazu geführt, dass die Bürger von der Politik als Akteure im derzeitigen Umbruch des Energiesystems im Bundesland stärker wahrgenommen werden. So ist „Akzeptanz und Beteiligung" neben Umwelt- und Klimaverträglichkeit, Wirtschaftlichkeit und Versorgungssicherheit Teil des energiepolitischen „Zielvierecks" des Landes Brandenburg (Ministerium für Wirtschaft und Europaangelegenheiten 2012) und stellt ein entscheidendes

Kriterium für das Gelingen der Energiewende auf regionaler und kommunaler Ebene dar. Verschiedene Formen des zivilgesellschaftlichen Protests und der Teilhabe werden im Folgenden an drei Beispielen skizziert.

Erstens nimmt die Braunkohleverstromung trotz der dynamischen Entwicklung bei der Nutzung erneuerbarer Energieträger immer noch eine wichtige Rolle bei der Brandenburger Energieversorgung ein und bleibt somit ein zentrales energiepolitisches Konfliktfeld. Derzeit sind im Brandenburger Teil der Lausitz drei Tagebaue aktiv und vier neue Abbaugebiete geplant. Insbesondere die geplante Abtragung von Dörfern stieß auf zahlreiche Proteste, die im Jahr 2007 zum Volksbegehren „Keine neuen Tagebaue in Brandenburg" führten. Auch nach Scheitern des Volksbegehrens gingen die Aktivitäten gegen die Tagebaue mit Demonstrationen und Einwendungen gegen Planungen weiter. In den Jahren 2011 und 2012 fand ein Energie- und Klimacamp in der Lausitz statt, das unter dem Motto „Für eine Zukunft ohne Kohle und Atom – Klimagerechtigkeit und Energiesouveränität erkämpfen" stand. Der Konflikt um die Nutzung der Braunkohle ist jedoch nicht nur auf die Lausitz beschränkt. Durch die Diskussionen um die Anwendung der CCS-Technologie (Carbon Dioxide Capture and Storage), bei der in der Kohleverstromung entstandenes CO_2 in unterirdische Speicher gepresst werden soll, ist ein neues Konfliktfeld entstanden. In Brandenburg sind derzeit wissenschaftliche Pilotanlagen in den Gemeinden Neutrebbin (Landkreis Märkisch-Oderland) und Beeskow (Landkreis Oder-Spree) geplant. In beiden Kommunen haben sich nach Bekanntgabe der Pläne Bürgerinitiativen gegen die Erprobung dieser Technologie gegründet (siehe Abbildung 1). Diese Initiativen thematisieren die unbekannten Langzeitfolgen und die unklare Rechtslage im Haftungsfall.

Abbildung 1: Zivilgesellschaftlicher Protest gegen CCS am Rande des Oderbruchs bei Neuhardenberg (Foto: Ludger Gailing)

Zweitens ist bundesweit, trotz einer generellen Akzeptanz erneuerbarer Energien, die Bereitschaft, hierfür einen finanziellen Beitrag zu leisten oder Anlagen in der unmittelbaren Nachbarschaft zu tolerieren, sehr begrenzt (vgl. dazu u.a. Keppler et al. 2008; Schöbel et al. 2008). Die Nutzung erneuerbarer Energieträger stößt auch in Brandenburg auf Widerstände, insbesondere die Errichtung neuer Windkraftanlagen. Die Windkraftkritiker sind sehr gut organisiert; so haben sich windkraftkritische Initiativen in der landesweiten „Volksinitiative gegen Windräder" zusammengefunden. Mit der Initiative „Rettet die Uckermark" ist sogar eine Initiative, die aus einem energiebezogenen Konflikt heraus entstanden ist, in einem Kreistag vertreten. Doch auch gegen andere Projekte der Nutzung erneuerbarer Energien regt sich Widerstand. Beispiele hierfür sind die Proteste gegen den Solarpark „Lieberoser Heide" in der Lausitz (siehe Abbildung 2), gegen ein Solarkraftwerk in Brüssow (Uckermark) oder gegen eine von den Kritikern als „Biogas-Monster" bezeichnete Biogasanlage bei Trebbin (Teltow-Fläming). Schließlich führen auch neue Stromleitungen zu Konflikten, bei der sich Bürgerinitiativen wie etwa „Hochspannung tieflegen" in der Prignitz für die Verlegung von Erdkabeln anstelle von Freileitungen aussprechen. Die in den energiepolitischen Initiativen engagierten Bürger argumentieren vor allem mit den durch die Nutzung erneuerbarer Energien verbundenen Landschaftsveränderungen, den Belastungen durch Lärm oder Gerüche im direkten Wohnumfeld sowie den Wertminderungen von Grundstücken. Darüber hinaus wird beklagt, dass die geplanten Anlagen den beteiligten Investoren Rendite auf Kosten der Landschaft und der lokalen Bevölkerung ermöglichen.

Abbildung 2: Großprojekte führen oft zu Protesten: Solarpark bei Lieberose (Foto: Andreas Röhring)

Drittens ist die Zivilgesellschaft nicht nur in Protestinitiativen, sondern auch durch die Gründung von Genossenschaften und anderen ihre Teilhabe an der Energiewende sichernden lokalen Unternehmen an der Neuausrichtung der Energieversorgung beteiligt.

Verbraucher werden zunehmend selbst aktiv in der Versorgung mit Strom und Wärme. Es bilden sich sogenannte „Prosumenten" (Matthes 2005) heraus und der Unterschied zwischen Produktion und Konsum verschwindet zunehmend. Aufgrund der Marktreife dezentraler Anlagen können Hauseigentümer zu einem gewissen Grad selbst über ihre Energieversorgung entscheiden. Darüber hinaus gründeten sich in den letzten Jahren zahlreiche Energiegenossenschaften. Diese Genossenschaften sind Zusammenschlüsse mit dem Ziel, gemeinsam Energie zu produzieren, zu nutzen und zu vermarkten. Dabei sind die Mitglieder gleichzeitig auch Eigentümer der genossenschaftlichen Anlagen. Bislang gibt es in Brandenburg nur vier Energiegenossenschaften, die sich vor allem auf die Installation von Solaranlagen auf Dächern öffentlicher oder privater Gebäude konzentrieren. Die Gründe für die vergleichsweise geringe Anzahl genossenschaftlicher Initiativen dürften vor allem ökonomische sein. Für den Beitritt zu einer Genossenschaft sind finanzielle Mittel notwendig, die im Land Brandenburg mit unterdurchschnittlichen Haushaltseinkommen und überdurchschnittlichen Arbeitslosenquoten schwerer aufzubringen sind. Dennoch stehen die Genossenschaften für eine proaktive Gestaltung der Energieversorgung und sind in ihrer symbolischen Wirkung gerade gegenüber den großen überregionalen oder internationalen Versorgungsunternehmen nicht zu unterschätzen.

4 Fazit und Ausblick

Die Brandenburger Energiewirtschaft ist von verschiedenen, teilweise gegenläufigen und widersprüchlichen Entwicklungen gekennzeichnet. Hinsichtlich der Unternehmensstrukturen ist ein Nebeneinander von (teil)privatisierten, bereits seit längerem bestehenden lokalen und rekommunalisierten Energieversorgern festzustellen. Trotz Liberalisierung und vielen Beteiligungen durch private Unternehmen konnten sich lokale Anbieter am Markt behaupten und es ist der Trend erkennbar, dass Kommunen auch über eigene Unternehmen die Energieversorgung künftig stärker selbst steuern möchten. Daran schließt auch die Vielzahl an lokalen und regionalen Planungen zur Energiewende an, die in den letzten Jahren in Brandenburg entwickelt wurden. Hierbei gibt es auf unterschiedlichen Ebenen – von der Planungsregion bis zur Kommune – energie- und klimapolitische Konzepte. Schließlich zeigt auch die Beteiligung der Zivilgesellschaft zum einen ein hohes Konfliktpotenzial bei nahezu allen energiepolitischen Fragen, zum anderen aber auch Ansätze für eine direkte Beteiligung von Bürgern an der Energieversorgung. Allen Entwicklungen ist in ihrer Unterschiedlichkeit gemeinsam, dass sie zu einer Ausdifferenzierung der bisherigen Akteurslandschaften beigetragen haben. Die Energielandschaften in Brandenburg werden damit von einer größer und heterogener werdenden Gruppe von Akteuren gestaltet.

Welche Beiträge für die Landschaftsforschung können durch die Ergebnisse unserer Forschung zu gewandelten Akteurskonstellationen festgehalten werden? Zunächst sind Landschaften immer ein physisch-materielles Nebenprodukt des Akteurshandelns.

Demnach werden Veränderungen der Akteurslandschaft immer auch physisch-materielle Auswirkungen haben. So lassen sich sowohl die Beharrungskräfte als auch die Transformation der Brandenburger Energiewirtschaft in der Materialität der Landschaft ablesen. So wie heute verschiedene Institutionen und Technologien nebeneinander existieren, die aus unterschiedlichen historischen Epochen stammen, sind auch deren physisch-materielle Spuren in den Brandenburger Landschaften präsent. Man kann von Landschaften der Persistenz (z.B. bezogen auf die „alten Energielandschaften" des Braunkohleabbaus) und Landschaften des Wandels (z.B. bezogen auf die „neuen Energielandschaften" durch den Zubau von Produktionsanlagen erneuerbarer Energien) sprechen. Es ist zu erwarten, dass diese Rolle der Energiepolitik und ihrer Akteure als Triebkräfte des physisch-materiellen Landschaftswandels noch zunehmen wird (vgl. auch van der Horst und Vermeylen 2011).

Energielandschaften sind bislang allerdings für die Unternehmen, Kommunen und neu entstehenden Energieregionen kaum ein explizites Thema. Sie spielen in den Energiekonzepten nur selten eine Rolle. Landschaftliche Bezüge werden von den Energieversorgern allenfalls bei der Nutzung landschaftlicher Toponyme für ihre Eigenmarken hergestellt. Dagegen sind (Energie-)Landschaften – auch unter expliziter Verwendung dieser Wörter – Räume des gesellschaftlichen Konflikts zwischen verschiedenen Raumansprüchen. Dabei werden verschiedene konträre Gemeinwohlziele – zwischen dem Klimaschutz und der regionalen Wertschöpfung durch erneuerbare Energien einerseits und dem Schutz der Landschaft für die Zwecke des Naturschutzes, der Tourismusentwicklung oder der Sicherung der lokalen Heimatbezüge andererseits artikuliert.

Die Integration und Aushandlung dieser konträren Gemeinwohlziele wird die gesellschaftliche und politische Gestaltung der Energieversorgung auch zukünftig begleiten. Die Diskussion um Akzeptanz der Energiewende und lokale Formen der Beteiligung sowie die vielfältigen Konflikte um die neuen Energielandschaften deuten darauf hin. Die Energiewende bietet für Kommunen und Regionen die Möglichkeit, stärker als bisher Einfluss auf die Energieversorgung zu nehmen und diese mit Zielen zu verknüpfen, die bislang nicht oder kaum im Fokus der Energiepolitik standen. Ob bei einer solchen lokalen und regionalen Repolitisierung der Energieversorgung auch „Landschaftsargumente" eine zunehmende Rolle spielen, ist ein Desiderat unserer Forschung.

Literatur

Aden, H. (2010). So eine Chance hat man nur alle zwanzig Jahre. Vom auslaufenden Konzessionsvertrag zum Relaunch der Stadtwerke, *AKP. Fachzeitschrift für Alternative Kommunalpolitik (4/2010)*, 46-48.

Becker, S., Gailing, L. & Naumann, M. (2012). *Neue Energielandschaften – neue Akteurslandschaften. Eine Bestandsaufnahme im Land Brandenburg*. Berlin: Rosa-Luxemburg-Stiftung.

Bontrup, H. & Marquardt, R. (2011). *Kritisches Handbuch der deutschen Elektrizitätswirtschaft*. Berlin: Edition Sigma.

Deutsche Landeskulturgesellschaft (Hrsg.) (2011). *Energie-Landschaften!? Fallen oder Chancen für ländliche Räume*. Müncheberg: DLKG.

Gerstlberger, W. (2009). *Zwei Jahrzehnte Privatisierungen in deutschen Kommunen. Herausforderungen und Argumente für den Erhalt der Stadtwerke.* Bonn: Friedrich-Ebert-Stiftung.

Jenssen, T. (2010). *Einsatz der Bioenergie in Abhängigkeit von Raum- und Siedlungsstruktur. Wärmetechnologien zwischen technischer Machbarkeit, ökonomischer Tragfähigkeit, ökologischer Wirksamkeit und sozialer Akzeptanz.* Wiesbaden: Vieweg+Teubner.

Jessel, B. (2011). Energiewende – demokratisch und naturverträglich, *Garten + Landschaft 121,* 28-30.

Keppler, D., Töpfer, E. & Döring, U. (2008). Schlussbericht zum Forschungsvorhaben Energieregion Lausitz. Neue Impulse für die Akzeptanz und Nutzung erneuerbarer Energien. http://www.bmu.de/files/pdfs/allgemein/application/pdf/schlussbericht_energieregion_lausitz.pdf. Zugegriffen: 20. August 2012.

Libbe, J., Hanke, S. & Verbücheln, M. (2011). *Rekommunalisierung – Eine Bestandsaufnahme.* Berlin: Deutsches Institut für Urbanistik.

Lienbacher, G. & Gruber, K. (Hrsg.) (2010). *Naturschutz an der Wende? Umweltverträglichkeit und Energieversorgung.* Wien: Facultas.

Matthes, F. (2005). Die Elektrizitätswirtschaft der Zukunft: Klimafreundlich und vernetzt. In R. Loske & R. Schaeffer (Hrsg.), *Die Zukunft der Infrastrukturen: Intelligente Netzwerke für eine nachhaltige Entwicklung* (S. 115-138). Marburg: Metropolis.

Ministerium für Wirtschaft und Europaangelegenheiten (2012). *Energiestrategie 2030.* Potsdam: Ministerium für Wirtschaft und Europaangelegenheiten des Landes Brandenburg.

Monstadt, J. (2008). Der räumliche Wandel der Stromversorgung und die Auswirkungen auf die Raum- und Infrastrukturplanung. In T. Moss, M. Naumann & M. Wissen (Hrsg.), *Infrastrukturnetze und Raumentwicklung. Zwischen Universalisierung und Differenzierung* (S. 187-225). München: oekom.

Peters, J. (2010): Erneuerbare Energien – Flächenbedarfe und Landschaftswirkungen. In B. Demuth, S. Heiland, W. Wojtkiewicz, N. Wiersbinski & P. Finck (Bearb.), *Landschaften in Deutschland 2030 – Der große Wandel* (S. 71-84). Bonn: Bundesamt für Naturschutz.

Schöbel, S., Lösse, J., Schneegans, J. & Ziegler, S. (Hrsg.) (2008). *windKULTUREN. Windenergie und Kulturlandschaft.* Berlin: wvb.

Schöbel, S. (2012). *Windenergie und Landschaftsästhetik. Zur landschaftsgerechten Anordnung von Windfarmen.* Berlin: Jovis.

Tischer, S. (2011). Energielandschaften als neue Kulturlandschaften, *Garten + Landschaft 121,* 19-22.

Vallée, D. (2011). Veränderte Rahmenbedingungen für Ver- und Entsorgungssysteme aufgrund gesellschaftlicher und politischer Entwicklungen. In H.-P. Tietz & T. Hühner (Hrsg.), *Zukunftsfähige Infrastruktur und Raumentwicklung. Handlungserfordernisse für Ver- und Entsorgungssystem* (S. 142-161). Hannover: Akademie für Raumforschung und Landesplanung.

van der Horst, D. & Vermeylen, S. (2011). Local Rights to Landscape in the Global Moral Economy of Carbon, *Landscape Research 36,* 455-470.

Verband kommunaler Unternehmen (2010). Rekommunalisierung – auch für meine Kommune eine Option? http://www.vku.de/fileadmin/get/?14656/pub_faq_rekommunalisierung_101210.pdf. Zugegriffen: 20. August 2012.

Die Energiewende und ihre geographische Diffusion

3

Conrad Kunze

1 Einleitung

Verschiedenste Aspekte des Wechsels von fossilen zu solaren Formen der Energiegewinnung werden im Deutschen als „Energiewende" apostrophiert. Damit kann sowohl die Verbreitung von Produktionsanlagen wie Windparks und Solarmodulen gemeint sein als auch der steigende Anteil der „Erneuerbaren" am gesamten Verbrauch. Sogenannte energieautonome Dörfer und Regionen steuern nur einen geringen Teil zu Produktion und Konsum bei, als „best-practice"-Fälle sind sie jedoch interessant, bieten sie doch einen Ausblick auf das Zukunftsszenario einer erneuerbaren Vollversorgung. Sie sind die Versuchslabore, in denen eine vollendete Energiewende bereits jetzt erprobt und analysiert werden kann.

Zunächst überraschend, finden sich die am weitesten entwickelten sozio-technischen Regime nicht in den Städten sondern im ländlichen Raum, wie ja auch viele Beiträge dieses Sammelbandes zeigen. So werden sowohl die neuesten technischen Ausführungen von Windrädern als auch Anwendungen, die eine Beteiligung der Politik und Anwohner voraussetzen, auf dem Land erprobt, wie erste Schritte zu einem virtuellen Kraftwerke in der Region Dardesheim im Südostharz und die kollektive Nutzung intelligenter Stromzähler im brandenburgischen Feldheim zeigen. Dies ist eine gewisse Ausnahme, denn die meisten, wenn nicht gar alle sozio-technischen Neuerungen der letzten Jahrzehnte nahmen ihren Ausgang in der Stadt.

Der Artikel untersucht die Gründe für diesen historischen Sonderweg anhand von empirischen Daten aus der Dissertationsschrift des Autors (vgl. Kunze 2012). Energieregionen sollen als Räume für sozio-technische Erneuerung untersucht werden (Kapitel 3), wobei Ansätze der Sozialkapital- (Kapitel 4) und der Transitionstheorie genutzt werden. Es werden Thesen aufgestellt zur Beantwortung der Fragen, wie die gegenwärtige geographische Verteilung von Energieregionen erklärt (Kapitel 5) und welche zukünftige Entwicklung erwartet werden kann (Kapitel 6). Schließlich wird die Verbreitung von erneuerbaren Energien als umfassender „Regimewechsel" historisch und theoretisch eingeordnet (Kapitel 7).

2   Was ist eine energieautonome Region?

Eine Region, ein Landkreis, ein Dorf oder eine Kleinstadt kann dann als energieautonom gelten, wenn dort jeweils ein Großteil des Bedarfs an Elektrizität oder Heiz-
energie aus erneuerbarer Erzeugung gewonnen wird. Ferner ist in der Praxis oft der
Anspruch einer wirtschaftlichen Emanzipation mit dem technologischen Wandel verknüpft. So soll die lokale Energiewende für Steuereinnahmen und Familieneinkünfte
sorgen, und dafür ist es hilfreich, wenn die technischen Anlagen sowohl vor Ort aufgestellt als auch durch die Anwohner kontrolliert werden, als Wähler, Genossenschaf-
ter oder Teilhaber.

Eine vollständige Definition kann so lauten (nach Kunze 2012, S. 32f.): Eine erneuerbare Energieregion deckt den Großteil ihres Bedarfs an Wärme und/oder Elektrizität
auf der Basis erneuerbarer Energien (Wind, Sonne, Wasser, Biomasse), deren größter Teil
lokal erzeugt wird. Diese Energieproduktion ist im Sinne des Brundtland-Berichts der
Vereinten Nationen (1997) „nachhaltig", wenn sie keine signifikante Verdrängung der
Nahrungsmittelproduktion durch Flächenkonkurrenz verursacht. Die Organisations-
form gilt darüber hinaus in sozialer und juristischer Hinsicht in dem Maße als „partizipativ", wie lokale Energiekonsumenten durch Besitz und Entscheidungsbefugnis an
der technischen Produktions- und Distributionsinfrastruktur (Netze) beteiligt sind. Eine
erneuerbare Energieregion kann als energieautonom gelten, wenn sie darüber hinaus
mindestens ihren Eigenbedarf an Wärme- und Stromversorgung vollständig aus lokalen
Quellen deckt. Eine erneuerbare Energieregion gemäß gilt dann als ökonomisch „nachhaltig", wenn ein ausreichend großer Teil des erzeugten Mehrwerts den Bewohnern einer
Region zugutekommt (durch Anteile, Pacht, Steuern, Stiftungen, Sonderverträge, lokale
Wertschöpfung, Reinvestition und so weiter).

Obwohl ihre Zahl beständig wächst, werden diese Bedingungen bisher nur an wenigen
Orten erfüllt. Zwar erzeugen recht viele Regionen mittlerweile mehr Elektrizität als sie
verbrauchen, aber nur bei wenigen trifft dies auch auf die Wärmeversorgung zu. Noch
kleiner ist die Zahl derer, die Strom *und* Wärme erneuerbar aus lokalen Quellen bereit-
stellen, wie im ost-brandenburgischen Feldheim. Dort versorgen ein Windpark und ein
Solarpark die rund 50 Haushalte des Dorfes mit Elektrizität. Eine große Batterie überbrückt wind- und sonnenarme Tage. Die Fernwärme kommt aus einer Biomasseanlage,
an besonders kalten Tagen kann eine Holzfeueranlage einspringen. Dass die Anwohner
Mitbesitzer der Anlagen sind und von Anfang an entschieden haben, welche Energieinfrastruktur sie möchten, ist eine weitere Besonderheit, die das Dorf zum derzeit gefragten
„best-practice"- Vorbild macht.

3   Dörfer und Kleinstädte als Transitionsräume

Im historischen Vergleich ist es keine Überraschung, die qualitativ fortgeschrittenste Anwendung einer Technologie ein wenig abseits des hegemonialen sozio-technischen Regimes zu finden. Das in der Transitionsforschung[1] anschaulich zitierte Beispiel ist der Wechsel vom Segelschiff zum Dampfschiff im Großbritannien des 19. Jahrhunderts. Die etablierten Schiffsbauindustrien und mit ihnen verbundene Hafenstädte Südenglands widersetzten sich einem Wechsel unter anderem des wichtigsten Werkstoffs, von Holz zu Metall, so hartnäckig, dass sich die neue Industrie schließlich im bis dahin wenig bedeutenden Nord-Osten Englands entwickelte (Harrison 1990).

Der heutige ländliche Raum ist insofern damit vergleichbar, als dass dort, zumindest in manchen Regionen, keine Stadtwerke existieren. Da diese seit der Liberalisierung des Strommarktes oft mit den großen Energie-Monopolisten durch Beteiligungen verflochten sind und meist selbst fossile Kraftwerke betreiben, stehen (oder standen) sie der Einführung von erneuerbaren Energien oft misstrauisch entgegen. Freilich finden sich immer mehr Beispiele von Stadtwerken, die in Wind- und Solarparks investieren. Gleichwohl zeigt die Empirie, dass dies geschieht, *nachdem* es zahlreiche ländliche Vorbilder außerhalb der Stadtwerke gab. So war der erste atomstromfreie Stromanbieter, die Energiewerke Schönau, eben kein etabliertes Stadtwerk, sondern eine bürgerschaftliche Neugründung. Damit soll nicht gesagt werden, die Stadtwerke nähmen nicht mittlerweile eine wesentlich progressivere Rolle als die großen vier Monopolisten ein. Doch der Entwicklungspfad der erneuerbaren energieautonomen Region fand die nötige Offenheit in Jühnde oder Feldheim jenseits etablierter Stadtwerke. Zumindest in dieser entscheidenden Anfangsphase waren Stadtwerke eher Hemmnisse, während sie sich mittlerweile in manchen Fällen die skizzierte Entwicklung zu eigen machen.

Ein zweiter Grund dafür, dass der ländliche Raum der entscheidende Transitionsraum ist, mag die spezifische Koalition lokaler Interessen sein. So ist ein wichtiger Produktionsfaktor für die „Erneuerbaren" das Vorkommen ausreichend großer Flächen für Wind- und Solarparks sowie Energiepflanzen. Im ländlichen Raum sind Flächen nicht nur reichlicher vorhanden, sondern ihre Besitzer und Nutzer sind oft auch die wichtigsten politischen Akteure in den Parlamenten. Ein entsprechendes Profitinteresse kann hier eine einflussreiche Lobby begründen, zum Beispiel aus Bauern und Agrargenossenschaft. Dass solche Kleingruppen ein Projekt zügig voranbringen können, hat sich in der Praxis mehrmals gezeigt (vgl. Kunze 2012).

Die technischen Anwendungsformen erneuerbarer Energien können in solche mit hoher und niedriger Komplexität geschieden werden (ebd., S. 149ff.). Technisch komplexe Vorhaben sind auch im Anspruch ihrer sozialen Umsetzung anspruchsvoll. So setzt ein virtuelles Kraftwerk oder ein Wärmenetz die aktive Teilnahme eines Großteils der Anwohner voraus (ebd., S. 153f.). Das dafür notwendige kollektive und koordinierte Handeln ist für kleine und homogene Gruppen bekanntlich wesentlich einfacher erreichbar

---

1   Siehe hierzu beispielsweise Elzen und Geels (2004), Geels und Schot (2007) und Loorbach 2007.

als für große und heterogene (Olson 1986; Freitag und Franzen 2007). Oder, in Simmels (1900) Worten ausgedrückt, sind vertraute „Gemeinschaften" hier handlungsfähiger als anonyme „Gesellschaften".

4   Sozialkapital

Insofern Sozialkapital die Fähigkeit sozialer Organisationen zu koordiniertem und kollektivem Handeln zur Erlangung eines gemeinsamen Gutes meint (vgl. Putnam 1995, S. 67), ist der ländliche Raum dem städtischen also bereits auf Grund der geringen Zahl von Nachbarn und Einwohnern einen Schritt voraus. Dazu kommen in den bisher erfolgreichen Energieregionen Attribute wie ein reges Vereinsleben und eine geschlossene Dorfgemeinschaft sowie gemeinsame Feste und Rituale. Diese können unter dem Begriff „bridging capital" subsumiert werden und sind eine wichtige Größe des Sozialkapitals (vgl. Putnam 1995). Als „bridging capital" werden soziale Institutionen wie Vereine, Rituale und Gemeinschaften bezeichnet, die Menschen über bestehende Grenzen wie Alter, Einkommensgruppe oder Religionszugehörigkeit verbinden, im Gegensatz zu solchen, die sie eher voneinander isolieren („bonding capital"). Sozialkapital stellt ferner eine Ressource dar, als dass es helfen kann, einen Mangel an anderer Stelle zu kompensieren. So wirtschaften ethnische Gemeinschaften oft erfolgreich als Kleinunternehmer, obwohl sie über geringe finanzielle Mittel verfügen. Gegenseitiges Vertrauen und Hilfsbereitschaft innerhalb einer solchen ethnischen Subkultur können als soziales Kapital oft das Fehlen von ökonomischem Kapital wettmachen.

Im Falle der Energiewende betrifft das vor allem das Fehlen von Organisationsstrukturen. Wo diese in Form der großen Energiekonzerne oder Stadtwerke vorliegen, fehlt die „Nische" für alternative Entwicklungspfade. In den Nischen aber fehlen die formalisierten Strukturen. Ersetzt werden sie durch informelle Handlungspraxen: Bürgerversammlungen ersetzen Vorstandssitzungen, lokale „Experten zweiter Ordnung"[2] machen externe Gutachter überflüssig und den Absprachen unter Lokalpolitikern kommt eventuell die gleiche Verbindlichkeit zu wie schriftlichen Verträgen und Absichtserklärungen (vgl. Kunze 2012, 126f.).

Auch dies hat historische Vorbilder: neue Branchen sind stets von Pionieren und Tüftlern geprägt, und Organisationen beginnen ihren evolutionären Zyklus meist mit informellen und unvollständigen Strukturen. Wenn sie zwischen vielen möglichen Entwicklungspfaden die richtigen im Sinne ihres Überlebens gewählt haben sollten, folgt die

---

2   Experten zweiter Ordnung „genießen das Vertrauen des Dorfs oder wenigstens das Vertrauen ihrer Bezugsgruppe wie Verein, Kirche, Feuerwehr oder Großfamilie. So kommunizieren sie den Vertrauten sowohl die Glaubhaftigkeit des [von den eigentlichen Experten] Gehörten als auch die Bedeutung in einer lokalen und dem Milieu angepassten Sprache und Symbolik" (Kunze 2012, S. 126). Sie bilden also eine Gruppe von Mittlern zwischen den einfachen Anwohnern und den meist externen Experten.

Formalisierung und Einschränkung ihrer weiteren Entwicklung (vgl. Scott 2001, S. 102ff.; Stark 2009).

5   Wo entstehen energieautonome Regionen?

Solange die Entwicklung von Energieregionen ein weitgehend offener und durch staatliche und wirtschaftliche Vorgaben – im Vergleich zu anderen Feldern (!) – wenig vorstrukturierter Prozess bleibt, werden es die Regionen mit einem hohen Niveau an Sozialkapital sein, die die Fähigkeit aufbringen, fehlende formale durch informelle Routinen zu ersetzen. Gemäß den Überlegungen im vorhergehenden Kapitel können erfolgreiche Energieregionen daher als Indiz für eine handlungsfähige Zivilgesellschaft gelten.

Zur Illustration der These lohnt ein Blick auf die geographische Verteilung der „innovativsten" Gemeinden im Bereich einer regenerativen Energieversorgung in Deutschland, wie vom Internetportal „Kommunal Erneuerbar" angeboten.[3] Auf den ersten Blick lassen sich monokausale Zusammenhänge widerlegen, da fast in allen Teilen der Republik solche Gemeinden vorkommen. Sie zeigen wie zu erwarten eine Häufung in ländlichen Gebieten. Gleichwohl ist auch das keine hinreichende Bedingung, da sich im dünn besiedelten und wenig urbanisierten Mecklenburg-Vorpommern nur zwei Gemeinden finden, im Gegensatz zum dichter besiedelten Baden-Württemberg (13). Ein deutliches Nord-Süd-Gefälle zeichnet sich ab, allerdings nur, wenn die Grenze zwischen Nord- und Südhälfte nördlich von Kassel gezogen wird. Der statistische Zusammenhang ist deutlich, wird aber verzerrt durch eine Ausnahme: den Nord-Westen von Schleswig-Holstein mit sechs Gemeinden. Vermutlich führen hohe Familieneinkommen und -ersparnisse sowie vergleichsweise intakte Sozialstrukturen zu privilegierten Handlungsoptionen und zu einer Häufung von Initiativen.

Bei einer Einteilung der Länder in konservativ/liberal gegenüber sozialdemokratisch/grün/links regierten fällt auf, dass es in letzteren keine Häufung gibt, was angesichts der unterschiedlichen energiepolitischen Ziele auf Landes- und Bundesebene zu erwarten wäre. Im Gegenteil weisen die Länder Mecklenburg-Vorpommern und Rheinland-Pfalz zusammen nur vier solcher innovativen Gemeinden auf, während es in den Ländern Sachsen und Thüringen 14 sind. Schließlich kann die Republik hinsichtlich der Unterschiede zwischen dem post-sozialistischen Teil und dem Gebiet der alten Bundesrepublik betrachtet werden. Eine solche Betrachtung ist vor dem Hintergrund fortbestehender und verfestigter Unterschiede hinsichtlich Arbeitslosenquote, Durchschnittseinkommen, Familienvermögen, De-Industrialisierung und Verschuldung öffentlicher Haushalte nach wie vor angemessen. Erwartungsgemäß finden sich im Westen mehr innovative Gemeinden (52) als im Osten (23). Das entspricht einem Verhältnis von 69 % zu 31 %.

---

3   Vgl. Agentur für Erneuerbare Energien (2012). Betrachtet wurden für die oben dargestellten Berechnungen nur die Kommunen mit einer Größe bis zu 10.000 Einwohnern, was Kleinstädte noch erfasst, aber urbane Räume außen vorlässt.

Mit 31 % ist der Osten freilich stark überrepräsentiert gemessen an seinem Anteil an der Gesamtbevölkerung, an der Steuerleistung, am Mittelstand, am Familienvermögen und so weiter.[4] Nun könnte eingewendet werden, dass Ostdeutschland rund ein Drittel der Fläche Deutschlands ausmache und daher auch rund ein Drittel der innovativen Gemeinden hier zu verorten seien. Wenn die Verteilung jedoch rein geographisch determiniert wäre, dürfte es kein Nord-Süd-Gefälle geben und keine Ausreißer wie Mecklenburg oder Nord-West-Schleswig-Holstein. Dies spricht für die Annahme, dass der Verteilung soziale Bedingungen zugrunde liegen, deren Mechanismen sich nicht auf den ersten Blick erschließen.

Die statistische Häufung im Osten legt die These nahe, dass die Hinwendung zum Entwicklungspfad „lokale Energiewirtschaft" eine Anpassungsstrategie an die akuten wirtschaftlichen und demographischen Herausforderungen der Nachwendejahre darstellte. So begann die Entwicklung dieses Pfads oft mit einem ersten Windpark, bis sich nach weiteren Stufen der sozialen und technischen Komplexitätssteigerung schließlich eine komplexe Energieinfrastruktur entwickelte (vgl. Kunze 2012, S. 149ff.). Sowohl die Notwendigkeit, die verlorenen Industrien schnell durch neue Wirtschaftszweige zu ersetzen, als auch das Fehlen etablierter (und möglicherweise bremsender) Verwaltungsstrukturen in den 1990er Jahren hat Freiräume für entschlossene Bürgermeister geöffnet (vgl. ebd., S. 58ff.). Solche „politischen Unternehmer" sind eine notwendige Bedingung für jede lokale Entwicklung in Richtung Energieautonomie. Dass sich viele Regionen finden, in denen zwar die oben geschilderte Problemlage vorherrscht, dennoch aber keine konstruktive Entwicklung, zum Beispiel in Richtung einer Erneuerbare-Energien-Region, stattfindet, zeigt die Bedeutung von „politischen Unternehmern".

6   Diffusion, Lernprozesse und deren Voraussetzungen

Wie werden sich also die energieautonomen Regionen und ähnliche Initiativen verbreiten? Wo ist mit einer Häufung zu rechnen? – Der Entwicklungspfad „lokale Energiewirtschaft" ist 2013 nicht mehr nur eine Nischenstrategie für „abgehängte" periphere Landkreise. Zahlreiche Initiativen im Süd-Westen des Landes zeigen, dass es sich nicht nur um eine Form der Bewältigung wirtschaftlicher Krisen handelt, sondern um eine Form der Regionalentwicklung, die attraktiv genug geworden ist, auch ohne Problemdruck beschritten zu werden. Anscheinend sind die Erfolgsaussichten weit besser und das antizipierte Risiko geringer als noch in den 1990er Jahren.

Die Erfahrungen aus jeweils ähnlichen und etwas weiter fortgeschrittenen Regionen haben von Beginn an horizontale Lernprozesse angeregt. Die „politischen Unternehmer"

---

4   Aufgeschlüsselt nach Energiearten trägt dazu am stärksten die Windkraft bei, mit einer Ost-West Verteilung von 50 % zu 50 %, bei allerdings nur vier Projekten in Deutschland. Für die Biomasse und die Photovoltaik besteht jeweils ein West-Ost-Verhältnis von 66,6 % zu 33,3 %. Bei Ökostromanbietern und Wasserkraft hingegen finden sich keine Fälle im Osten.

waren und sind recht gut informiert über die Entwicklung im wachsenden aber doch noch überschaubaren Kreis der Energieregionen (vgl. ebd., S. 16). Diese Lernprozesse sind horizontal, insofern ähnliche Sozialstrukturen und Akteure betroffen sind. Vertikale Informationsflüsse, zum Beispiel von regionalen Initiativen in wissenschaftliche Diskurse und in verwandelter Form zurück auf die Regionalebene sind bisher eher selten und wenig bedeutsam gewesen. Im Rahmen horizontaler Lernprozesse ist in den letzten Jahren eine gewisse Traditionsbildung zu beobachten. So gelten die jeweils fortschrittlichsten Orte als Referenzen und Vorbilder. Kleine Medienberichte, Selbstdarstellungen und Erfahrungsberichte liefern Handlungsanleitungen und formen realistische Erwartungen. Verträge und Finanzierungsmodelle müssen so nicht mehr in jedem Fall neu ausgehandelt, sondern können übernommen werden.

Aus alldem folgt eine Standardisierung einzelner Elemente der lokalen Energiewende (vgl. Bijker 1995, S. 123). Die sich rasch ausbreitende „Energiegenossenschaft" ist als neue Institution bereits ein Zeugnis dafür. Für die kommenden Jahre ist eine Verstärkung dieses Trends zu erwarten, denn die Zahl der Nachahmer steigt beständig. Diese sind nicht länger ein exklusiver Club, deren Mitglieder seltene Attribute wie ein sehr hohes Niveau an Sozialkapital aufweisen oder die Offenheit der Nachwendejahre. Es sind auch nicht länger ausschließlich Regionen, die besondere Förderung durch Universitäten, einzelne Unternehmen oder EU-Programme erfahren würden, sondern zunehmend „ganz normale" Dörfer und Landkreise. Langfristig wird der Kreis der erfolgreichen Energieregionen sich also hinsichtlich seiner Charakteristika dem statistischen Mittelwert aller Kommunen angleichen.

Eine zweite Folge der Formalisierungstendenz (und zugleich Voraussetzung der statistischen Normalisierung) ist der damit einhergehend niedrigere Anspruch an die Regionen. Ein besonders hohes Niveau an Sozialkapital, welches bisher eine notwendige Voraussetzung war, verliert seine Bedeutung mit der Verbreitung von formalen Routinen, die einfacher nachgeahmt werden können als die früheren informellen Arrangements. Auch wenn nicht alle Anwohner durch Vereine und anderes „bridging capital" miteinander verbunden sind, auch wenn kein ungebrochenes Vertrauen alle Organisatoren kooperieren lässt, kann der Entwicklungspfad „Erneuerbare-Energie-Region" eingeschlagen werden. Denn formale Routinen und soziale Institutionen wie Genossenschaften machen informelle Regelungen weniger bedeutsam und reduzieren somit den organisatorischen Aufwand (Kunze 2012, S. 173ff.).

Es ist folglich damit zu rechnen, dass die in den frühen Pionierregionen dominierenden Attribute wie hohes Sozialkapital einerseits und hoher Veränderungsdruck (in ostdeutschen Regionen) andererseits vergleichsweise an Bedeutung verlieren, gleichwohl sie weiterhin wichtig bleiben. Zentraler wird wohl das Vorhandensein ökonomischen Kapitals werden, welches freilich eine notwendige Bedingung aller größeren Beteiligungsvorhaben ist, sei es in Form von Anteilen der Anwohner oder in Form von Finanzierungen durch die öffentliche Hand. Dass handlungsfähige Eliten und „politische Unternehmer" ein Vorhaben überhaupt initiieren, wird eine Voraussetzung bleiben, ebenso wie günstige natürliche (Wind, Sonne, Biomasse) und infrastrukturelle (Stromleitungen) Bedingungen.

7   „Akkumulierte Nischen" als latente Transition

In der Transitionstheorie gilt folgende Annahme: „The accumulation of mutations leads to technological trajectories. As long as the selection environment is stable, these trajectories advance in predictable directions" (Geels und Schott 2007, S. 405).

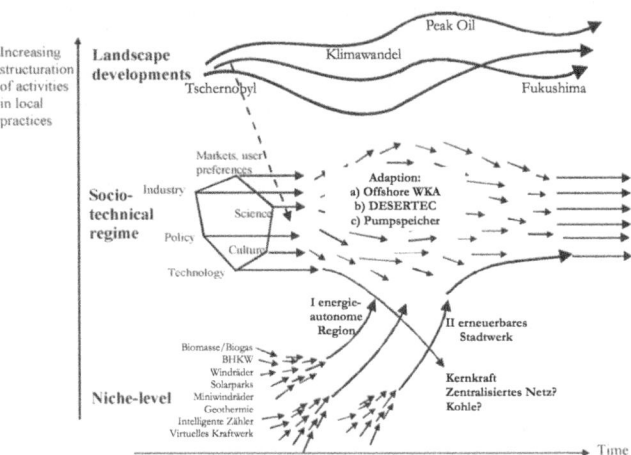

Abbildung 1: Nischenakkumulation der erneuerbaren Energietechnologien im Modell der Transitionstheorie (Quelle: Adaption von Geels und Schott 2007, S. 409, Fig. 6. De-alignment and re-alignment pathway)

Geels und Schott erläutern die drei Ebenen ihres Ansatzes folgendermaßen:

- „The *sociotechnical landscape* forms an exogenous environment beyond the direct influence of niche and regime actors (macro-economics, deep cultural patterns, macro-political developments). Changes at the landscape level usually take place slowly (decades)" (Geels und Schott 2007, S. 400).
- „The *sociotechnical regime* [...] refers to shared cognitive routines in an engineering community and explained patterned development along 'technological trajectories'. [...] Scientists, policy makers, users and special-interest groups also contribute to patterning of technological development [...]. The sociotechnical regime concept accommodates this broader community of social groups and their alignment of activities. Sociotechnical regimes stabilise existing trajectories in many ways: cognitive routines that blind engineers to developments outside their focus [...], regulations and standards [...], adaptation of lifestyles to technical systems, sunk investments in machines, infrastructures and competencies [...] " (ebd., S. 399f.).
- „*Technological niches* form the micro-level where radical novelties emerge. These novelties are initially unstable sociotechnical configurations with low performance. Hence, niches act as 'incubation rooms' protecting novelties against mainstream mar-

ket selection [...]. Niche-innovations are carried and developed by small networks of dedicated actors, often outsiders or fringe actors" (ebd., S. 400).

Die „Mutationen" sind im Falle der Energieregionen die zahlreichen verschiedenen Formen der sozialen Einbettung von Technologien, ihre Finanzierung und Organisation sowie ihre Kombination mit anderen Technologien bis hin zu virtuellen Kraftwerken. Diejenigen, welche sich als vorteilhaft erwiesen haben, werden tradiert, die anderen verworfen. Empirisch ist die Akkumulation der erfolgreichen Mutationen bereits in den „Energieregionen" erfolgt. Denn hier werden zahlreiche einzelne Elemente, sowohl technologisch als auch sozial, zu einem größeren System verbunden. Die verschiedenen Regionen wiederum, gleich ob sie das Komplexitäts-Niveau einer Vollversorgung erreicht haben (Kunze 2012, S. 165), bilden ihrerseits eine bunte Vielfalt möglicher sozio-technischer Regime. Hier kann nun eine zweite Nischen-Akkumulation erfolgen. Denkbar ist, dass sich schließlich einige typische Arrangements von energieautonomen Regionen etablieren. Ebenso möglich sind verschiedene Vorstufen, in denen nur ein Teil des Bedarfs an Elektrizität und Wärme lokal und erneuerbar erzeugt sind, oder dass die Produktion nur teilweise demokratisch und partizipativ erfolgt. („I" in der Abbildung 1)

Ein weiterer evolutionärer Sprung wäre die Transition der energieautonomen Region zum vollständig erneuerbaren Stadtwerk. Dieses könnte technologische und soziale Strukturen aus dem ländlichen Raum übernehmen ohne sie neu entwickeln zu müssen. Zugleich erfordern urbane Bedingungen zahlreiche Anpassungen, die gegenwärtig in den ersten Vorhaben geschaffen werden.[5] Wenn dieser Schritt gelingt, werden die ländlichen Nischen ihre Aufgabe als Versuchslabore erfüllt haben und nicht länger die prominenten Transitionsräume sein. Die weitere Entwicklung könnte in den Städten erfolgen.

Ein denkbarer dritter Entwicklungspfad wäre eine Symbiose von ländlichen und urbanen Projekten. So könnten ländliche Energieregionen ihren Überschuss, beispielsweise aus Windparks, direkt an die Stadtwerke liefern statt an der Strombörse zu verkaufen. In Verbindung mit intelligentem Stromverbrauch und städtischer Produktion vor allem durch BHKW, Solarzellen sowie Gaskraftwerke könnten die Angebotsschwankungen zumindest teilweise „bilateral" ausgeglichen werden. Ohne entsprechende Gesetze würden es derartige Konstellationen vorerst freilich schwer haben. Eine solche juristische und legale Rahmung durch den Gesetzgeber könnte auch dem energieautonomen Stadtwerk erlauben, seine Nische zu verlassen und die Ebene eines „Sozio-technischen Regimes" zu erreichen. (siehe Abbildung 1, S. 40)

Um dieser Entwicklung vorzubeugen, wird das etablierte Regime fossiler und zentralistischer Produktion, wenn es unter ausreichend Druck gerät, einige Elemente des rivalen, erneuerbaren Regimes integrieren (siehe Abbildung 1, Mitte). Solche Adaptionen sind einerseits die zwar marginalen aber doch existenten Investitionen in erneuerbare Energien, vor allem solche, die sich ins zentralistische und monopolistische Paradigma

---

5 Ein solches Beispiel ist das Hamburger Projekt „KEBAP" (KulturEnergieBunkerAltona-Projekt).

einfügen: große Offshore-Windparks, große Speichertechnologien wie Staudämme oder unterirdische Wärmespeicher und schließlich DESERTEC[6].

Wie die historische Erfahrung zeigt, können solche Adaptionen die endgültige Ablösung eines sozio-technischen Regimes durch seinen Rivalen lange hinauszögern. Noch in der zweiten Hälfte des 19. Jahrhunderts wurden Segelschiffe mit zusätzlicher Dampfmaschine, Schraube und Stahlrumpf gebaut. Erst Erschütterungen auf dem „landscape level" brachten den endgültigen Wechsel zum Dampfschiff. Im 19. Jahrhundert waren das der Krimkrieg (1853-56) und die daraus folgende Umstellung der britischen Kriegsmarine auf reine Dampfschiffe. Als auch noch die Versicherungen den Dampfschiffen den Vorteil gaben, waren die Würfel zu deren Gunsten gefallen (Geels 2002, S. 1268f.). Nicht oder kaum willentlich herbeigeführte Großereignisse haben auch die Entwicklung der erneuerbaren Energien entscheidend beschleunigt, wie die zwei atomaren Katastrophen in Tschernobyl und Fukushima sowie die öffentlichkeitswirksamen Karrieren des Klimawandels und des Öl-Förder-Maximums („peak oil") (Abbildung 1, oben).

8   Fazit

Die zunächst rein technologischen Neuerungen der Energieerzeugung verändern das Landschaftsbild der Republik und gründen ein neues sozio-technisches Regime. Die „neuen Energielandschaften" vereinen daher einen geographischen und einen sozialen Aspekt. Während ersterer ästhetisch umstritten aber schon sehr real ist, ist das sozio-technische Regime noch im Status eines Herausforderers gegenüber der etablierten Troika aus fossilen Kraftwerken, Oligopolen und zentralisiertem Netz. Gleichwohl ist die Orientierungsphase beendet. Die „Erneubaren" durchlaufen gegenwärtig ein fortgeschrittenes Stadium der „Nischen-Kummulation". Technische, ökonomische, soziale und administrative Praktiken formieren sich zu Paketen, beispielsweise als energieautonome Region oder erneuerbares Stadtwerk.

Diese werden sich evolutionär weiter entwickeln und geographisch expandieren. Sie können derart den hegemonialen Status Quo herausfordern, was mit einem Viertel des Strommarktes 2012 schon weit fortgeschritten scheint.[7] Gleichwohl mahnt die Transitionstheorie vor dem Hintergrund historischer Beispiele zur Vorsicht. Ein vollständiger Regimewechsel ist nur möglich in Verbindung mit einem externen Schock, der das etablierte sozio-technische Regime zusätzlich schwächt. (vgl. Geels und Schott 2007).

---

6   Das DESERTEC Projekt möchte den Bedarf an elektrischer Energie für die Europäische Union durch große Solar-Kraftwerke in der Nord-Sahara zu annähernd 100 % decken. Die dafür notwendige Gleichstromübertragung und der Stromtransport durch das Mittelmeer und weite Strecken Europas sind bisher technisch und administrativ ungelöste Probleme. Kritiker bemängeln die sehr hohen Kosten sowie die „Verlängerung" der von Zentralismus und Oligopolen geprägten fossilen Struktur des Energiemarktes in die post-fossile Phase.

7   Der genaue Wert für das Jahr 2012 stand im November noch nicht fest. Kolportiert wurden Anteile von circa 25 % erneuerbarer Stromproduktion.

Wie der lange Zeit von vielen kaum für möglich gehaltene und erst mit Fukushima realisierte Atomausstieg zeigt, ist diese Annahme begründet. Sie rechtfertigt weitere wissenschaftliche Aufmerksamkeit für die neuen Energielandschaften und sich formierenden „Nischen", auch wenn deren Durchbruch gelegentlich noch in weiter Ferne zu stehen scheint.

Literatur

Agentur für Erneuerbare Energien (2012), Gute Nachbarn. Starke Kommunen mit erneuerbaren Energien. http://www.kommunal-erneuerbar.de/de/kommunalatlas.html. Zugegriffen 23. November 2012.

Bijker, W. E. (1995). *Of Bicycles, Bakelites and Bulbs: Towards a Theory of Sociotechnical Change*. Cambridge: The MIT Press.

Elzen, B., Geels, F. & Green, K. (2004). *System innovation and the transition to sustainability: theory, evidence and policy*. Cheltenham: Elgar.

Franzen, A. & Freitag, M. (Hrsg.) (2007). *Sozialkapital: Grundlagen und Anwendungen*. Opladen: Kölner Zeitschrift für Soziologie und Sozialpsychologie, Sonderheft 47.

Geels, F. (2002). Technological transitions as evolutionary reconfiguration processes: a multi-level perspective and a case-study, *Research Policy 31*, 1257-1274.

Geels, F. & Schot, J. (2007). Typology of sociotechnical transition pathways, *Research Policy 36*, 399-417.

Harrison, R. (1990). *Industrial Organisation and Changing Technology in UK Shipbuilding: Historical Developments and Future Implications*. Aldershot: Gower Publishing Company.

Kunze, C. (2012). *Soziologie der Energiewende: erneuerbare Energien und die Transition des ländlichen Raums*. Stuttgart: Ibidem.

Loorbach, D. (2007). *Transition management: New mode of governance for sustainable development*. Utrecht: International Books.

Olson, M. (1968). *Die Logik des kollektiven Handelns. Kollektivgüter und die Theorie der Gruppen*. Tübingen: Mohr Siebeck.

Putnam, R. (1995). Bowling alone. America's declining social capital, *Journal of Democracy 6*, 65-78.

Scott, R. W. (2001). *Institutions and Organizations*. Thousand Oaks: Sage.

Simmel, G. (1900). *Die Philosophie des Geldes*. Leipzig: Duncker & Humblodt.

Stark, D. (2009).*The sense of dissonance*. Princeton: University Press.

United Nations World Commission on Environment and Development (1987). *Brundtland Report: Our Common Future*.

Energiewende und Landschafts-Governance: Empirische Befunde und theoretische Perspektiven

4

Markus Leibenath

1 Neuartige kommunale und regionale Energiepolitik

In früheren Jahrzehnten war die Energieversorgung vor allem ein Thema der nationalen und europäischen Politik sowie ein Betätigungsfeld großer Konzerne. In den letzten Jahren engagieren sich hingegen Kommunen, zivilgesellschaftliche Organisationen und Initiativen sowie kleine und mittelständische Unternehmen (wieder) in zunehmendem Maße für energiewirtschaftliche Belange. So gesehen kann man davon sprechen, dass in vielen Ländern Europas eine neuartige kommunale und regionale Energiepolitik entsteht (Hisschemöller 2012). Sie führt zu dezentraleren Strukturen der Energieerzeugung und -versorgung.

Diese kommunale und regionale Energiepolitik ist in Deutschland auf das Engste mit der so genannten Energiewende verbunden, das heißt mit der Abkehr von fossilen und atomaren Energieträgern und der Hinwendung zu Energien aus erneuerbaren Quellen, die vom Staat mit finanziellen Anreizen und vielfältigen anderen Mitteln gefördert wird. Denn es sind nicht Braunkohletagebaue, konventionelle Großkraftwerke oder gar Atomreaktoren, für die sich kommunale und regionale Akteure einsetzen, sondern vor allem Windräder, Solaranlagen, bioenergetische Kraftwerke und die Nutzung der Geothermie. In diesen Entwicklungen kommen die politischen Ziele zum Ausdruck, atomare Risiken und den globalen Temperaturanstieg zu verringern. Hinzu kommen Fragen der Wirtschaftspolitik und -förderung sowie der Ressourcenverknappung (Stichwort „peak oil") und damit der Versorgungssicherheit.

In jedem Falle wirkt die Energiewende als ein Katalysator der neuartigen kommunalen und regionalen Energiepolitik. Man könnte sogar soweit gehen zu sagen, dass diese neuartige Energiepolitik eine charakteristische Facette der Energiewende bildet. Aus planungswissenschaftlicher und steuerungstheoretischer Sicht kann daher als erste Leitfrage des vorliegenden Artikels formuliert werden, ob die Energiewende partizipativen Verfahren den Weg bereitet oder eher dazu beiträgt, hierarchische Entscheidungsmuster zu zementieren (Bruns und Gee 2009). Oder anders gesagt: Ist die neue kommunale und regionale Energiepolitik durch netzwerkartige, verhandlungsorientierte Formen der Koordination geprägt und damit ein Beispiel für Governance im engeren Sinne?[1]

---

1 Im Gegensatz dazu umfasst ein *weiter* Governance-Begriff „alle nebeneinander bestehenden Formen der kollektiven Regelung gesellschaftlicher Sachverhalte" (Mayntz 2004, S. 4 f.) und wird damit zum Synonym von Politik schlechthin.

Die verstärkte Nutzung erneuerbarer Energien und die darauf gerichteten Politiken sind in hohem Maße landschaftlich relevant, und zwar in mehrfacher Hinsicht. Zum einen führt die Nutzung erneuerbarer Energien unweigerlich zur physischen Veränderung von Landschaften: Technische Anlagen mit zum Teil ungewohnt großen Ausmaßen werden errichtet, auf immer mehr Feldern werden Energiepflanzen wie Raps und Mais angebaut und es entstehen neue Leitungstrassen, um die erzeugte Elektroenergie zu den Nachfragern zu leiten. Zum anderen beeinflussen die physischen Implikationen der Energiewende landschaftliche Leitbilder, also kollektiv geteilte Vorstellungen davon, was gute, „richtige" oder nachhaltige Landschaften sind. Es ist jedoch offen – und das ist die zweite Leitfrage –, inwieweit kommunale und regionale Governance-Ansätze im Energiebereich auch als eine Form von *Landschafts*-Governance zu betrachten sind.

Governance, verstanden als netzwerkartige Steuerung, kann aus sehr unterschiedlichen theoretischen Blickwinkeln betrachtet werden. Verschiedene Autoren haben entsprechende Übersichten und Gegenüberstellungen vorgelegt (z. B. Bevir und Krupicka 2011; Voß und Bauknecht 2004). Ich möchte zwei Perspektiven herausgreifen und im Hinblick auf Landschafts-Governance im Kontext der Energiewende miteinander vergleichen. Zum einen handelt es sich dabei um die Perspektive des Rational-Choice-Institutionalismus (RCI), die unter anderem in den Arbeiten zum akteurzentrierten Institutionalismus (AZI) von Mayntz und Scharpf (1995; Scharpf 2000) zum Ausdruck kommt, aber auch in den Untersuchungen zu Regional Governance von Fürst (2001; Fürst et al. 2005). Zum anderen betrachte ich die diskurstheoretische Perspektive, die sich unter anderem aus den Arbeiten von Foucault (2005 [1978]), Laclau und Mouffe (1985), Dean (2010) sowie Rose und Miller (1992) ableiten lässt. Dabei gehe ich als drittes der Leitfrage nach, welche analytischen Möglichkeiten diese beiden Zugänge für die Analyse von Landschafts-Governance im Kontext der Energiewende bieten. Die Einteilung der beiden Perspektiven[2] übernehme ich von Sørensen und Torfing (2008a, S. 17).[3]

Der vorliegende Beitrag hat explorativen Charakter. Er skizziert ein Forschungsfeld und enthält einige thesenartige, vorläufige Ergebnisse, die der Vertiefung und weiteren Durchdringung bedürfen. Ganz im Sinne des Titels dieses Bandes möchte ich neue Perspektiven für die Landschaftsforschung im Hinblick auf die verstärkte Nutzung „neuer" Energien aufzeigen.

In den folgenden Kapiteln lege ich zunächst meine Begriffe von „Landschaft", „Governance" und „Landschafts-Governance" dar, bevor ich empirische Befunde und Überlegungen zur Relevanz der kommunalen und regionalen Energiepolitik für Landschafts-Governance vorstelle. Die empirische Analyse bildet die Grundlage der theoretischen Überlegungen, in denen ich die genannten Perspektiven miteinander vergleiche, um

---

2 Einen dritten potenziell interessanten Ansatz bildet die managementorientierte Netzwerk-Theorie, die unter anderem von Kickert et al. (1997) vertreten wird und auf die ich hier aus Platzgründen nicht eingehen möchte.

3 Sørensen und Torfing verwenden statt „diskurstheoretisch" das Attribut „poststrukturalistisch".

schließlich im letzten Kapitel eine Zusammenfassung zu geben und einige Schlussfolgerungen zu ziehen.

2   Landschaft, Governance und Landschafts-Governance

Sowohl „Landschaft" als auch „Governance" werden von vielen Personen in unterschiedlichen Zusammenhängen verwendet. Daher handelt es sich in beiden Fällen um „essentially contested concepts" (Gallie 1956), für die es keine allgemein verbindlichen Definitionen geben kann. Ich möchte mich hier darauf beschränken darzulegen, in welchem Sinne ich diese Schlüsselwörter benutze.

In Anlehnung an Artikel 1 der Europäischen Landschaftskonvention (CoE 2000) verstehe ich unter „Landschaft" einen Ausschnitt der Erdoberfläche, in dem Menschen leben, der von Menschen erlebt und wahrgenommen wird und der von Menschen geprägt wird. Landschaft ist für mich also kein Abstraktum, das als unabhängig vom Menschen gedacht werden kann, sondern mit „Landschaft" bezeichne ich eine Beziehung – genauer gesagt das Sich-in-Beziehung-Setzen des Menschen zu seiner belebten und unbelebten Umwelt – sowie die Effekte, die aus dieser Beziehung hervorgehen (Cosgrove 1988, S. 14). Dabei kann es sich einerseits um Räume, also um von Menschen gestaltete Natur handeln[4], und andererseits um Bilder, Vorstellungen, symbolische Repräsentationen oder diskursive Konzepte von Räumen. Aufgrund der Dualität von Physis und Bild (Rose 2002, S. 456), die sich mit dem Wort „Landschaft" verbindet[5], meine ich selbst dann, wenn ich mich ausschließlich auf die physische Seite von Landschaften beziehe, keine Einzelaspekte wie Böden, Vegetation oder Bebauung, sondern eine geschaute und anschaubare Gesamtheit. Weil „Landschaft" ein Beziehungsbegriff ist, haben Landschaften darüber hinaus oft etwas mit identifikatorischen Prozessen (Weichhart 1990, S. 23) und mit Vorstellungen von Heimat (Kaufmann 2005, S. 158) zu tun.

Die Konjunktur des Wortes „Governance" kann man als Reaktion auf Trends betrachten, die Jessop (2002a, S. 195-200) auf die Kurzformeln „denationalization of the state" und „destatization of the political system" gebracht hat, wobei der zweite Aspekt der wichtigere ist. Unter „denationalization of the state" versteht Jessop die räumliche und funktionale Neuorganisation staatlicher Handlungskapazitäten. Dieser Prozess verläuft zulasten der Nationalstaaten und zugunsten von supranationalen Organisationen einerseits sowie von Regionen und Kommunen andererseits. Mit dem Ausdruck „destatization of the political system" bezeichnet Jessop die zumindest teilweise Verlagerung von Zu-

---

4   Hier beziehe ich mich auf die altdeutsche Bedeutung von ‚Raum', die im Grimmschen Wörterbuch (Grimm und Grimm o. J., Bd. 14, Sp. 277) folgendermaßen wiedergegeben wird: „[...] so weist alles dieses auf raum als einen uralten ausdruck der ansiedler hin, der zunächst die handlung des rodens und frei machens einer wildnis für einen siedelplatz bezeichnete [...], dann den so gewonnenen siedelplatz selbst."

5   Diese Dualität kann auch als Einheit gedacht werden (vgl. Leibenath 2013).

ständigkeiten und Aufgaben aus dem staatlichen in den privaten Bereich. In Verbindung damit werden immer öfter Kompetenzen zwischen Staat und Privatsektor geteilt; es entstehen wechselseitige Abhängigkeiten im Hinblick auf Ressourcen und Wissen; gegenseitiges Lernen und verhandlungsbasierte Koordination werden wichtiger. Dadurch entstehen Netzwerke, in denen staatliche, halbstaatliche und private oder zivilgesellschaftliche Akteure auf freiwilliger Basis mit dem Ziel kooperieren, öffentliche Güter zu vermehren. Diese Netzwerke sind insofern informell, als ihre Mitglieder innerhalb der institutionellen Grenzen, die ihnen von außen gesetzt sind, einen eigenen institutionellen, normativen und kognitiven Rahmen entwickeln müssen. Die Netzwerke sind relativ stabil und von Verhandlung und Tausch gekennzeichnet, wobei Vertrauen eine große Rolle spielt (Börzel 1999, S. 254; Sørensen und Torfing 2008a, S. 3-11).

Im Rahmen des vorliegenden Beitrags möchte ich Governance als eine kooperative Form der Steuerung definieren, die durch Netzwerke der genannten Art charakterisiert ist. Somit arbeite ich tendenziell mit einem engen und „latent normativ akzentuierten" Governance-Begriff (Mayntz 2004, S. 5). Gleichzeitig folge ich damit Autoren wie Bevir (2004, S. 606) und Jessop (2002b, S. 39), die „Governance" und „Governance-Netzwerke" weitgehend als Synonyme behandeln. Es wäre jedoch ein Missverständnis anzunehmen, dass Governance-Netzwerke staatliches, hierarchisches Handeln, das sich im Rahmen formaler Institutionen vollzieht, gänzlich ersetzten (Klijn 2008, S. 509). Stattdessen sind vielfältige Übergangs- und Mischformen zu beobachten, in denen hierarchische, formal-juristische Interaktionen – zum Beispiel Genehmigungsverfahren für den Bau von Windparks – nach wie vor einen selbstverständlichen Platz einnehmen.

Was verbirgt sich nun hinter dem Kompositum „Landschafts-Governance"? – Im Gegensatz zu seinen Einzelbestandteilen ist dieses Wortpaar bislang wenig gebräuchlich. Es gibt einige Erwähnungen in der Literatur, etwa bei Penker (2009), Beunen und Opdam (2011) oder Scott (2011)[6]. Landschaft wird in diesen Texten primär als etwas Physisches behandelt, während Governance als analytisch offenes Konzept dient (so bei Penker 2009) oder die Abkehr von staatszentrierten Planungsverfahren bezeichnet (so bei Beunen und Opdam 2011; Scott 2011). Ebenfalls mit einem weiten Governance-Begriff arbeitet Gailing (2010; 2012; Gailing und Leibenath 2010) in seinen institutionalistisch ausgerichteten Analysen kulturlandschaftlicher Handlungsräume. Fürst hat hingegen den von ihm entwickelten stark an Netzwerken orientierten Regional-Governance-Ansatz auf das „Place-making" in Kulturlandschaften angewandt (Fürst et al. 2008).

Görg (2007) war einer der ersten, der über „landscape governance" geschrieben hat. Er stellt Landschafts-Governance in den Kontext der gesellschaftlichen Naturverhältnisse (Görg 2003) und der sozialen Konstruktion politischer Handlungsebenen („politics of scale"). Vor diesem Hintergrund präsentiert er Landschafts-Governance als einen möglichen Ansatz zur parallelen Analyse sozial konstruierter Räume und der biophysikalischen, „natürlichen" Gegebenheiten konkreter Orte („the ‚natural' conditions of places").

---

6 Darüber hinaus verwenden manche Autoren „Landschafts-Governance" in eher beiläufiger Weise, zum Beispiel Albert und Vargas-Moreno (2010) oder Southern et al. (2011).

Er macht sich jedoch nicht den Anspruch zu eigen, eine „comprehensive, holistic perspective" (Görg 2007, S. 960) zu entwickeln. Die Verbindung zwischen den verschiedenen Analyseebenen ergibt sich für ihn bereits durch den hybriden Charakter des Landschaftskonzepts[7]. Unter dem Strich bleibt der Eindruck, dass Görg lediglich die Herausforderung beschreibt, vor der jegliche interdisziplinäre Landschafts- oder Umweltforschung steht – nämlich sozialwissenschaftliche und natur- oder ingenieurwissenschaftliche Perspektiven zu integrieren.

Für die Zwecke des vorliegenden Beitrags möchte ich vor allem mit einem Begriff von Landschafts-Governance arbeiten, der auf netzwerkartige Steuerungsansätze oder zumindest auf Mischformen netzwerkartiger und anderer (z. B. hierarchischer oder marktförmiger) Steuerungsformen verweist, in denen Landschaft thematisiert wird. Dieses Thematisieren kann dergestalt sein, dass das Wort „Landschaft" eine mehr oder weniger zentrale Rolle spielt oder dass die oben erwähnten „‚natural' conditions of places" adressiert werden, aber in einer Weise, die über einzelne technisch-funktionale Aspekte wie etwa die Windhöffigkeit eines Standorts hinausgeht.

3 Kommunale und regionale Energiepolitik: Ein Beispiel für Landschafts-Governance?

In diesem Kapitel möchte ich einen Überblick über die vielfältigen Formen geben, in denen sich die neuartige kommunale und regionale Energiepolitik in Deutschland manifestiert (vgl. Becker et al. in diesem Band). Dazu habe ich[8] zwischen November 2011 und September 2012 eine Internet-Recherche durchgeführt. Im Fokus standen dabei bundesweite und insbesondere sächsische Internetportale (z. B. AEE 2012; BMELV 2012; IdE 2012; SAENA 2012; SMUL 2012). Ergänzend wurden weitere Informationsquellen genutzt wie Presseberichte und Gespräche mit Vertretern der Regionalplanung und zivilgesellschaftlicher Organisationen.

Bevor ich eine Einschätzung vornehme, inwieweit es sich bei der neuartigen kommunalen und regionalen Energiepolitik um Landschafts-Governance handelt, möchte ich einige aus meiner Sicht zentrale Handlungsansätze dieser Politik beleuchten. Ausgeblendet bleiben dabei Investitionsvorhaben im Bereich der erneuerbaren Energien, die von einzelnen Unternehmen ausgehen, sowie die damit verbundenen Planungs- und Genehmigungsverfahren. Diese Art von Projekten bildet zweifellos eine wichtige Komponente der Energiewende und hängt oftmals auch mit kommunaler oder regionaler Energiepolitik zusammen. Dabei kommen jedoch nur marktbasierte in Verbindung mit hierarchisch-

---

7 Görg (2007, S. 961) spricht in diesem Zusammenhang tatsächlich von „the landscape concept", was bemerkenswert ist, weil in der Praxis eine Vielzahl von Landschaftskonzepten zu beobachten ist (vgl. z. B. Leibenath und Otto 2012).

8 mit Unterstützung durch Franziska Tennhardt

staatlichen Interaktionsformen zum Tragen, weswegen es sich nicht um Governance im oben beschriebenen Sinne handelt.

Die Rekommunalisierung von Stadtwerken ist in vielen Städten geplant oder bereits erfolgt, etwa in Planegg bei München oder in Wolfhagen (vgl. Otto und Leibenath in diesem Band). Sie wird oft als erster Schritt hin zu einer stärkeren Nutzung erneuerbarer Energien gesehen. Stadtwerke zu rekommunalisieren bedeutet, dass eine Kommune die Verfügungsgewalt über das örtliche Energieversorgungsnetz erlangt. Dies kann durch Kauf erfolgen oder dadurch, dass ein auslaufender Konzessionsvertrag nicht verlängert wird. Damit übernimmt die Kommune das unternehmerische Risiko, kann aber auch Technologien wie die Kraft-Wärme-Kopplung besser fördern. Kritiker wenden ein, dass eine stärkere Nutzung regenerativer Energien auch ohne die Rekommunalisierung von Stadtwerken möglich ist, beispielsweise durch den Wechsel des Stromanbieters (Köhler 2010). Landschaft spielt in diesen Entscheidungen zumeist keine Rolle. Governance-Netzwerke kommen in der Regel ebenfalls nicht zum Tragen. Es gibt allerdings Ausnahmen wie die Stadt Hamburg, wo sich eine Volksinitiative für die Rekommunalisierung der Leitungsnetze einsetzt.

Technische Energiekonzepte und Potenzialanalysen in Auftrag zu geben stellt ein weiteres Element der kommunalen und regionalen Energiepolitik dar, zum Beispiel in der Stadt Baunatal oder im Landkreis Sächsische Schweiz-Osterzgebirge. Mit dem Attribut „technisch" ist gemeint, dass es hier weniger um Diskussionsprozesse oder die Vernetzung von Akteuren geht, sondern um Energieverbräuche und -bedarfe, CO_2-Bilanzen, Szenarien, technische Machbarkeit, ökonomische Wertschöpfungspotenziale und Kosten. Typischerweise werden solche Konzepte von Ingenieurbüros in kommunalem Auftrag erarbeitet. Je nach der örtlichen Situation erfolgen Schwerpunktsetzungen zugunsten bestimmter Energieformen (Elektrizität und/oder Wärme), Energieträger oder Stadtteile. Oftmals sind die Konzepte Teil umfassenderer, partizipativ erarbeiteter Strategien. Für sich allein genommen stellen sie jedoch Experten-Gutachten dar. Landschaft wird in solchen Studien entweder gar nicht oder nur ganz am Rande im Zusammenhang mit den Schutzgütern gemäß Bundesnaturschutzgesetz erwähnt.

Bürgerwindparks, Bürgersolarparks und Bürgerenergiegenossenschaften existieren beispielsweise in Niebüll, Hollich (bei Münster), Morbach (bei Trier), Rotach-Schussen-Argen (Bodensee) und Wolfhagen (vgl. Otto und Leibenath in diesem Band). Bürgerenergiegenossenschaften gehen in der Regel auf die Initiative von Bürgern zurück und haben die Rechtsform einer eingetragenen Genossenschaft. Bürgerwind- und Bürgersolarparks weisen hingegen unterschiedliche Rechtsformen auf und werden sowohl „top-down" von Anlagenbaufirmen oder Kommunen als auch „bottom-up" von Bürgern oder zivilgesellschaftlichen Organisationen initiiert. Mal geht es eher um die Verbesserung der Akzeptanz für die geplanten Anlagen, mal eher darum, die Energieversorgung in die eigene Hand zu nehmen und nachhaltiger zu gestalten sowie attraktive Geldanlageformen zu eröffnen. Die Unterscheidung, ob es sich im Einzelfall um ein Governance-Netzwerk oder schlicht um die Gründung und Führung eines privaten Unternehmens handelt, ist nicht immer eindeutig zu treffen. Landschaft wird in der Regel nicht adressiert.

Landes- und Regionalplanung sind in mehrfacher Hinsicht in die neuartige kommunale und regionale Energiepolitik involviert. In Regionalplänen werden über das Instrument gebietsbezogener Festlegungen (z. B. Vorranggebiete) Aussagen zu möglichen Standorten für Energieanlagen – insbesondere Windkraftanlagen – getroffen. Demzufolge wird in vielen Planungsregionen bei der Aufstellung oder (Teil-)Fortschreibung von Regionalplänen intensiv über erneuerbare Energien diskutiert, etwa in den Planungsregionen Uckermark-Barnim und Oberes Elbtal-Osterzgebirge. Darüber hinaus nehmen manche Regionale Planungsverbände eine Schlüsselrolle bei der Erarbeitung regionaler Klimaschutzkonzepte ein oder sind sogar Träger derartiger Konzepte wie etwa der Regionale Planungsverband Westmecklenburg. Somit stellt die Regionalplanung über die rechtliche Sicherung von Anlagestandorten einen formalen Handlungsansatz dar, der allerdings aufgrund der vorgeschriebenen Beteiligungsverfahren mit partizipativen, netzwerkartigen Elementen durchsetzt ist. Zudem können Regionale Planungsverbände als (Schlüssel-)Akteure in energiepolitischen Governance-Netzwerken auf den Plan treten. Der Schutz und die Entwicklung von Kulturlandschaften sowie die Berücksichtigung natürlicher Schutzgüter zählen zu den gesetzlichen Grundsätzen der Raumordnung. Daher ist die Regional- und Landesplanung zumindest teilweise als Governance-artiges Handlungsfeld zu qualifizieren, in dem Landschaften eine vergleichsweise große Bedeutung zukommt.

In einigen Biosphärenreservaten und anderen Großschutzgebietsregionen haben sich Debatten über erneuerbare Energien entsponnen. Speziell die Verwaltungen der Biosphärenreservate befinden sich in einem Zwiespalt: Sollen ihre Gebiete doch Modellregionen für nachhaltige Entwicklung und den Einsatz erneuerbarer Energien sein (DUK 2011, S. 1), dürfen aber auch ihren Schutzauftrag nicht verfehlen. Aktuell sind Diskussionen über erneuerbare Energien wie die Windkraft beispielsweise in den Biosphärenreservaten Rhön und Pfälzerwald, im geplanten Biosphärenreservat Südschwarzwald sowie im Biosphärengebiet Schwäbische Alb (vgl. Megerle in diesem Band) zu verzeichnen. Das Wort „Landschaft" und auch die physisch-ökologischen Eigenschaften der Gebiete werden in prominenter Weise thematisiert. Die Schutzgebietsverwaltungen befinden sich ähnlich wie die Regionalen Planungsverbände in einer mehrdeutigen Rolle, weil sie sowohl hoheitliche Aufgaben wahrnehmen als auch in unterschiedliche regionale Governance-Netzwerke eingebunden sind.

Für den nächsten Typus von Handlungsansätzen gibt es vielfältige Bezeichnungen: Regionales Energie-Entwicklungskonzept, Integriertes Klimaschutzkonzept, 100%-erneuerbare-Energie-Region oder Klimaneutrale Kommune. Im Kern handelt es sich dabei – ähnlich wie bei den seit Längerem bekannten Regionalen Entwicklungskonzepten, Integrierten Stadtentwicklungskonzepten oder Integrierten Ländlichen Entwicklungskonzepten – um partizipative Prozesse der Strategie- und Projektentwicklung. Aufbauend auf einer Bestandsaufnahme werden Leitbilder, Ziele und Maßnahmen erarbeitet. Diese Prozesse werden zumeist von Beratungsunternehmen moderiert und fachlich begleitet. Nicht zuletzt dank der finanziellen Förderung durch mehrere Bundesprogramme gibt es mittlerweile eine Vielzahl solcher Konzepte, zum Beispiel in Gelsenkirchen, im Fünfseenland in Südbayern oder auf Rügen. Weil dabei zahlreiche Akteure aus unterschiedlichen Handlungsfeldern auf freiwilliger Basis miteinander kooperieren, kann man von Governance-Netzwerken sprechen. Landschaft scheint zumeist nicht im Vordergrund zu stehen. Welche Rolle landschaftliche Belange im Einzelfall spielen, hängt jedoch sehr von den örtlichen Gegebenheiten ab, also zum Beispiel wie wichtig der Tourismussektor ist und welche Bedeutung der Landschaft in diesem Zusammenhang beigemessen wird.

Ganz anders stellt sich die Sache bei den Protestinitiativen dar, die aus Opposition gegen Windräder, aber auch gegen Biogasanlagen, Hochspannungs-Freileitungen und andere Vorhaben aus dem Bereich der erneuerbaren Energien entstanden sind: „Landschaft" steht in ihren Argumentationen oft an vorderster Stelle und die Auswirkungen geplanter Anlagen auf die Tierwelt und das Landschaftsbild werden regelmäßig hervorgehoben. Die Interaktionen innerhalb dieser Protestinitiativen, an denen oftmals eine große Zahl von Einzelakteuren und Organisationen beteiligt ist, sind durch Verhandlungen und Tausch gekennzeichnet. Daher kann man von Governance-Netzwerken sprechen. Beispiele sind die „Gegenwind"-Bürgerinitiativen im Stauferland (Baden-Württemberg) und im Erzgebirge, die Bürgerinitiativen gegen Biomassekraftwerke in Bergkamen und in Penzberg sowie die Bürgerinitiative gegen eine geplante „Mammutgasanlage" in Freetz bei Rotenburg (Wümme).

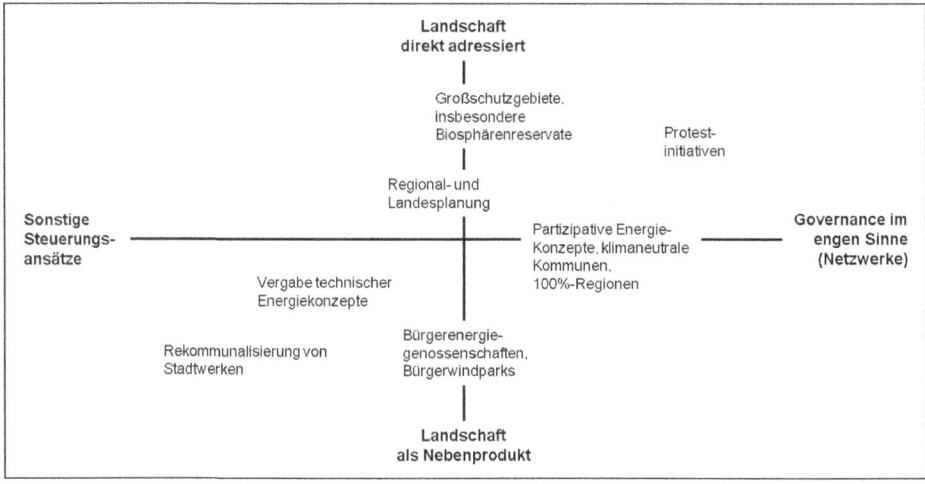

Abbildung 1: Landschafts-Governance im Bereich der neuartigen kommunalen und regionalen Energiepolitik (Quelle: Eigener Entwurf des Autors)

Der hier vorgenommenen Charakterisierung von Handlungsansätzen aus dem Bereich der neuartigen kommunalen und regionalen Energiepolitik haftet etwas Holzschnittartiges an, weil es fließende Übergänge sowie vielfältige Querbezüge und Überlagerungen zwischen ihnen gibt. Dennoch ergibt sich ein relativ klares Bild, wenn man die verschiedenen Ansätze im Hinblick darauf vergleicht,

- inwiefern es sich um Governance im engeren Sinne handelt, das heißt inwieweit dabei Governance-Netzwerke zum Tragen kommen, sowie
- ob und gegebenenfalls in welcher Intensität Landschaft adressiert wird oder ob Landschaft ein wenig beachtetes Nebenprodukt darstellt.

Das Ergebnis ist in Abbildung 1 (S. 52) dargestellt. Für Landschafts-Governance gemäß meiner Definition kommen vor allem die Handlungsansätze im oberen rechten Quadranten des Diagramms in Frage. Dies sind in erster Linie Biosphärenreservate und andere Großschutzgebietsregionen sowie Protestinitiativen gegen erneuerbare Energien. Teilweise relevant sind darüber hinaus die Regional- und Landesplanung sowie das große Feld der partizipativen Energie-Konzepte, klimaneutralen Kommunen und 100%-Regionen.

4 Mögliche theoretische Perspektiven auf Landschafts-Governance im Kontext der Energiewende

In der politikwissenschaftlichen Literatur werden Rational-Choice-Institutionalismus und Diskurstheorie weitgehend als separate „Lager" behandelt und selten gemeinsam betrachtet. Durch die Kontrastierung möchte ich jedoch nicht nur einige der spezifischen heuristischen Möglichkeiten herausarbeiten, die die Perspektiven bieten, sondern auch Berührungspunkte aufzeigen.

4.1 Rational-Choice-Institutionalismus

Im Rational-Choice-Institutionalismus liegt der Schwerpunkt auf dem strategischen, zielorientierten Handeln autonomer Akteure, das sich allerdings innerhalb institutioneller Grenzen vollzieht. Die Akteure haben bestimmte Wahrnehmungen, Interessen und Präferenzen und sie verfügen in unterschiedlichem Maße über Ressourcen wie Wissen, Geld oder Macht. Handlungen und politische Entwicklungen werden folglich sowohl unter Bezug auf die Interessen der Akteure als auch die bestehenden institutionellen Rahmenbedingungen erklärt (Knill 2005, S. 20 und 24; Risse 2002, S. 600; Scharpf 2000, S. 43). Beim akteurzentrierten Institutionalismus, dessen Autoren sich sehr eng auf den Rational-Choice-Institutionalismus beziehen, werden Institutionen als Regelsysteme konzeptualisiert. Dazu gehören sowohl formale rechtliche Regeln als auch ungeschriebene soziale Normen. Den strategischen Handlungen und Interaktionen individueller oder kollektiver Akteure, die absichtsvoll handeln und mit bestimmten Ressourcen ausgestattet sind, wird gleiches Gewicht beigemessen wie den ermöglichenden, begrenzenden oder formenden Effekten vorhandener, aber wandelbarer institutioneller Strukturen (Scharpf 2000, S. 20 f. und 34).

Vertreter des Rational-Choice-Institutionalismus betrachten Akteure als atomisierte Einheiten, wobei Scharpf (2000, S. 79 f.) vermerkt, dass Institutionen nicht nur die Menge möglicher Strategien eingrenzen, sondern auch die Spieler konstituieren und deren Wahrnehmungen und Bewertungen formen. Demnach stellen Akteure zumindest bis zu einem gewissen Grad ein Produkt der Institutionen dar. Darüber hinaus wird davon ausgegangen, dass die Akteure nahezu vollständiges Wissen über ihre Präferenzen und die jeweilige Situation haben und dass sie ausschließlich instrumentell handeln im Sinne der Maximierung ihres eigenen Nutzens. Diese Präferenzen werden weitgehend als gegeben und stabil angenommen (Bevir 2004, S. 614; Hall und Taylor 1996, S. 12). Im politischen Raum kommt es dabei zu den bekannten Dilemmata kollektiven Handelns, bei dem nutzenorientiertes individuelles Handeln zu Ergebnissen führt, die aus kollektiver Sicht suboptimal sind. Institutionen haben daher vor allem die Funktion, gemeinsames Handeln zu ermöglichen und Transaktionskosten zu senken (Hall und Taylor 1996, S. 12).

Governance-Netzwerke werden als Ausdruck einer verringerten Steuerungsfähigkeit des Staates gesehen. Die zunehmende Komplexität, Dynamik und Diversifizierung moderner westlicher Gesellschaften macht es immer schwieriger, allein durch staatlich-hierarchisches Handeln in Verbindung mit den Marktkräften zu regieren. Öffentliche, private und zivilgesellschaftliche Akteure befinden sich bei vielen Aufgaben in einem gegenseitigen Abhängigkeitsverhältnis. Immer mehr Probleme liegen quer zur gewohnten Arbeitsteilung und erfordern Selbsthilfe sowie die Überwindung institutioneller oder habitueller Barrieren (Fürst et al. 2005, S. 331; Sørensen und Torfing 2008a, S. 17). Netzwerke entstehen immer dann, wenn der von den Akteuren erwartete Nutzen die erwarteten Kosten übersteigt (Sørensen und Torfing 2008b, S. 33 f.).

Materialität, zum Beispiel in Form natürlicher Ressourcen, sowie Räume, Regionen oder Landschaften werden im Kontext des Rational-Choice-Institutionalismus oft als etwas Gegebenes behandelt. Allerdings gibt es in dieser Hinsicht durchaus Spielräume. So spricht Fürst (2001) als ein vom akteurzentrierten Institutionalismus beeinflusster Raumwissenschaftler in seinem viel beachteten Aufsatz über Regional Governance stets von „der Region" als einer ontologischen Tatsache, während er sich andererseits auch mit der sozialen Konstruktion von Landschaften beziehungsweise dem „Place-making in Kulturlandschaften" (Fürst et al. 2008, im Titel) auseinandersetzt.

Welche Potenziale bietet dieser theoretische Zugang für die Analyse von Landschafts-Governance im Kontext der Energiewende? Für einen am Rational-Choice-Institutionalismus orientierten Forscher ist es naheliegend, einige kommunale oder regionale Governance-Netzwerke mit Bezug zu Landschaft und Energie als Untersuchungsfälle auszuwählen. Diese Netzwerke würde er dann im Hinblick darauf untersuchen, welche Akteure kooperieren, welche Handlungsorientierungen und Kapazitäten die Akteure aufweisen, in welcher Konstellation sie sich befinden, welche institutionellen Rahmenbedingungen relevant sind (z. B. das Erneuerbare-Energien-Gesetz oder die Politiken zur Förderung des Ländlichen Raums), welche Fragen und Probleme behandelt werden und welche Ergebnisse dabei entstehen. Die Akteurskonstellation lässt sich in Verbindung mit den behandelten Problemen dahingehend charakterisieren, ob es sich etwa um ein „gutartiges" Problem handelt, bei dem alle Beteiligten unter dem Strich gewinnen können und bei dem der Nutzen und die Kosten möglicher Lösungen gleichmäßig auf die Akteure verteilt sind. Dies könnte der Fall sein bei einer Initiative, die von unterschiedlichen gesellschaftlichen Gruppen (z. B. Bürger, Verwaltung, Unternehmen, Umweltverbände, Tourismusorganisationen) getragen wird und sich zum Ziel gesetzt hat, den Energiebedarf einer ländlichen Kommune zu hundert Prozent aus erneuerbaren Quellen zu decken. Jeder der Beteiligten muss etwas in die Kooperation investieren, erhält dafür aber Vorteile, die aus seiner jeweiligen Sicht die Kosten überwiegen, zum Beispiel finanzielle Gewinne, Unabhängigkeit, höhere Steuereinnahmen, touristische Attraktionen, eine Verringerung des Ausstoßes klimaschädlicher Gase und einen besseren sozialen Zusammenhalt. Die gegenteilige Konstellation eines „bösartigen" Problems wird man kaum finden. Es kann jedoch durchaus sein, dass Spannungen und Konflikte in einem Netzwerk entstehen, weil aus Sicht einiger Akteure (z. B. Bildungseinrichtungen) der erhoffte Nutzen nicht eintritt oder weil sich die Mehrheit der Netzwerkmitglieder auf Lösungen einigt (z. B. auf bestimmte Anlagenstandorte), die aus Sicht anderer Akteure (z. B. einem Naturschutzverband) inakzeptabel sind.

Eine Fülle weiterer Fragen, die ein Forscher aus dem Bereich des Rational-Choice-Institutionalismus stellen könnte, bezieht sich auf den Verlauf der Interaktionen: Wenden die Akteure konfrontative oder kooperative Strategien an? Wie reagieren sie auf Aktionen der anderen? Verbinden sie mehrere Themen und Probleme im Sinne von Kuppelgeschäften miteinander? Kommen Lösungen aufgrund drohender Interventionen von außen („shadow of hierarchy", Chisholm 1989, S. 157) zustande?

Da „Landschaft" im Rational-Choice-Institutionalismus als vergleichsweise unkomplizierter Begriff beziehungsweise als ontologische Tatsache gehandhabt werden kann, könnte schließlich auch danach gefragt werden, zu welchen ökologischen und visuellen Effekten ein solches Netzwerk führt und wie sich diese Effekte aus den zuvor genannten Zusammenhängen erklären lassen.

4.2   Diskurstheorie

Diskurstheoretische Ansätze unterscheiden sich vom Rational-Choice-Institutionalismus vor allem dadurch, dass sie klassische sozialwissenschaftliche Konzepte wie „Akteur" oder „Institutionen" ablehnen und mit dem Anspruch einer „leeren Ontologie" (Andersen 2003, S. XVI) arbeiten. Das bedeutet, dass die genannten Ausdrücke in der Diskurstheorie als sprachliche Zeichen behandelt werden, die mit heterogenen Inhalten gefüllt werden können. Sie dienen nicht als erklärende Variablen, sondern werden zu Phänomenen, deren Entstehung es zu erklären gilt. In dem Maße, wie dabei scheinbar festgefügte Begriffe und Konzepte wie die des (autonomen, rational handelnden) Subjekts, des (erfahrbaren, messbaren und objektiv beschreibbaren) Raumes oder (eindeutig voneinander zu differenzierender) politischer Handlungs- und Maßstabsebenen zurückgewiesen werden, und insoweit diese und andere Phänomene als kontingente soziale Konstrukte behandelt werden, sind diskurstheoretische Ansätze postfundamentalistisch (im Englischen „postfoundational" – Bevir 2011, S. 89 f.). An die Stelle gewohnter Begriffe treten diskurstheoretische Ontologien von Diskurs, Identität, Macht oder Hegemonie (Howarth 2000, S. 104).[9]

Als Diskurse werden zusammenhängende Sinn- und Bedeutungsstrukturen verstanden, die mit einer gewissen Regelmäßigkeit reproduziert werden und sich dabei – wenn auch zumeist nur geringfügig – fortlaufend ändern. Bedeutungen ergeben sich daraus, dass sowohl sprachliche Elemente (Zeichen, Wörter, Aussagen) als auch nicht-sprachliche Elemente wie physische Objekte und Handlungen miteinander in Beziehung gesetzt werden. Bedeutungen lassen sich nicht durch Rückbezug auf eine außerdiskursiv gegebene Realität „festzurren" Stattdessen gibt es stets nur Verknüpfungen zu anderen diskursiven Elementen und von diesen wiederum zu anderen Elementen und so weiter. Es gibt keine Ankerpunkte, über die sich Bedeutungen fixieren ließen, und auch keine zwangsläufige oder „naturgemäße" Art, diskursive Elemente miteinander zu verknüpfen. Vielmehr sind alle diskursiv erzeugten Bedeutungen und Identitäten kontingent in dem Sinne, dass sie auch ganz anders – wenngleich nicht beliebig – hergestellt werden könnten (Laclau und Mouffe 1985).[10]

Diskurse sind machtförmig. Indem innerhalb eines Diskurses bestimmte Verknüpfungen artikuliert werden, bleiben andere unberücksichtigt oder werden sogar explizit abgelehnt. Jeder Diskurs erfordert Grenzziehungen zwischen Innen und Außen, also zwischen Inklusion und Exklusion, in denen Macht zum Ausdruck kommt – semantische Bestimmungsmacht, die aber zumeist auch Macht über Menschen oder über Ressourcenverteilungen impliziert. Diskurstheoretiker betonen neben der repressiven allerdings auch die produktive, ermöglichende Seite diskursiver Macht (Dingler 2003; Newman 2005).

Aus Sicht des Rational-Choice-Institutionalismus ist es naheliegend, sich mit Verhandlungsstrategien von Akteuren innerhalb eines Netzwerks auseinanderzusetzen. Wenn sich hingegen Diskurstheoretiker mit Governance-Netzwerken beschäftigen, konzentrieren sie sich zum Beispiel eher darauf,

* wie Subjekte über bestimmte Diskurse als Netzwerk-Akteure und
* wie politische Probleme als Handlungsfelder von Governance-Netzwerken

konstruiert werden. Ziel ist es, einen Raum für kritische Reflexion und für eventuelle gesellschaftliche Veränderungen zu schaffen, indem strukturelle Machtprozesse und die Kontingenz sozialer Gegebenheiten offen gelegt werden. Diese spezifische analytische

---

9   Ein Hauptargument von Kritikern lautet, dass der Anspruch, postfundamentalistisch zu arbeiten, nicht durchgehalten wird und dass lediglich eine Ontologie gegen eine andere ausgetauscht wird. Damit wird ein unauflöslicher Widerspruch angesprochen, weil sich die Warnung der Diskurstheoretiker vor der Gefahr der Verabsolutierung, Totalisierung und Ideologisierung, die jeder Ontologie innewohnt, in der Tat auch gegen sie selber richten lässt.

10 Vgl. die ausführliche Darstellung mit weiteren Beispielen in Leibenath und Otto (2012).

Perspektive wird oft unter dem Begriff „Gouvernementalität" subsummiert, den Foucault (2005 [1978]) geprägt hat.

Eine Gouvernementalitäts-Perspektive lenkt den Blick auf Subjektivierungen sowie auf die Rationalitäten und Technologien des Regierens. Mit Rationalität ist eine bestimmte Art zu denken und zu reden gemeint, eine Sicht darauf, wie die Dinge sind und wie sie sein sollten (Dean 2010, S. 18 f.). Für Deutschland und andere westliche Gesellschaften wird etwa von vielen Autoren unter anderem eine Dominanz neoliberaler Rationalität konstatiert, die sich stark vereinfacht auf den Nenner „weniger Staat, mehr Markt" bringen lässt, wobei Governance-Netzwerke bereits als Reaktion auf das Scheitern dieser Rationalität gesehen werden (Sørensen und Torfing 2008a, S. 19). „Technologie" bezeichnet „the complex of mundane programmes, calculations, techniques, apparatuses, documents and procedures through which authorities seek to embody and give effect to governmental ambitions" (Rose und Miller 1992, S. 175). Beispielsweise ist nach Triantafillou (2004, S. 499) in den entwickelten Demokratien eine Zunahme von Praktiken zu beobachten, die auf Normen des Aktiv-Seins, der gesellschaftlichen Teilhabe und der Befähigung zu eigenverantwortlichem Handeln basieren. Subjektivierungen schließlich zeigen sich etwa darin, dass Rollenmuster, Identitäten oder Subjekt-Positionen erst diskursiv konstruiert werden und dann von konkreten Individuen übernommen und im Rahmen von Selbsttechnologien gelebt werden. In Gouvernementalitätsstudien wird das Augenmerk also gleichermaßen auf die Fremdführung – die Beeinflussung des Verhaltens anderer Menschen – und die Selbstführung gelegt sowie auf die Verzahnung dieser beiden Bereiche (Arndt und Richter 2009, S. 50 f.; Bührmann und Schneider 2010, S. 261; Pieper und Gutiérrez Rodríguez 2003, S. 7 f.; Van Dyk und Angermüller 2010, S. 10).

Wie können die beschriebenen Konzepte von Diskurs und Gouvernementalität für die Analyse von Landschafts-Governance im Kontext der Energiewende fruchtbar gemacht werden? – Besonders interessant sind einerseits solche Fälle, in denen verschiedene Governance-Netzwerke miteinander konkurrieren. Dies können etwa eine Koalition von Befürwortern eines Windenergieprojekts und eine Koalition von Gegnern sein wie in der nordhessischen Kleinstadt Wolfhagen (s. den Beitrag von Otto und Leibenath in diesem Band). Hier geht es dann darum, die konkurrierenden Sinn- und Bedeutungsstrukturen oder Diskurse nachzuzeichnen. Dabei kann herausgearbeitet werden, wie Landschaften diskursiv konstruiert werden und mit welchen politischen Forderungen bestimmte Landschaftskonzepte verbunden werden. Außerdem können die diskursiven Strategien der beteiligten Akteure ins Visier genommen werden. Dabei wird deutlich, wie Akteure im Laufe der Zeit versuchen, ihre Positionen mit immer mehr anderen gesellschaftlichen Anliegen in positiver Weise zu verknüpfen (z. B. Schaffung von Arbeitsplätzen, Gesundheit, Tourismus, biologische Vielfalt oder Klimaschutz) und gleichzeitig die Geschlossenheit des gegnerischen Diskurses aufzubrechen.

Unter dem Gesichtspunkt der Gouvernementalität würde andererseits die Analyse einzelner lokaler Fälle zum Ausgangspunkt gesamtgesellschaftlicher Betrachtungen. Kommunale oder regionale Governance-Netzwerke mit Bezug zu Landschaft und Energie würden dabei zu Beispielen werden, an denen die Mechanismen zeitgenössischen Regierens aufgezeigt werden: Die zahlreichen Bundesinitiativen zur Förderung und wissenschaftlichen Begleitung von 100-Prozent-Regionen, Bioenergieregionen und dergleichen würden als Versuche analysiert, Macht durch Netzwerke und über Netzwerke auszuüben. Wenn in Studien und Wettbewerbsausschreibungen bestimmte Kooperationsformen und Rollenverteilungen beschrieben und vorgeschlagen werden, kommen darin Subjektivierungen wie die des engagierten, eigenverantwortlich im Sinne des Gemeinwohl handelnden Akteurs zum Ausdruck, die von einzelnen Netzwerkmitgliedern übernommen werden können oder auch nicht. Eine konkrete Rationalität des Regierens ist unter anderem darin zu sehen, dass Energieversorgung überhaupt als Thema kommunaler und regionaler Akteure beschrieben wird, dass die Behandlung dieses Problems in Form von Governance-Netzwerken propagiert wird und dass der Schwerpunkt oft auf technische Innovationen gelegt wird. Technologien des Regierens, über die diese Rationalitäten praktiziert werden, sind etwa Wettbewerbe, das Vergleichen von Prozentwerten beim Grad der Versorgung mit erneuerbaren Energien oder das Küren von „Energiekommunen des Monats".

Landschaften können aus dieser Perspektive als physisch-materieller Ausdruck bestimmter Diskurse, Rationalitäten und Technologien, oder anders gesagt: als Ausdruck gesellschaftlicher Machtverhältnisse untersucht werden. Das Augenmerk sollte dabei jedoch stets auch auf dem Verhältnis von Macht und Gegenmacht liegen, wobei sich gerade im weiten Feld der Energiewende interessante Überlagerungen ergeben. So können Fälle wie das kleine Dorf Feldheim in Brandenburg, dessen Bewohner ihre Energieversorgung in die eigene Hand genommen haben (s. den Beitrag von Kunze in diesem Band), als Beispiele dafür gelesen werden, wie kommunale Akteure in sehr konkreter physisch-räumlicher Weise Gegenmacht entfalten zu den großen Energiekonzernen und dem damit verbundenen wirtschaftspolitischen Paradigma. Man kann darin aber auch die Manifestation anderer, ebenfalls hegemonialer Diskurse sehen, nämlich denen des Klimaschutzes, der Energiewende und der Netzwerk-Governance.

5   Zusammenfassung und Schlussfolgerungen

Mit der verstärkten Nutzung erneuerbarer Energien in Deutschland geht eine neuartige kommunale und regionale Energiepolitik einher. Wie die überblicksartige empirische Analyse gezeigt hat, ist diese Politik in Teilen als Landschafts-Governance zu charakterisieren, sofern netzwerkartige Steuerungsansätze dabei eine Rolle spielen und landschaftliche Belange explizit thematisiert werden. Dies gilt vor allem für Protestinitiativen gegen den Bau von Anlagen der Energieerzeugung und des Energietransports. Je nach konkreter Situation sind Ansätze von Landschafts-Governance mit Bezug zur Energiepolitik auch im Zusammenhang mit Biosphärenreservaten und anderen Großschutzgebietsregionen, mit der Regional- und Landesplanung sowie mit partizipativen Energie- und Klimakonzepten zu finden.

Die theoretischen Zugänge des Rational-Choice-Institutionalismus sowie der Diskurstheorie und der Gouvernementalität eröffnen unterschiedliche Möglichkeiten, sich diesem empirischen Feld zu nähern. Die Stärken des Rational-Choice-Institutionalismus liegen unter anderem darin, dass das strategische Handeln von Akteuren im Rahmen konkreter institutioneller Settings untersucht wird. Es besteht eine große Nähe zwischen dem wissenschaftlichen Vokabular und der Gedankenwelt von Politikern und anderen Akteuren (Triantafillou 2008, S. 185). Dies erleichtert die Politikberatung, birgt aber andererseits auch die Gefahr, normativen Prämissen unhinterfragt zu folgen, die es eigentlich wert wären, einer Kritik unterzogen zu werden. Dennoch lassen sich aus dieser Perspektive Fragen der Machtverteilung innerhalb von und zwischen Netzwerken, der politischen Legitimation, der Partizipation gesellschaftlicher Gruppen sowie der Koordination zwischen politischen Sektoren und Handlungsebenen untersuchen.

Die Perspektive der Diskurstheorie ist zwangsläufig eine reflexiv-konstruktivistische (Gailing und Leibenath 2010). Wie geschildert, richtet sich der Blick dabei auf die diskursive Konstruktion von Akteuren (Subjektivierungen), Institutionen und politischen Problemen. Mit diskurstheoretischen Ansätzen lässt sich auf kommunaler und regionaler, aber auch auf gesamtgesellschaftlicher Ebene studieren, welche Probleme überhaupt Eingang finden in eine politische Arena und vor allem wie diese Probleme definiert und formuliert werden. Diskurstheoretiker interessieren sich nicht nur für die Machtverteilung in und zwischen Netzwerken, sondern auch für die Ausübung staatlicher Macht über und durch Netzwerke[11], wenn Governance-Netzwerke als Ausdruck zeitgenössischer Gouvernementalität analysiert werden. Obwohl auch die Subjektposition des Wissenschaftlers nicht losgelöst vom gesellschaftlichen Kontext gedacht werden kann, bedingt die diskurstheoretische Perspektive dennoch eine kritische Distanz zu den untersuchten gesellschaftlichen Phänomenen. Dies erfordert wiederum größere Transferanstrengungen, um die Ergebnisse einer solchen Governance-Forschung für die Politik- und Gesellschaftsberatung nutzbar zu machen.

Wenngleich Rational-Choice-Institutionalismus und Diskurstheorie auf unterschiedlichen epistemologischen und methodologischen Prämissen basieren, bin ich der Ansicht, dass es fruchtbringend sein könnte, diskurstheoretische Ansätze mit handlungsorientierten und institutionalistischen Zugängen zu verbinden. Landschafts-Governance im Kontext der Energiewende könnte ein dankbares Anwendungsfeld für solche integrativen Forschungsdesigns sein. Im Idealfall ließen sich damit Erkenntnisse gewinnen, die es erlauben, grundlegende kritische Reflexion mit konkreter Politik- und Gesellschaftsberatung zu verbinden.

---

11 Die Ausübung von Macht über Netzwerke bzw. die Steuerung von Netzwerken wird oft als Metagovernance bezeichnet (Jessop 2004).

Literatur

AEE (= Agentur für Erneuerbare Energien) (2012). Gute Nachbarn. Starke Kommunen mit Erneuerbaren Energien. www.kommunal-erneuerbar.de/. Zugegriffen: 25. Oktober 2012.

Albert, C. & Vargas-Moreno, C. (2010). Planning-Based Approaches for Supporting Sustainable
Landscape Development. In Landscape Online (S. 1-9). Zugegriffen: 02. November 2010.

Andersen, N. Å. (2003). *Discursive Analytical Strategies: Understanding Foucault, Koselleck, Laclau, Luhmann.* Bristol: The Policy Press.

Arndt, F. & Richter, A. (2009). Steuerung durch diskursive Praktiken. In Göhler, G., Höppner, U.
& De La Rosa, S. (Hrsg.), *Weiche Steuerung. Studien zur Steuerung durch diskursive Praktiken,
Argumente und Symbole* (S. 27-73). Baden-Baden: Nomos.

Beunen, R. & Opdam, P. (2011). When landscape planning becomes landscape governance, what
happens to the science?, *Landscape and Urban Planning 100*, 324-326.

Bevir, M. (2004). Governance and interpretation: What are the implications of post-foundationa-
lism?, *Public Administration 82*, 605-625.

Bevir, M. (2011). Political science after Foucault, *History of the Human Sciences* 24, 81-96.

Bevir, M. & Krupicka, B. (2011). On two types of governance theory. A response to B. Guy Peters,
Critical Policy Studies 5, 450-453.

BMELV (= Bundesministerium für Ernährung Landwirtschaft und Verbraucherschutz) (2012).
Bioenergie-Regionen. Vorhaben zum Aufbau regionaler Strukturen im Bereich Bioenergie.
http://www.bioenergie-regionen.de/. Zugegriffen: 25. Oktober 2012.

Börzel, T. A. (1999). Organizing Babylon – on the different conceptions of policy networks, *Public
Administration 76*, 253-273.

Bruns, A. & Gee, K. (2009). From State-Centered Decision-Making to Participatory Governance
Planning for Offshore Wind Farms and Implementation of the Water Framework Directive in
Northern Germany, *GAIA – Ecological Perspectives for Science and Society 18*, 150-157.

Bührmann, A. D. & Schneider, W. (2010). Die Dispositivanalyse als Forschungsperspektive. Be-
grifflich-konzeptionelle Überlegungen zur Analyse gouvernementaler Taktiken und Technologien. In Angermüller, J. & Van Dyk, S. (Hrsg.), *Diskursanalyse meets Gouvernementalitätsforschung: Perspektiven auf das Verhältnis von Subjekt, Sprache, Macht und Wissen* (S. 261-288).
Frankfurt: Campus.

Chisholm, D. (1989). *Coordination without Hierarchy: Informal Structures in Multiorganizational
Systems.* Berkeley: University of California Press.

CoE (= Council of Europe) (2000). European Landscape Convention. http://conventions.coe.int/
Treaty/en/Treaties/Word/176.doc. Zugegriffen: 26. März 2008.

Cosgrove, D. E. (1988). *Social Formation and Symbolic Landscape (2nd edition).* Madison (WI):
Wisconsin University Press.

Dean, M. (2010). *Governmentality [2nd Edition].* London: Sage.

Dingler, J. (2003). *Postmoderne und Nachhaltigkeit. Eine diskurstheoretische Analyse der sozialen
Konstruktionen von nachhaltiger Entwicklung.* München: Ökom.

DUK (= Deutsche UNESCO-Kommission e. V.) (2011). Dresdner Erklärung zu Biosphärenreservaten und Klimawandel. http://www.unesco.de/fileadmin/medien/Dokumente/Wissenschaft/
dresdner_erklaerung.pdf. Zugegriffen: 26. Oktober 2012.

Foucault, M. (2005 [1978]). Die ‚Gouvernementalität' (Vortrag). In Defert, D., Ewald, F. & Lagran-
ge, J. (Hrsg.), *Michel Foucault. Analytik der Macht* (S. 148-174). Frankfurt: Suhrkamp.

Fürst, D. (2001). Regional Governance – ein neues Paradigma der Regionalwissenschaften?, *Raumforschung und Raumordnung 59*, 370-380.

Fürst, D., Lahner, M. & Pollermann, K. (2005). Regional Governance bei Gemeinschaftsgütern
des Ressourcenschutzes: das Beispiel Biosphärenreservate, *Raumforschung und Raumordnung
63*, 330-339.

Fürst, D., Lahner, M. & Pollermann, K. (2008). Regional Governance und Place-making in Kultur-landschaften. In Fürst, D., Gailing, L., Pollermann, K. & Röhring, A. (Hrsg.), *Kulturlandschaft als Handlungsraum. Institutionen und Governance im Umgang mit dem regionalen Gemein-schaftsgut Kulturlandschaft* (S. 71-88). Dortmund: Rohn.

Gailing, L. (2010). Kulturlandschaften als regionale Identitätsräume: Die wechselseitige Struktu-rierung von Governance und Raum. In Kilper, H. (Hrsg.), *Governance und Raum* (S. 49-72). Baden-Baden: Nomos.

Gailing, L. (2012). Sektorale Institutionensysteme und die Governance kulturlandschaftlicher Handlungsräume, *Raumforschung und Raumordnung 70*, 147-160.

Gailing, L. & Leibenath, M. (2010). Diskurse, Institutionen und Governance: Sozialwissenschaft-liche Zugänge zum Untersuchungsgegenstand Kulturlandschaft, *Berichte zur deutschen Landes-kunde 84*, 9-25.

Gallie, W. B. (1956). Essentially contested concepts, *Proceedings of the Aristotelian Society 56*, 167-198.

Görg, C. (2003). *Regulation der Naturverhältnisse. Zu einer kritischen Theorie der ökologischen Krise*. Münster: Westfälisches Dampfboot.

Görg, C. (2007). Landscape governance: The ‚politics of scale‘ and the ‚natural‘ conditions of places, *Geoforum 38*, 954-966.

Grimm, J. & Grimm, W. (o. J.). Raum. In Deutsches Wörterbuch von Jacob Grimm und Wilhelm Grimm. http://woerterbuchnetz.de/DWB/?sigle=DWB&mode=Vernetzung&lemid=GR01528. Zugegriffen: 24. Oktober 2012.

Hall, P. A. & Taylor, R. C. R. (1996). Political Science and the Three New Institutionalisms. http://www.mpifg.de/pu/mpifg_dp/dp96-6.pdf. Zugegriffen: 20. April 2009.

Hisschemöller, M. (2012). Local energy initiatives cannot make a difference, unless … *Journal of Integrative Environmental Sciences 9*, 123-129.

Howarth, D. (2000). *Discourse*. Buckingham, Philadelphia: Open University Press.

IdE (= Institut dezentrale Energietechnologien) (2012). 100ee erneuerbare energie region. Interdis-ziplinärer Transfer – bundesweite Vernetzung. www.100-ee.de. Zugegriffen: 25. Oktober 2012.

Jessop, B. (2002a). *The Future of the Capitalist State*. Cambridge: Polity Press.

Jessop, B. (2002b). Governance and meta-governance: On the roles of requisite variety, reflexive observation and and romantic irony. In Heinelt, H., Getimis, P., Kafkalas, G., Smith, R. & Swyn-gedouw, E. (Hrsg.), *Participatory Governance in Multi-Level Context. Concepts and Experience* (S. 33-58). Opladen: Leske + Budrich.

Jessop, B. (2004). Multi-level governance and multi-level metagovernance: Changes in the Eu-ropean Union as integral moments in the transformation and reorientation of contemporary statehood. In Bache, I. & Finders, M. (Hrsg.), *Multi-level Governance* (S. 49-74). Oxford: Oxford University Press.

Kaufmann, S. (2005). *Soziologie der Landschaft*. Wiesbaden: VS Verlag für Sozialwissenschaften.

Kickert, W. J. M., Klijn, E.-H. & Koppenjan, J. (1997). Introduction: A Management Perspective on Policy Networks. In Kickert, W.J.M., Klijn, E.-H. & Koppenjan, J. (Hrsg.), *Managing Complex Networks. Strategies for the Public Sector* (S. 1-13). London, Thousand Oaks, New Delhi: Sage.

Klijn, E.-H. (2008). Governance and Governance Networks in Europe, *Public Management Review 10*, 505 - 525.

Knill, C. (2005). *The Europeanisation of National Administrations: Patterns of Institutional Change and Persistence*. Cambridge: Cambridge University Press.

Köhler, M. (2010). Rekommunalisierung. Die Renaissance der Stadtwerke. Die Rekommuna-lisierung von Leitungsnetzen hat Hochkonjunktur – es ist ein Geschäft mit Risiken, Frank-furter Allgemeine Zeitung, Ausgabe Rhein-Main 15. November 2010. http://www.faz.net/aktuell/rhein-main/hessen/rekommunalisierung-die-renaissance-der-stadtwerke-11061.html. Zugegriffen: 25. Oktober 2012.

Laclau, E. & Mouffe, C. (1985). *Hegemony & Socialist Strategy. Towards a Radical Democratic Politics.* London: Verso Press.

Leibenath, M. (2013). Konstruktivistische, interpretative Landschaftsforschung: Prämissen und Perspektiven. In Leibenath, M., Heiland, S., Kilper, H. & Tzschaschel, S. (Hrsg.), *Wie werden Landschaften gemacht? – Sozialwissenschaftliche Perspektiven auf die Konstituierung von Kulturlandschaften* (S. 7-37). Bielefeld: Transcript.

Leibenath, M. & Otto, A. (2012). Diskursive Konstituierung von Kulturlandschaft am Beispiel politischer Windenergiediskurse in Deutschland, *Raumforschung und Raumordnung 70,* 119-131.

Mayntz, R. (2004). Governance Theory als fortentwickelte Steuerungstheorie? In MPIfG Working Paper. http://www.mpifg.de/pu/workpap/wp04-1/wp04-1.html. Zugegriffen: 23. Januar 2012.

Mayntz, R. & Scharpf, F. W. (1995). Der Ansatz des akteurzentrierten Institutionalismus. In Mayntz, R. & Scharpf, F.W. (Hrsg.), *Gesellschaftliche Selbstregelung und politische Steuerung* (S. 39-72). Frankfurt, New York: Campus.

Newman, S. (2005). *Power and Politics in Poststructuralist Thought. New Theories.* Abington, New York: Routledge.

Penker, M. (2009). Landscape governance for or by the local population? A property rights analysis in Austria, *Land Use Policy 26,* 947-953.

Pieper, M. & Gutiérrez Rodríguez, E. (2003). Einleitung. In Pieper, M. & Gutiérrez Rodriguez, E. (Hrsg.), *Gouvernementalität. Ein sozialwissenschaftliches Konzept im Anschluss an Foucault* (S. 7-21). Frankfurt: Campus.

Risse, T. (2002). Constructivism and International Institutions: Towards Conversations across Paradigms. In Katznelson, I. & Milner, H.V. (Hrsg.), *Political Science: State of the Discipline* (S. 597-623). New York; London: Norton.

Rose, M. (2002). Landscape and labyrinths, *Geoforum 33,* 445-467.

Rose, N. & Miller, P. (1992). Political power beyond the state: Problematics of government, *The British Journal of Sociology 43,* 173-205.

SAENA (= Sächsische Energieagentur GmbH) (2012). Willkommen in der Sächsischen Energieagentur. www.saena.de. Zugegriffen: 25. Oktober 2012.

Scharpf, F. W. (2000). *Interaktionsformen. Akteurzentrierter Institutionalismus in der Politikforschung.* Opladen: Leske + Budrich.

Scott, A. (2011). Beyond the conventional: Meeting the challenges of landscape governance within the European Landscape Convention?, *Journal of Environmental Management 92,* 2754-2762.

SMUL (= Sächsisches Staatsministerium für Umwelt und Landwirtschaft) (2012). Ländlicher Raum. Anerkannte LEADER- und ILE-Gebiete. http://www.smul.sachsen.de/laendlicher_raum/616.htm#top. Zugegriffen: 25. Oktober 2012.

Sørensen, E. & Torfing, J. (2008a). Introduction: Governance network research: Towards a second generation. In Sørensen, E. & Torfing, J. (Hrsg.), *Theories of Democratic Network Governance* (S. 1-21). Houndmills, Basingstoke: Palgrave Macmillan.

Sørensen, E. & Torfing, J. (2008b). Theoretical approaches to governance network dynamics. In Sørensen, E. & Torfing, J. (Hrsg.), *Theories of Democratic Network Governance* (S. 25-42). Houndmills, Basingstoke: Palgrave Macmillan.

Southern, A., Lovett, A., O'Riordan, T. & Watkinson, A. (2011). Sustainable landscape governance: Lessons from a catchment based study in whole landscape design, *Landscape and Urban Planning 101,* 179–189.

Triantafillou, P. (2004). Addressing network governance through the concepts of governmentatlity and normalization, *Administrative Theory & Praxis 26,* 489-508.

Triantafillou, P. (2008). Governing the formation and mobilization of governance networks. In Sørensen, E. & Torfing, J. (Hrsg.), *Theories of Democratic Network Governance* (S. 183-198). Houndmills, Basingstoke: Palgrave.

Van Dyk, S. & Angermüller, J. (2010). Diskursanalyse meets Gouvernementalitätsforschung. Zur Einführung. In Angermüller, J. & Van Dyk, S. (Hrsg.), *Diskursanalyse meets Gouvernementalitätsforschung: Perspektiven auf das Verhältnis von Subjekt, Sprache, Macht und Wissen* (S. 7-21). Frankfurt: Campus.

Voß, J.-P. & Bauknecht, D. (2004). *Steuerung und Transformation. Überblick über theoretische Konzepte in den Projekten der sozial-ökologischen Forschung.* Berlin: Querschnittsarbeitsgruppe Steuerung und Transformation im Förderschwerpunkt Sozial-ökologische Forschung des Bundesministeriums für Bildung und Forschung (BMBF). http://www.mikrosysteme.org/documents/QAG_Steuerung_Transformation_DP1.pdf.

Weichhart, P. (1990). *Raumbezogene Identität. Bausteine zu einer Theorie räumlich-sozialer Kognition und Identifikation.* Stuttgart: Franz Steiner Verlag.

Windenergielandschaften als Konfliktfeld: Landschaftskonzepte, Argumentationsmuster und Diskurskoalitionen

Antje Otto & Markus Leibenath

1 Diskursanalytische Perspektive

Die politische Diskussion über die Energiewende, also die verstärkte Nutzung erneuerbarer Energien sowie die Abkehr von fossilen Energieträgern und der Kernenergie, nahm in Deutschland in den 1980er Jahren ihren Anfang. Seit 1991 gewährt der Staat eine finanzielle Unterstützung für die Einspeisung von Strom aus erneuerbaren Energien. Der Anteil dieser Energieformen am gesamten Stromverbrauch stieg stetig und lag 2011 bereits bei 20 Prozent (BMU 2012, S. 9). Die Anlagen zur Nutzung erneuerbarer Energien – vor allem Windkraft-, Solar- und Biogasanlagen – sind dispers im Raum verteilt. Im Zuge der Energiewende entstanden und entstehen so Landschaften, die als „neue Energielandschaften" bezeichnet werden können.

Diese Energielandschaften werden häufig kontrovers diskutiert. In einer Studie haben wir 82 für die Regionalplanung zuständigen Stellen in Deutschland kontaktiert. Dies kommt einer Vollerhebung gleich – mit der Ausnahme, dass in Niedersachsen nicht die zahlreichen in diesem Bundesland zuständigen Landkreise sondern die Regierungsvertretungen und Regionen Hannover und Braunschweig angesprochen wurden. Die 73 an den Interviews teilnehmenden Regionalplaner wurden telefonisch nach Auslösern landschaftsbezogener Debatten befragt. Windkraftanlagen wurden mit großem Abstand als häufigster thematischer Anknüpfungspunkt genannt, aber auch andere erneuerbare Energien wie Freiflächensolaranlagen und Biomasse/Biogas spielten eine wichtige Rolle (Leibenath und Otto 2012).

In diesen politischen Auseinandersetzungen treten verschiedene Sichtweisen auf Landschaft zutage und konkurrieren miteinander um Durchsetzung und Hegemonie. Doch wie sind diese Landschaftskonzepte ausgestaltet? Mit welchen Bedeutungen werden Landschaften in diesen Debatten aufgeladen? – Um diese Fragen zu beantworten, ist die Anwendung eines diskurstheoretischen Ansatzes sinnvoll. Gailing und Leibenath (2010) zeigen auf, wie Diskursanalysen als ein möglicher sozialwissenschaftlicher Zugang in der Landschaftsforschung verwendet werden können. Daran anknüpfend gehen wir im Hinblick auf die Windenergienutzung den folgenden Forschungsfragen nach:

1. Welche Landschaftsbegriffe sind in Windenergiediskursen zu finden, welche Bedeutungen werden Landschaften zugeschrieben? Oder anders: Welche Landschaftskonzepte zeigen sich hier?
2. Welche Argumentationsmuster werden genutzt, um bestimmte Landschaftskonzepte
   mit Positionen pro oder contra Windenergienutzung zu verknüpfen?
3. Welche Diskurskoalitionen sind in Verbindung mit landschaftsbezogenen Energiedis-
   kursen zu beobachten?

Die ersten zwei Fragen wurden auf einer nicht-ortsbezogenen – man könnte auch sagen: auf einer allgemeinen, deutschlandweiten – Ebene sowie in einer lokalen Fallstudie
analysiert. So konnten die jeweils verwendeten Landschaftskonzepte und Argumentationsmuster verglichen werden. Die dritte Forschungsfrage nach den Diskurskoalitionen
wurde nur in der lokalen Fallstudie berücksichtigt. Auf dieser Ebene lag der Fokus insbesondere auf ortsbezogenen Landschaftskonzepten und auf der Dynamik der Diskurse.
Bei dem Fall handelt es sich um eine mehrjährige Auseinandersetzung über die Planung
mehrerer Windräder auf dem Rödeser Berg in der nordhessischen Kleinstadt Wolfhagen.
   Im folgenden zweiten Abschnitt wird ein Überblick über die theoretischen Grundlagen gegeben. Im dritten Abschnitt wird der Kontext der Wolfhagen-Fallstudie erläutert
und die Methodik beider Forschungsschritte vorgestellt. Die Präsentation der Ergebnisse
nimmt anschließend breiten Raum ein (vierter Abschnitt), bevor im fünften und letzten
Abschnitt Schlussfolgerungen – insbesondere für den planerischen Umgang mit Windkraftprojekten in neuen Energielandschaften – diskutiert werden.

2   Theoretischer Hintergrund

Innerhalb der Diskursforschung gibt es eine Fülle unterschiedlicher Theorien und
Analyseansätze. Zur Bearbeitung der oben genannten Forschungsfragen haben wir die
poststrukturalistische Diskurstheorie nach Laclau und Mouffe (2006 [1985]) genutzt.[1]
Demnach sind Bedeutungen relational. Sie entstehen durch Verknüpfungen verschiedener sprachlicher Aussagen, Praktiken, Objekte oder Subjekte. Diese Verknüpfungen
bezeichnen Laclau und Mouffe als „Artikulationen". Ein Diskurs bildet sich durch die
Artikulation mehrerer Elemente als ähnlich hinsichtlich eines dritten Elements (Äqui-
valenzbeziehung) und durch die Abgrenzung von anderen Elementen (Kontraritätsbe-
ziehung). Beispielsweise könnten die Wörter „Gesundheit", „regionales Obst", „naturnahe Streuobstwiese", „örtliche Genossenschaft", aber auch Praktiken wie das Mosten
mit „Apfel" äquivalenziert werden, während Kontraritätsbeziehungen zu Wörtern wie
„Agrarindustrie", „Gesundheitsgefährdung", „Geschmacksverstärker" und „lange Trans-

---

1   An anderer Stelle (Leibenath und Otto 2012) haben wir detaillierter erläutert, wie diese The-
     orie auf die Konstituierung von Landschaft hin angewendet werden kann (s. auch Leibenath
     2012).

portwege" hergestellt werden könnten. Um mit den Worten von Laclau und Mouffe zu sprechen: „Die sprachlichen und nicht-sprachlichen Elemente werden nicht bloß nebeneinander gestellt, sondern konstituieren ein differentielles und strukturiertes System von Positionen, das heißt einen Diskurs" (Laclau und Mouffe 2006, 159). Die Relationen zwischen den Elementen – mithin also auch Bedeutungen – sind brüchig und keineswegs feststehend. Die Beziehungen können daher gar nicht „natürlich" oder „ursprünglich" in einer bestimmten Form sein, sondern immer auch anders gedacht werden und sind insofern kontingent (Howarth 2000, S. 102-107; Laclau und Mouffe 2006 [1985], S. 155-192). Ein Apfel kann neben der Bedeutung als etwas Essbares und Gesundes auch mit ganz anderen Bedeutungen aufgeladen werden – so wird er im Juden- und Christentum als verbotene Paradiesfrucht dargestellt, in Form des Reichsapfels war er bei Herrschern ein Zeichen der Macht und im Märchen „Schneewittchen" wird ein vergifteter Apfel zum Instrument eines Mordversuchs.

Als Diskurskoalition werden die Subjekte bezeichnet, die einen bestimmten Diskurs produzieren und die darüber auch Elemente einer gemeinsamen kollektiven Identität beziehen. Zwischen diesen Subjekten müssen ansonsten keinerlei Bindungen bestehen, ja sie müssen sich nicht einmal persönlich kennen und können in anderen Kontexten durchaus divergierende Standpunkte vertreten. Sie können Mitglieder einer Partei oder Initiative sein oder aber Subjektpositionen wie „Radfahrer" oder „Naturschützer" einnehmen, die über weit verbreitete, überörtliche Diskurse vermittelt werden (Howarth 2000, S. 108-111; Laclau und Mouffe 2006 [1985], S. 167-176).

In den oben aufgelisteten Forschungsfragen finden sich zwei weitere analytische Kategorien: Landschaftskonzepte und Argumentationsmuster. Beide stellen Ausschnitte von Diskursen dar. Im ersten Fall besteht dieser Ausschnitt aus den Relationen zwischen dem Wort „Landschaft" beziehungsweise toponymischen Landschaftsbezeichnungen wie „Rödeser Berg" und anderen Elementen. Bei den von uns untersuchten Argumentationsmustern handelt es sich um Verbindungen zwischen Landschaftskonzepten und Positionen in der Windenergiedebatte (Leibenath und Otto 2012, S. 124f.).

3   Kontext der Fallstudie und Methodik

Im Zentrum der Fallstudie stehen zwei gegensätzliche Diskurse zu den Planungen, auf dem Rödeser Berg in Wolfhagen Windkraftanlagen zu errichten. Die Gemeinde hat sich fünf Stadtentwicklungsziele gesetzt, darunter auch das Ziel der Energieeffizienz. Dieser Gedanke wurde insbesondere von den Stadtwerken Wolfhagen und der Initiative „Klimaoffensive Wolfhagen" vorangetrieben. Die Klimaoffensive hat sich Anfang 2007 gegründet und setzt sich für den Klimaschutz ein. Einstimmig beschlossen die Stadtverordneten im April 2008, die Wolfhager Haushalte bis 2015 vollständig mit lokal erzeugtem Strom aus erneuerbaren Quellen zu versorgen. Hierzu sind neben anderen Maßnahmen auch vier (ursprünglich fünf) Windkraftanlagen geplant, die von einer Bürger-Energiegenossenschaft und den Stadtwerken betrieben werden sollen.

Eine Standortfindungsgruppe hat Ende 2008 nach einem mehrmonatigen Abwägungsprozess empfohlen, den geplanten Windpark auf dem Rödeser Berg zu errichten. Dieser Berg ist bewaldet, etwas mehr als 400 Meter hoch und wenige Kilometer nördlich der Kernstadt gelegen. Über die Standortentscheidung und das Windkraftprojekt wird in Wolfhagen seitdem kontrovers diskutiert. Die Lokalzeitungen berichten regelmäßig und drucken Leserbriefe ab. Zudem haben sich verschiedene Initiativen gebildet, die im Kern zwei gegensätzlichen Diskursen und Diskurskoalitionen zuzurechnen sind.

Sowohl auf der lokalen Ebene als auch auf der nicht-ortsbezogenen Ebene haben wir umfangreiche Textrecherchen durchgeführt. Im Ergebnis haben wir jeweils mehrere Hundert relevante Dokumente ermittelt. Daraus haben wir acht Texte in der Fallstudie[2] und zehn Texte für die nicht-ortsbezogene Ebene[3] ausgewählt und detailliert analysiert. In der Feinanalyse wurde für jedes Dokument die Position in der Windenergiedebatte (pro oder contra), die Landschaftskonzepte und Argumentationsmuster sowie auf der ortsbezogenen Ebene auch die Zugehörigkeit der Autoren zu Diskurskoalitionen herausgearbeitet. Anschließend haben wir die individuellen Ergebnisse durch Generalisierung und Typenbildung zusammengeführt, um Aussagen über den jeweiligen Gesamtdiskurs zu treffen.

Zusätzlich haben wir im Zuge der Fallstudie acht leitfadengestützte Interviews mit Schlüsselpersonen durchgeführt. Diese Interviews wurden transkribiert und ebenfalls detailliert analysiert. Die Ergebnisse sind in die Synthese eingeflossen und haben insbesondere für die Analyse der Diskurskoalitionen zusätzliche Erkenntnisse ermöglicht.

4   Ergebnisse

4.1   Landschaftskonzepte

Auf der nicht-ortsbezogenen, allgemeinen Ebene wurden im Forschungsprojekt drei Landschaftskonzepte identifiziert. Für das erste haben wir die Überschrift „Landschaft als schönes, wertvolles Gebiet" gewählt. Landschaft ist hier „schön" und „reizvoll", wird mit „Natur", „Ursprünglichkeit", „Erholung" und „Heimat" verbunden. Allerdings wird dieser Landschaftsbegriff nicht auf das gesamte Territorium bezogen, sondern nur auf bestimmte wertvolle „Reste", die folglich geschützt werden müssen. Daher ist „Landschaftsschutz" ein zentrales Element im Diskurs. Abgelehnt werden dementsprechend „Zerstörung", „Technisierung" oder „Industrialisierung" der so verstandenen Land-

---

2   Dabei handelt es sich um die folgenden Texte: BI (2010a; 2010b), Dux (2009), Kneißl (2009), Götte und Degenhardt-Meister (2009), SVF (2010), Stadtwerke Wolfhagen GmbH (2008) und Wassmuth (2009).

3   Dabei handelt es sich um die folgenden Texte: Binswanger (1997), BUND (2001), BMU (2007), BWE (2010), DRL (2006), Oelker (2007), Scheer (1998), Stratmann und Greenpeace (2008) und Wolfrum (1998).

schaft. Gebiete, in denen solche Prozesse bereits fortgeschritten sind, werden nicht als Landschaften bezeichnet. Dieses Konzept bezieht „Landschaft" also nur auf bestimmte Räume und hat somit einen räumlich segregativen Charakter.

Das zweite Konzept haben wir „Landschaft als durch Menschen geprägtes Gebiet" genannt. In diesem wird auf die ständige „Veränderung" der Landschaft durch den Menschen hingewiesen. Dabei entstehen beispielsweise „Energielandschaften", „großflächige agrarindustrielle Gebiete, Bergbaufolgelandschaften oder Industriegebiete/-brachen", die mit „Landschaft" äquivalenziert werden. In diesem Konzept werden „zukunftsfähige Leitbilder" gefordert und „überkommene Leitbilder" abgelehnt. Ebenso wird hier die Idee etwaiger „Landschaftsverschandelungen" durch neue Elemente kritisch gesehen. Dieses Konzept ist ubiquitär, weil es sich auf jegliche Gebiete umfasst und keine Unterscheidung zwischen Landschaft und Nicht-Landschaft impliziert.

Das dritte Landschaftskonzept haben wir mit „Landschaft als etwas subjektiv Wahrgenommenes" überschrieben. Es tritt eher selten auf und bleibt fragmentarisch. Die Schönheit von Landschaften wird nicht als gegeben angesehen, sondern hängt von der „Sehgewohnheit" und der „subjektiven Wahrnehmung" ab. Was in diesem Konzept abgelehnt wird, bleibt offen.

In der Wolfhager Diskussion um die Windkraftpläne werden die drei allgemeinen Landschaftskonzepte zum Teil in idealtypischer Weise reproduziert. Diese drei Konzepte sind eng mit zwei Konzepten des Rödeser Bergs verwoben. Der Standort wird dabei mit gegensätzlichen Bedeutungen aufgeladen.

Auf der einen Seite artikulieren die Befürworter des Projekts ein Konzept des Rödeser Bergs, das man als „vorgeschädigtes, aber windhöffiges Gebiet" betiteln kann. In diesem wird der Rödeser Berg zum einen vor allem mit „Wirtschaftswald", „Sturmschäden", „Kulturlandschaft" verbunden. Es wird ihm ein insgesamt geringer ökologischer Wert und eine geringe Bedeutung für Tier- und Pflanzenarten zugeschrieben. Die Windpark-Befürworter lehnen die Sichtweise ab, dass der Rödeser Berg eine „Naturlandschaft", ein „Urwald" oder ein „Ruheraum" für bestimmte Tierarten sei. Zum anderen wird der Berg als sehr „effektiv" artikuliert, das heißt als gut geeignet für die Windkraftnutzung. Neben der Windhöffigkeit sind auch Wege und Stromleitungen in der Nähe vorhanden, und es besteht ausreichender Abstand zur Wohnbebauung. Ein anderer Standort wäre längst nicht so ergiebig, so dass mehr Windräder errichtet werden müssten. Dies wird von den Befürwortern – zum Teil unter Verwendung des Ausdrucks „Landschaftsverspargelung" – abgelehnt. Häufiger wird jedoch eine Verbindung zu „Landschaft" über den Hinweis artikuliert, dass die Landschaft ständig verändert wurde und dass der Rödeser Berg früher zum Beispiel nicht bewaldet war. Ein dritter wesentlicher Aspekt im Rödeser-Berg-Konzept ist der Klimaschutz. Zu diesem wollen die Befürworter mittels der Windräder beitragen.

Das Rödeser-Berg-Konzept der Gegner, dem man die Überschrift „Rödeser Berg als wertvolles, aber windarmes Gebiet" geben kann, weist hingegen in weiten Teilen exakt diametrale Ausprägungen auf. In diesem Konzept wird der Wald des Rödeser Bergs erstens als „intakter Buchen- und Eichenmischwald" artikuliert, dem viele positive Charakteristika wie „beruhigt" „schön" und „naturnah" zugeschrieben werden und der ökologisch „wertvoll" ist. Hier sind zahlreiche Tier- und Pflanzenarten beheimatet. Häufig genannt werden Rotmilan, Schwarzstorch und Wildkatze. Die Gegner haben Greifvögel und Fledermäuse kartiert. Außerdem konnten sie nachweisen, dass sich die Wildkatze in dem Gebiet aufhält. Nach Ansicht der Gegner würden die Windräder die im Wald lebenden Tiere stören, so dass es zu einer „Zerstörung des Artenreichtums" käme. Zweitens sieht die Projektopposition zahlreiche „Alternativen", zumal sie die Windeffizienz des Berges anzweifelt. Das geplante Windkraft-Projekt würde zu einem „Präzedenzfall" für andere Planungen auf „bewaldeten Höhenrücken" werden, was von den Gegnern kritisch gesehen wird. Drittens betrachten sie den „Schutz des Waldes" an sich bereits als Beitrag zum „Klimaschutz", weil Wälder eine „CO_2-Senke" seien. Ein vierter und letzter wesentlicher Aspekt im Diskurs der Gegner ist die Verknüpfung des Rödeser Bergs mit „unserer schönen Landschaft" und zahlreichen weiteren Elementen wie „Einmaligkeit", „unversehrt", „ursprünglich", „Natur", „Erholung" und „Heimat". Gegen die „Zerstörung" dieses Gebietes wird protestiert.

Daran wird deutlich, dass es fließende Übergänge gibt zwischen dem Rödeser-Berg-Konzept „wertvolles, aber windarmes Gebiet" und dem allgemeinen Landschaftskonzept „Landschaft als schönes, wertvolles Gebiet". Die Befürworter artikulieren hingegen ihr Konzept „Rödeser Berg als vorgeschädigtes, aber windhöffiges Gebiet" in erster Linie zusammen mit dem allgemeinen Landschaftskonzept „Landschaft als von Menschen geprägtes Gebiet", aber im geringeren Maße auch mit den beiden anderen Konzepten.

4.2   Argumentationsmuster

Die drei allgemeinen Landschaftskonzepte werden durch Argumentationsmuster mit Positionen zur Windenergienutzung verbunden. Nur ein Argumentationsmuster führt zur Ablehnung von Windkraftanlagen, während die anderen auf die Befürwortung zielen.

Das erste Argumentationsmuster haben wir „Schutz des Status Quo" benannt. Als Basis dient „Landschaft als schönes, wertvolles Gebiet". Es wird argumentiert, dass Landschaften vor Veränderung geschützt werden müssen, weswegen die Windkraftnutzung abgelehnt wird.

Die Argumentationsmuster „Relativierung" und „Richtige Planung" verknüpfen das Konzept „Landschaft als schönes, wertvolles Gebiet" sowie die Annahme, dass Windräder störend wirken, mit der scheinbar widersprechenden Position für die Nutzung der Windenergie. Im Argumentationsmuster „Relativierung" wird dargelegt, dass es andere Schädigungen der Landschaft – beispielsweise den Klimawandel oder den Abbau von Braunkohle – gibt, die weitaus zerstörerischer sind. Beim Argumentationsmuster „Richtige Planung" wird hingegen darauf hingewiesen, dass neben schönen Landschaften auch vorbelastete Gebiete existieren, in denen Windräder nicht weiter beeinträchtigend wirken. Außerdem können Landschaftsbeeinträchtigungen über planerische Festlegungen verhindert werden.

Im Gegensatz zu den bisher genannten geht das Argumentationsmuster „qualitätsvolle Gestaltung" vom Konzept „Landschaft als vom Menschen geprägtes Gebiet" aus. Windkraftanlagen sind in dieser Argumentation nicht per se landschaftsstörend, sondern können Landschaften auch bereichern – wenn sie denn entsprechend gestaltet werden. Daher wird die Nutzung der Windenergie begrüßt.

Das letzte Argumentationsmuster „Gewöhnung" basiert in der nicht-ortsbezogenen Untersuchungsebene auf dem dritten Landschaftskonzept „subjektive Wahrnehmung" und geht davon aus, dass die Bewertung von Windrädern in der Landschaft von der „Seh-Gewohnheit" abhängt. Diese verändert sich ohnehin und passt sich den Gegebenheiten an. Deshalb wird die Nutzung der Windenergie befürwortet.

In der Fallstudie sind wir ebenfalls auf die drei Argumentationsmuster „Schutz des Status Quo", „Relativierung" und „Richtige Planung" gestoßen. Das Argumentationsmuster „Gewöhnung" wird in Wolfhagen auch genutzt, allerdings in Verbindung mit dem Landschaftskonzept „Landschaft als von Menschen geprägtes Gebiet" und nicht wie auf der nicht-ortsbezogenen Ebene aufbauend auf „Landschaft als etwas subjektiv Wahrgenommenes". Das Argumentationsmuster „qualitätsvolle Gestaltung" wurde hingegen in keinem der schriftlichen Dokumente und von keinem Interviewpartner artikuliert. Das Konzept „Landschaft als etwas subjektiv Wahrgenommenes" ist in der Fallstudie noch randständiger als auf der generelleren Untersuchungsebene und wird nicht mit den Plänen in Verbindung gebracht, einen Windpark auf dem Rödeser Berg zu errichten.

4.3 Diskurskoalitionen in Wolfhagen

Bis Ende 2008 bestand in der Wolfhager Öffentlichkeit weitgehende Einigkeit über das Ziel, den privaten Stromverbrauch ab 2015 vollständig mit erneuerbaren Energien zu decken, um einen Beitrag zum Klimaschutz leisten. Über die Themen Klimaschutz und erneuerbare Energien werden Einzelpersonen und sehr unterschiedliche Gruppierungen zusammengeführt. Dieser ursprünglichen Diskurskoalition waren beispielsweise alle Stadtverordneten, der parteilose Bürgermeister, die Stadtwerke und die Klimaoffensive zuzurechnen.

Mit der Entscheidung zugunsten des Rödeser Bergs als Standort des geplanten Windparks endete die Einigkeit. Es begann eine Phase der Polarisierung und Politisierung. In dieser Zeit spalteten sich bestehende Organisationen wie die Klimaoffensive und in geringerem Maße auch die örtliche CDU auf, es bildeten sich neue Gruppierungen und es entstanden zwei gegnerische Diskurskoalitionen.

Die erste Koalition hängt mit dem Diskurs zusammen, in dem das Windkraftprojekt auf dem Rödeser Berg befürwortet wird. Ihr gehören die Stadtverordneten von SPD, CDU und Wolfhager Liste/FDP, der Bürgermeister sowie die Stadtwerke Wolfhagen an. Darüber hinaus haben die Befürworter im September 2009 eine Initiative namens „Pro-Wind Wolfhagen – Energiewende jetzt" gegründet, in der auch einige Mitglieder der Klimaoffensive zu finden sind. Eine weitere Gruppierung hat sich seit Anfang 2010 damit beschäftigt, eine Bürgerenergiegenossenschaft ins Leben zu rufen, die im März 2012 schließlich gegründet wurde.

Die zweite Diskurskoalition besteht aus den Gegnern des Baus von Windkraftanlagen auf dem Rödeser Berg. Zu Beginn der Kontroverse gehörten lediglich der damals einzige Stadtverordnete von Bündnis 90/Die Grünen und die gerade erst gegründete Bürgerinitiative „Wolfhager Land – Keine Windkraft in unseren Wäldern" dazu. Die treibenden Kräfte waren Personen, die sich zuvor schon in einer Initiative gegen ein Asphaltmischwerk eingesetzt hatten oder aber in der Klimaoffensive aktiv waren. Im Verlauf der Vorbereitung auf die Kommunal- und Bürgermeisterwahlen im Herbst 2010 entstanden aus der Bürgerinitiative zwei weitere Gruppen: zum einen das Bündnis Wolfhager Bürger (BWB) und zum anderen eine Ortsgruppe von Bündnis 90/Die Grünen. Wenngleich beide Organisationen das Windkraftprojekt auf dem Rödeser Berg ablehnen, setzen sie doch ansonsten unterschiedliche Akzente. So beschäftigt sich die Ortsgruppe der Grünen mit weiteren umweltrelevanten Themen, während sich das BWB vor allem mit den städtischen Finanzen sowie damit befasst, eine Opposition zu den bisher im Stadtrat vertretenen Parteien zu bilden. Ehemalige Mitglieder der CDU und sogar auch Personen, die der CDU noch angehören, sind im BWB prominent vertreten und dort gegen ihre „Mutterpartei" aktiv.

Mit der Kommunal- und Bürgermeisterwahl vom März 2011 ging die Zeit der Polarisierung und Politisierung in eine dritte Phase der Stabilisierung und Institutionalisierung über. Nach der Wahl stellten SPD und CDU zwar noch die stärksten Fraktionen in der Stadtverordnetenversammlung, verloren allerdings beide erhebliche Stimmenanteile. Die neuen Organisationen der Standortgegner, also das BWB und der Ortsverband der Grünen, konnten etwa ein Viertel der Stimmen auf sich vereinigen. Damit wurde die Debatte über den Rödeser Berg als potentieller Standort eines Windparks in das Stadtparlament verlagert und in gewisser Weise institutionalisiert.

5   Schlussfolgerungen

In diesem Beitrag haben wir die Ergebnisse von zwei Untersuchungen zur Rolle und zur Produktion von Landschaften in Windenergiediskursen vorgestellt. In den nicht-ortsbezogenen Diskursen konnten wir drei Landschaftskonzepte ermitteln. In der Fallstudie fanden sich diese Konzepte ebenfalls und wurden mit zwei gegensätzlichen Konzepten des Rödeser Bergs verwoben, die in dieser Form erstmals in der Windkraftdiskussion artikuliert worden sind.

Des Weiteren haben wir fünf Argumentationsmuster auf der nicht-ortsbezogenen Ebene gefunden. Vier davon sind auch in der Fallstudie aufgetreten. Am Beispiel Wolfhagens wird zudem die Brüchigkeit und Dynamik von Diskurskoalitionen deutlich.

Die Untersuchungsergebnisse beider Ebenen illustrieren einerseits die Pluralität von Bedeutungen, die dem Wort „Landschaft" zugeschrieben werden. Andererseits deutet die Tatsache, dass die Landschaftskonzepte und Argumentationsmuster auf beiden Untersuchungsebenen in weitgehend gleicher Form artikuliert werden, auf eine gewisse Persistenz diskursiver Strukturen hin.

Aufbauend auf den dargestellten Untersuchungsergebnissen sehen wir insbesondere zwei lohnenswerte weiterführende Forschungsschritte. Zum einen könnten weitere Fallstudien analysiert werden, um nach Regelmäßigkeiten in den Landschaftskonzepten und diskursiven Strategien verschiedener Fälle zu fragen. Zum anderen könnte der Frage nachgegangen werden, ob mit der zunehmenden Nutzung der Windenergie eine Abkehr vom weit verbreiteten Konzept „Landschaft als schönes, wertvolles Gebiet" stattfindet. Dazu könnte man beispielsweise Windenergie-Kontroversen mit Debatten über andere Arten von Landschaftsveränderungen vergleichen.

Auf der Grundlage der vorgestellten Forschungsergebnisse lassen sich keine eindeutigen Empfehlungen für die Planungspraxis geben, da jeder Fall in einem anderen Kontext eingebettet ist. Dennoch wollen wir an dieser Stelle drei Anregungen zum Nachdenken über den planerischen Umgang mit Windkraftprojekten geben. Erstens gibt es offensichtlich keine „Bedienungsanleitung" für die konfliktfreie Umsetzung von Windkraftprojekten. Die lokalen Gegebenheiten sind zu heterogen, als dass man eine Blaupause entwerfen könnte. Ein umfassender Konsens im Hinblick auf Windkraftprojekte dürfte eher eine Utopie denn eine zu erwartende Realität darstellen. Zweitens: Auch wenn in der Öffentlichkeit kein Widerspruch geäußert wird, lässt sich daraus nicht auf allgemeine Zustimmung schließen. Stattdessen können dahinter genauso gut Gleichgültigkeit oder Abwarten stehen. Insofern ist stets mit Widerstand zu rechnen. Oppositionelle Gruppen oder Akteure sollten jedoch so frühzeitig wie möglich eingebunden und die Entscheidungsprozesse so transparent wie möglich gestaltet werden. Drittens weist die Pluralität von Sichtweisen, die in unseren empirischen Ergebnissen zum Ausdruck kommt, darauf hin, dass Diskursinhalte nicht vor- oder festgeschrieben sind. Es können also auch ungewöhnliche, neue Positionen artikuliert werden. Es wäre demnach durchaus denkbar, dass Planungsträger oder Befürworter regenerativer Energien zum Beispiel Landschaften mit einer hohen Dichte von Windenergieanlagen als besonders nachhaltig, zukunftsweisend und insofern auch als schön und wertvoll darstellen.

Literatur

BI (= Bürgerinitiative [BI] Wolfhager Land – Keine Windkraft in unseren Wäldern) (2010a). Liebe Wolfhager Bürger und Leser des Stadtanzeigers! http://www.kein-windrad-im-wald.de/uploads/media/Stadtanzeiger_WOH_Mai-2010_01.pdf. Zugegriffen: 06. März 2012.

BI (= Bürgerinitiative [BI] Wolfhager Land – Keine Windkraft in unseren Wäldern) (2010b). Statt Anzeiger. BI Wolfhager Land „Keine Windräder in unseren Wäldern". http://www.kein-windrad-im-wald.de/uploads/media/BI-StattAnzeiger_2010-11_03.pdf. Zugegriffen: 06. März 2012.

Binswanger, H. C. (1997). Die verlorene Unschuld der Windenergie, *Blätter für deutsche und internationale Politik 11*, 1272-1275.

BMU (= Bundesministerium für Umwelt Naturschutz und Reaktorsicherheit) (2007). Erfahrungsbericht 2007 zum Erneuerbare-Energien-Gesetz (EEG-Erfahrungsbericht). http://www.bmu.de/files/pdfs/allgemein/application/pdf/erfahrungsbericht_eeg_2007.pdf. Zugegriffen: 03. Januar 2012.

BMU (= Bundesministerium für Umwelt Naturschutz und Reaktorsicherheit) (2012). Die Energiewende. Zukunft made in Germany. http://www.bmu.de/files/pdfs/allgemein/application/pdf/
broschuere_energiewende_zukunft_bf.pdf. Zugegriffen: 31. Juli 2012.

BUND (= Bund für Umwelt und Naturschutz Deutschland e.V.) (2001). Windenergie. BUND-For-
derungen für einen natur- und umweltfreundlichen Ausbau. http://www.bund.net/fileadmin/
bundnet/publikationen/energie/20011100_energie_windenergie_position.pdf. Zugegriffen: 20.
April 2011.

BWE (= Bundesverband WindEnergie e. V.) (2010). A bis Z. Fakten zur Windenergie. Von der
Schaffung neuer Arbeitsplätze bis zur Zukunft der Energieversorgung. http://www.wind-
energie.de/sites/default/files/download/publication/z-fakten-zur-windenergie/bwe_a-z.pdf.
Zugegriffen: 03. Januar 2012.

DRL (2006). Stellungnahme – Die Auswirkungen erneuerbarer Energien auf Natur und Land-
schaft. In Deutscher Rat für Landespflege (Hrsg.), *Die Auswirkungen erneuerbarer Energien auf
Natur und Landschaft (= Schriftenreihe des Deutschen Rates für Landespflege, H. 79)* (S. 5-47).
Meckenheim: Druck Center Meckenheim.

Dux, B. (2009). [Leserbrief], *Hessische/Niedersächsische Allgemeine Zeitung* 15. September 2009,
o. S. http://www.kein-windrad-im-wald.de/uploads/media/HNA_15-09-2009_Leserbrief-2_02.
pdf. Zugegriffen: 06. März 2012.

Gailing, L. & Leibenath, M. (2010). Diskurse, Institutionen und Governance: Sozialwissenschaftliche Zugänge zum Untersuchungsgegenstand Kulturlandschaft, *Berichte zur deutschen Landes-
kunde* 84, 9-25.

Götte, A. & Degenhardt-Meister, I. (2009). *ProWind Wolfhagen – Energiewende jetzt – (Faltblatt)*.
Wolfhagen.

Howarth, D. (2000). *Discourse*. Buckingham, Philadelphia: Open University Press.

Kneißl, R. (2009). [Leserbrief], *Hessische/Niedersächsische Allgemeine Zeitung* 15. September 2009,
o. S. http://www.kein-windrad-im-wald.de/uploads/media/HNA_15-09-2009_Leserbrief-1_02.
pdf. Zugegriffen: 06. März 2012.

Laclau, E. & Mouffe, C. (2006 [1985]). *Hegemonie und radikale Demokratie: zur Dekonstruktion des
Marxismus (deutsche Erstausgabe, 3. Aufl.)*. Wien: Passagen.

Leibenath, M. (2012). ‚Suburbane Räume als Kulturlandschaften' im Kontext von Raumordnung
und Raumentwicklungspolitik: Eine diskursanalytische Betrachtung. In Schenk, W., Kühn, M.,
Leibenath, M. & Tzschaschel, S. (Hrsg.), *Suburbane Räume als Kulturlandschaften* (S. 80-110).
Hannover: ARL.

Leibenath, M. & Otto, A. (2012). Diskursive Konstituierung von Kulturlandschaft am Beispiel politischer Windenergiediskurse in Deutschland, *Raumforschung und Raumordnung 70*, 119-131.

Oelker, J. (2007). Zeichen setzen – ein Plädoyer für die ästhetische Gestaltung von Windparks.
Jede Epoche hat ihre Zeichen und Spuren in unserer Kulturlandschaft hinterlassen. In Alt, F. &
Scheer, H. (Hrsg.), *Wind des Wandels: Was die Windkraft kann, wenn man sie lässt* (S. 101-118).
Bochum: Ponte Press.

Scheer, H. (1998). Windiger Protest. Das Zukunftspotential der Windenergie gegen egoistische
und traditionalistische Verweigerungsmotive. In Alt, F., Claus, J. & Scheer, H. (Hrsg.), *Windiger
Protest. Konflikte um das Zukunftspotential der Windkraft* (S. 11-31). Bochum: Ponte Press.

Stadtwerke Wolfhagen GmbH (2008). Bürger-Windpark Rödeser Berg. Die Bürgerinformation der
Stadtwerke Wolfhagen. Nr. 1 November 2008. http://www.buergerforum-qlb.de/uploads/me-
dia/2008-12-03_SWW_Windpark_Broschuere.pdf. Zugegriffen: 07. März 2012.

Stratmann, B. & Greenpeace e. V. (2008). Mit Wind und Sonne das Klima schützen. http://www.
greenpeace.de/fileadmin/gpd/user_upload/themen/energie/Greenpeace_Energie.pdf Zugegriffen: 20. April 2011.

SVF (= Stadtverordnete der Fraktionen von CDU, SPD und Wolfhager Liste/FDP) (2010). Kommu-
nalvertreter-Serie zum Energiekonzept Wolfhagen. http://wolfhagen-energenial.de/download/

Kommunalvertreter-Serie%20zum%20Energiekonzept%20Wolfhagen_Artikel%201%20-%20 15.pdf. Zugegriffen: 07. März 2012.

Wassmuth, K. (2009). [Leserbrief] Einseitige Ziele: Zum Thema Windkraft auf dem Rödeser „Berg. *Hessische/Niedersächsische Allgemeine Zeitung* 21.11.2009, o. S. http://www.kein-windrad-im-wald.de/uploads/media/HNA_2009-11-21_Leserbrief_02.pdf. Zugegriffen: 06. März 2012.

Wolfrum, O. (1998). *Windkraft: eine Alternative, die keine ist (2. erw. und durchges. Aufl.).* Frankfurt: Zweitausendeins.

Sichtweisen auf die Veränderung von Landschaften

Konflikte um regenerative Energien und Energielandschaften aus umwelthistorischer Perspektive

6

Ute Hasenöhrl

1   Einleitung

Regenerative Energieträger wie Wasserkraft, Solar- und Windenergie gelten heute als Hoffnungsträger und Motoren einer „grünen Energiewende". Trotzdem ist ihre Produktion nicht unumstritten. Gerade die Errichtung von Windkraftanlagen löst bei den Betroffenen vor Ort wegen ihrer ästhetischen, ökologischen und gesundheitlichen Auswirkungen oft Sorgen aus (vgl. etwa Becker et al. 2012, S. 49ff.). Bedenken um eine Beeinträchtigung der Heimatlandschaft durch die Erzeugung regenerativer Energien sind freilich kein neues Phänomen, sondern können bis ins frühe 20. Jahrhundert zurückverfolgt werden. Damals waren es vor allem Wasserkraftwerke, die wegen der „Verschandelung" der Heimatnatur mitunter heftige Proteste auslösten, zum Beispiel gegen die Anlagen Laufenburg am Rhein (1904-14) oder Walchensee in Oberbayern (1904-18) (vgl. Linse 1988; Falter 1988). Diese Opposition gegen die Umgestaltung von Fließgewässern zu Energielandschaften verschärfte sich nach 1945 noch und zog bis in die 1970er Jahre eine mitunter glühende Befürwortung der Atomenergie durch die Naturschützer nach sich.

In der historischen Forschung wurden Auseinandersetzungen um den Ausbau regenerativer Energien bislang vorwiegend im Rahmen der Umweltgeschichte thematisiert (vgl. Garbrecht 1985; Falter 1988; Bergmeier 2002; Hasenöhrl 2011). Im Gegensatz zu anderen Energieträgern wie der Atomkraft ist die Konfliktperspektive im Falle der Wasserkraft aber weniger dominierend. Dagegen spielen technik- und unternehmensgeschichtliche Aspekte sowie die veränderten Funktionen und Wahrnehmungen von Flüssen eine wichtige Rolle (vgl. Bayerl 1989; Pohl 1996; Füßl 2005; Mauch und Zeller 2008). Ein weiterer Forschungsstrang beschäftigt sich mit Wasserkraft und regenerativen Energien als Teil der Geschichte der Energiepolitik (vgl. Blaich 1981; Deutinger 2001; Ehrhardt und Kroll 2012). Die ökologischen und ästhetischen Konsequenzen der Wasserkraftnutzung wurden ferner in vielen Publikationen des Naturschutzes und der Wasserwirtschaft diskutiert, teilweise unter Berücksichtigung einer historischen Perspektive (vgl. Bayerisches Landesamt für Wasserwirtschaft 1984 und 1986). Die umfassendste umwelthistorische Analyse zu Flussregulierungen, Wasserkraft und Landschaft in Deutschland stammt bislang von Blackbourn (2006).

Im Folgenden sollen die vielfältigen Interessenkonflikte, die speziell im bayerischen (Vor-)Alpenraum während der 1940er bis 1970er Jahre um den Ausbau der Wasserkräfte

auftraten, am Beispiel der Kontroversen um Partnachklamm (1946-49) (Kapitel 2), Rißbachüberleitung (1947-49) (Kapitel 3), Lech (1954-63) (Kapitel 5) und Salzach (1974-78)
(Kapitel 8) vorgestellt werden.[1] Vor dem Hintergrund der Energiepolitik der bayerischen
Staatsregierungen (Kapitel 7) werden zum einen Akteurskonstellationen, Handlungsstrategien und Interessenlagen, zum anderen die Konstruktion und Perzeption der umstrittenen Energielandschaften in den Blick genommen. Als wesentliche Einflussfaktoren für
die Vorgehensweise und die Erfolgsaussichten der Wasserkraftgegner wird dabei speziell
die Rolle der Atomkraft als einer potenziellen alternativen Energiequelle (Kapitel 4) sowie die Bedeutung von Landschaftsästhetik und Naturbild (Kapitel 6) herausgearbeitet.
Kontinuitäten und Wandel in der Diskurs- und Handlungspraxis der Akteure (Kapitel
9) sollen auf diese Weise ebenso akzentuiert werden wie das latente Spannungsverhältnis
zwischen Natur- und Umweltschutz, das bei Konflikten um regenerative Energien immer
wieder beobachtet werden kann (Kapitel 10).

2   Der Konflikt um die Partnachklamm – Eine Zeitreise

Kriegsende. Es herrscht Energienot in Bayern: 1946 stehen nur knapp 60% der Energiemenge der letzten Friedensjahre zur Verfügung. Gleichzeitig wächst die Bevölkerung des
Freistaats durch Flüchtlinge um bis zu 30%. Stromabschaltungen und -rationierungen
sowie enorme Produktionsausfälle sind die Folge – allein im Winter 1948/49 im Gegen-
wert von 250 Mio. DM. Auf dem Höhepunkt der Krise im Herbst und Winter 1947/48
können nicht einmal mehr Betriebe der Prioritätengruppe I wie Molkereien oder Kühl-
häuser ausreichend mit Elektrizität beliefert werden. Da externe Energiequellen, etwa
Importkohle aus dem Ruhrgebiet, kaum verfügbar sind, initiiert die Staatsregierung
1947-49 ein umfassendes Energieprogramm, das über 60 neue Wasser- und Wärmekraftwerke vorsieht. Hinzu kommen zahlreiche kleinere örtliche und regionale Projekte – eines davon in Garmisch-Partenkirchen (vgl. Bayerisches Hauptstaatsarchiv (BHStA), Bayerische Staatskanzlei (StK) 14647, 14650; Bayerische Landesstelle für Naturschutz (LfN)
37; Staatsarchiv München (StAM), Landratsamt (LRA) Donauwörth 11248).

In der Partnachklamm soll ein Wasserkraftwerk errichtet werden, das jährlich 30-40
Mio. kWh Elektrizität erzeugt – genug, um rund 35.000 t Ruhrkohle einsparen zu können. Zu den Anhängern des dort geplanten Kraftwerks Werdenfels gehört daher neben
den Elektrizitätswerken auch der Bürgermeister der Gemeinde. An der Durchführung
des Vorhabens lässt er keinen Zweifel: „Das Partnach-Kraftwerk wird gebaut, mit oder
gegen die Gemeinde. Es geschieht zum Wohle Garmischs, und es ist besser, die Gemeinde

---

1   Die Fallstudien entstanden im Rahmen meiner Dissertation zur Geschichte der bayerischen
    Naturschutz- und Umweltbewegung in der Nachkriegszeit. Hierfür habe ich umfangreiche Be-
    stände der bayerischen Staatsarchive sowie eine Reihe von Privatsammlungen ausgewertet. Der
    vorliegende Aufsatz fasst zentrale Forschungsergebnisse in komprimierter und ergänzter Form
    zusammen. Detaillierte Angaben hinsichtlich der verwendeten Archivalien finden sich in der
    veröffentlichten Fassung der Promotionsschrift (Hasenöhrl 2011).

sieht das ein und gibt ihre Zustimmung" (Süddeutsche Sonntagspost Nr. 46 (1949), S. 7; siehe weiter Hochlandbote 28.6.1949; 5.7.1949). Vor Ort sehen das nicht alle Bürger so – immerhin erfordert das Projekt die Errichtung einer 130 m langen Staumauer von 110 m Höhe und bis zu 19 m Breite am südlichen Ende der Klamm, ein Eingriff, der das Erscheinungsbild dieser Touristenattraktion massiv beeinträchtigen würde. Die Altvorderen würden lieber mit Kienspan und Fackeln auskommen als den Bau der Stauseemauer dulden, gibt der 3. Bürgermeister zu bedenken (ebd., S. 5). Tatsächlich wogt auf der Leserbriefseite der örtlichen Zeitung „Hochlandbote" eine erbitterte Auseinandersetzung zwischen Anhängern und Gegnern des Kraftwerks, wobei sich Pro- und Contraäußerungen in etwa die Waage halten.[2] Der Gemeinde Garmisch und den Elektrizitätswerken mit ihren Technikern und Ingenieuren steht eine bunte Gruppe von Naturschutz- und Heimatvereinen gegenüber, an ihrer Spitze die örtliche Sektion des Deutschen Alpenvereins (vgl. StAM, Regierung von Oberbayern (RO) 102639; Hochlandbote 16.7.1949, S. 6; 28.7.1949; 20.8.1949, S. 7). Es werden Flugblätter, Broschüren, Resolutionen und Behördenbriefe verfasst und kritische Anfragen an den Landtag gerichtet. Der Bund Naturschutz in Bayern (BN) sammelt Unterschriften bei bekannten Persönlichkeiten und befreundeten Organisationen, um zu zeigen, dass der Widerstand gegen das Kraftwerk immer größere Kreise erfasst. Der Deutsche Alpenverein fordert sogar eine Volksabstimmung. Im Hintergrund entstehen von Seiten des amtlichen und behördlichen Naturschutzes mehrere Gutachten und Stellungnahmen im Genehmigungsverfahren (vgl. PA Doering: Flugblatt Deutscher Alpenverein, Sektion Garmisch-Partenkirchen 1949, Die Partnachklamm; BHStA, LfN 38: Kraus (LfN) an Oberste Naturschutzbehörde (ONB) 18.7.1949; Hochlandbote 20.8.1949, S. 7; Süddeutsche Sonntagspost Nr. 46 (1949), S. 5-7. Im Gegensatz zu den meisten Naturschutzkonflikten werden die Projektgegner hier sogar handgreiflich – zwei Garmischer Burschen zerschneiden die Treibriemen einer Bohrmaschine, entfernen Vermessungspflöcke und verprügeln die Wächter. Zudem werden Schilder, die das Stehenbleiben und Zusehen bei der Arbeit in der Klamm verbieten, mit dem Vermerk „Wer sind die Aktien-Bonzen?" ergänzt (vgl. Süddeutsche Sonntagspost Nr. 46 (1949), S. 5-7; Falter 1988, S. 113). Die Opposition ist tatsächlich erfolgreich: Die Oberste Baubehörde (OBB) stellt das Verfahren 1949 trotz Vorarbeiten und energiewirtschaftlicher Freigabe zurück und nimmt es in spätere Planungen nicht mehr auf – allerdings weniger aus natur- und heimatschützerischen Erwägungen als wegen Unwirtschaftlichkeit (vgl. BHStA, LfN 38: Kraus an ONB 11.5.1950).

---

2 Unter den 43 analysierten Artikeln und Leserbriefen, die 1949 im Hochlandboten erschienen, argumentierten 22 für und 21 gegen das Kraftwerk. Soweit zu entnehmen, stammten die Äußerungen überwiegend von einheimischen Bürgern und Organisationen, wobei sich auf Seiten der Projektgegner vor allem Personen zu Wort meldeten, die Naturschutz und Heimatpflege nahe standen, während unter den Befürwortern Ingenieurs- und Technikberufe überwogen. Fast ein Viertel der Pro-Äußerungen fiel auf den projektierenden Ingenieur. – Privatarchiv (PA) Doering.

3   Die Überleitung des Rißbachs in den Walchensee

Das Kraftwerk Werdenfels bildete nur eine von zahlreichen Wasserkraftanlagen, die seit den späten 1940er Jahren in Bayern projektiert worden waren – und bei weitem nicht die größte oder wichtigste. Der Konflikt um die Partnachklamm ist aber durchaus typisch für die ambivalente Wahrnehmung und schwankende Akzeptanz dieser Energieform: Selbst auf dem Höhepunkt der Energienot in der zweiten Hälfte der 1940er Jahre waren Wasserkraftwerke wegen der mit ihnen verbundenen Eingriffe in Naturhaushalt und Landschaftsbild in den betroffenen Gemeinden bisweilen hochgradig umstritten. Dies wird auch 1947-49 bei der Überleitung des Rißbachs in den Walchensee deutlich – eines der prominentesten und zugleich kontroversesten Wasserkraftprojekte dieser Zeit.

Um die Kapazitäten des bestehenden Walchenseekraftwerks zu erhöhen, sollte der eigentlich in die Isar mündende Rißbach über eine 8,5 km lange Kanalstrecke in den Walchensee umgeleitet werden. Von dieser Maßnahme erhoffte sich der bayerische Staat jährlich 89 Mio. kWh zusätzlichen Spitzenstrom, wodurch 80.000 t Ruhrkohle eingespart und Stromabschaltungen im Winter verhindert werden sollten (vgl. BHStA, StK 13775: Rundfunkvortrag Wächter 30.5.1947). Das Ansinnen löste im gesamten Isarwinkel vehemente Proteste aus. Darunter waren alle Gemeinden der Region, sämtliche Parteien im Landkreis Bad Tölz (mit Ausnahme der Kommunistischen Partei) sowie zahlreiche Natur- und Heimatvereine (vgl. StAM, LRA Tölz 165319; LRA Garmisch-Partenkirchen 199586; BHStA, StK 13775; LfN 39; Falter 1988, S. 107-111; Hölzl 2003, S. 56). An einer Mitte 1947 von den Kommunen durchgeführten Unterschriftensammlung gegen die Rißbachüberleitung nahmen in manchen Gemeinden sogar mehr Bürger teil als an der vorjährigen Landtagswahl, insgesamt über 15.000 Personen (vgl. BHStA, StK 14650: Landrat Bad Tölz an Ehard 12.6.1947; StAM, LRA Tölz 165320). Organisation und Durchführung der Protesthandlungen gingen dennoch weniger von den betroffenen Bürgern selbst als vielmehr von den kommunalen Funktionsträgern aus. Diese waren peinlichst darauf bedacht, die Handlungsinitiative nicht an die Bürgerschaft zu verlieren. So äußerte der Landrat von Bad Tölz 1948 in einem Schreiben an die Oberste Baubehörde:

> Meinen nachhaltigen Bemühungen ist es bisher im wesentlichen gelungen zu verhüten, daß in der Öffentlichkeit Angriffe gegen die Regierung erfolgten. Ich sehe mich aber doch genötigt darauf hinzuweisen, daß die Stimmung außerordentlich kritisch ist und daß es höchste Zeit ist, daß die Staatsregierung durch geeignet erscheinende Maßnahmen die Gemüter etwas beruhigt (StAM, LRA Tölz 165319: Landrat Bad Tölz an OBB 5.2.1948).

Entsprechend initiierten der Bürgermeister und der Landrat von Bad Tölz selbst mehrere öffentliche Protestveranstaltungen, die jeweils bis zu 1.000 Teilnehmer anzogen.[3]

---

3   So in Bad Tölz am 30.3.1947, 10.7.1947, 23.10.1949 und 30.7.1950 sowie in Lenggries am 8.2.1948. – BHStA, StK 13775: Bürgermeister Bad Tölz, Rißbachausschuss 30.3.1947; OBB an Bayer. Ministerrat 4.2.1948; LfN 39: Einladung Aufklärungsversammlung 30.7.1950; Hochlandbote 18.4.1947; Falter 1988, S. 108, 113.

Die Projektgegner versuchten zunächst, die Entscheidungsträger in Politik und Verwaltung durch ausführliche Gutachten und Denkschriften, Leserbriefe, Resolutionen, Eingaben und persönliche Gespräche auf ihre Seite zu ziehen (vgl. BHStA, StK 13775, 14650; LfN 39; StAM, LRA Tölz 165319-165320, 165325; LRA Garmisch-Partenkirchen 199586). Nachdem diese Strategie mit dem Landtagsbeschluss vom 26. Juni 1947 zugunsten der Rißbachüberleitung gescheitert war, suchten Stadt und Landratsamt Bad Tölz sowie der Verbund der Flößerei- und Triftinteressierten durch Verwaltungsklagen eine Einstellung der Bauarbeiten zu erstreiten. Trotz berechtigter Klagepunkte (das Bayernwerk hatte diese bereits vor Abschluss des wasserrechtlichen Verfahrens beendet) vermochten sie sich damit jedoch abermals nicht durchzusetzen (vgl. BHStA, StK 13775; StAM, LRA Tölz 165326). Die bayerische Regierung hatte dem Vorhaben angesichts der prekären energiewirtschaftliche Lage im Freistaat höchste Priorität eingeräumt (vgl. BHStA, StK 13775: OBB an Bayer. Ministerrat 4.2.1948; StK 14650: OBB an Ehard 23.1.1947). Wie bei vielen energiewirtschaftlichen Großprojekten bildete das Genehmigungsverfahren daher nur eine Formalität, dessen Ausgang im Grunde von Anfang an feststand.

Die Argumentationsweise der Einwender gegen die Rißbachüberleitung war vielschichtig und umfasste ethische, landschaftsästhetische, ökologische, gesundheitliche, lokal- und energiewirtschaftliche ebenso wie politisch-rechtliche Gesichtspunkte. Man befürchtete insbesondere einen sinkenden Fluss- und Grundwasserspiegel an der Isar, die Auflandung des Flussbettes, ein Versiegen der Jodquellen, Überschwemmungen und Rutschungen am Walchensee sowie eine Beeinträchtigung des Landschaftsbildes, was sich negativ auf den Fremdenverkehr hätte auswirken können (vgl. exemplarisch BHStA, StK 13775: Landrat Bad Tölz an Bayer. Landtag 24.2.1947; StAM, LRA Garmisch-Partenkirchen 199586: Rueß (BN), P. (Bayer. Landesverein für Heimatpflege) an Wirtschaftsausschuss Bayer. Landtag 9.6.1947). Darüber hinaus wurde mit dem Wert der Landschaft für die gesamte Bevölkerung argumentiert: „Es ist wichtiger dem ganzen deutschen Volk diese unberührte Natur zu erhalten, als pro Kopf der bayerischen Bevölkerung diese winzige Menge von 10 Kilowattstunden im Jahr zu gewinnen, die auch durch andere Maßnahmen erreicht werden kann" (StAM, LRA Garmisch-Partenkirchen 199586: Frickhinger, Rueß (BN) an Bayer. Landtag 19.5.1947). Damit reproduzierte man einerseits ästhetische, ökologische und ökonomische Argumente, die bereits 1904-18 in den Debatten um die Errichtung des Walchenseekraftwerks angeführt worden waren und in Inhalt wie Wortwahl ganz in der Tradition eines konservativ-kulturpessimistischen Natur- und Heimatschutzes standen (vgl. Hölzl 2003, S. 56; Lekan, 2004).

Die wiederholte und explizite Betonung des Gemeinwohls war andererseits aber auch der Notwendigkeit geschuldet, angesichts der unzureichenden Energieversorgung des Landes Belange von ähnlicher allgemeiner Bedeutung zu konstruieren. Die sachlichen Bedenken der Isaranlieger wegen der ökologischen und wasserwirtschaftlichen Folgen für die Region schienen als Partikularinteressen zur Verhinderung des Projektes allein nicht ausreichend zu sein. Zwar hatte der Naturschutz seit 1908, als der SPD-Abgeordnete Müller in einer Landtagsdebatte zum Walchenseekraftwerk diesen kategorisch als Privatinteresse, Strom jedoch als öffentliches Interesse bezeichnet hatte (vgl. Falter 1988, S. 77), mit der Aufnahme in die Bayerische Verfassung eine Aufwertung erfahren.[4] Dennoch war die Ansicht weithin verbreitet, dass in dieser Notlage die Belange des Naturschutzes beziehungsweise eines Landesteils gegenüber den Bedürfnissen der gesamten Bevölkerung nach einer ausreichenden Stromversorgung zurückzutreten hätten:

> Leben und Gesundheit unseres Volkes, in vielen Fällen das letzte […] Gut von Hunderttausenden ausgebombter oder aus ihrer Heimat vertriebener Menschen hängt […] von einer wenigstens einigermaßen ausreichenden Energieversorgung des ganzen Landes ab. […] Wenn das Staatsganze und seine Menschen in Not sind, muß der Hebel da eingesetzt werden, wo Abhilfe am schnellsten und sichersten zu erwarten ist und Sonderinteressen müssen hinter dem größeren Gemeinwohl zurücktreten (StAM, LRA Garmisch-Partenkirchen 199586: Wolf, Haberstumpf (Bayernwerk) April 1947).

Entsprechend fuhren die Projektgegner die schwerstmöglichen Argumente auf, auch wenn diese mitunter mehr durch Pathos als durch sachliche Zwangsläufigkeit bestachen. Der scharfe Tonfall und Appellcharakter, der viele ihrer Äußerungen kennzeichnete, rührte jedoch auch von der frustrierten Erkenntnis, dass Bayernwerk und Staatsregierung die Rißbachüberleitung ohne Rücksichtnahme auf die Bedenken der Einheimischen und ohne den korrekten Verfahrensweg zu beachten in die Tat umsetzten – und gibt damit ein beredtes Zeugnis von der ohnmächtigen Hilflosigkeit der Protestierenden.[5]

4 Naturschutz, Wasserkraft und Atomkraft

Die Projektgegner waren sich ihrer begrenzten Erfolgsaussichten bewusst. Viele Naturschützer waren daher in den ersten Nachkriegsjahren zähneknirschend bereit, Wasserkraftanlagen mitzutragen, die einen erheblichen Nutzen für die bayerische Gesamtenergieversorgung versprachen, darunter den Sylvensteinspeicher (80-500 Mio. kWh, 1947-59), das Donaukraftwerk Jochenstein (850-920 kWh, 1949-55) sowie anfangs den Ausbau des Lechs (1.400 GWh, 1940-80) (vgl. BHStA, LfN 37: LfN an L. 13.1.1950; LfN 38: Krieg (Deutscher Naturschutzring) an RO 3.12.1953). Die Bevorzugung großer Lösungen im Sinne der US-amerikanischen Tennessee Valley Authority bestimmte damit

---

4 Es standen sich somit in den Konflikten um den Ausbau der Wasserkräfte mit Naturschutz und Energieversorgung zwei konkurrierende Gemeinwohlinteressen gegenüber, die beide Verfassungsrang besaßen: Während § 141 der Verfassung des Freistaates Bayern vom 2.12.1946 Schutz und Pflege von Natur und Landschaft einforderte, privilegierte § 152 die Nutzung der öffentlichen Gewässer zur Elektrizitätserzeugung. – Vgl. Hasenöhrl 2009, S. 339-348.

5 „Wir haben genug an den diktatorischen Maßnahmen. Wenn die Regierung nicht auf uns hört, dann bitten wir unsere Vertreter, daß sie mit allem Nachdruck sich für unsere Interessen einsetzen." (StAM, LRA Garmisch-Partenkirchen 199586: K. o.D.); „Wir fühlen uns neuerdings verraten und betrogen!" (BHStA LfN 39: Rundschreiben Bürgermeister Bad Tölz an Interessengemeinschaft der Isargemeinden zur Förderung des Baus des Sylvensteinspeichers 14.7.1950).

nicht nur die Gedankenwelt der Energiewirtschaft, sondern auch die des Naturschutzes –
zumal man hoffte, dass damit die Errichtung zahlreicher kleiner Anlagen in landschaftlich reizvollen Gebieten unnötig werden würde.[6] Diese demonstrative Kompromiss- und
Opferbereitschaft sollte jedoch spätestens Mitte der 1950er Jahre ein Ende finden, nachdem auf der Genfer Atomkonferenz 1955 mit der zivilen Nutzung der Atomkraft eine
alternative Energieform der Zukunft präsentiert worden war.

Die Atomkraft galt vielen Naturschützern geradezu als Allheilmittel gegen die Umweltverschmutzung und Landschaftszerstörung, die von anderen Energieträgern verursacht wurde. Entsprechend leidenschaftlich warben Wasserkraftgegner wie Otto Kraus,
1949-67 Leiter der Bayerischen Landesstelle für Naturschutz, für die Atomkraft. Angesichts des energiewirtschaftlichen Potenzials der Kernenergie konnten Wasserkraftwerke
als unökonomischer Anachronismus dargestellt werden:

> Muß sie [die Atomkraft, UH] nicht stärkste Beachtung in den Kreisen des Natur- und Hei-
> matschutzes finden, in einem Zeitpunkt, in dem die Technik in einer Art Amoklauf nach
> den letzten Wasserreserven greift und auf der anderen Seite, gleichsam als ein gütiges Ge-
> schick der Vorsehung, die Nutzung neuartiger Energiequellen möglich ist? (Kraus 1960, S.
> 20)

Die beiläufige Verdrängung möglicher atomarer Sicherheitsrisiken sowie die umgekehrte
Betonung der Gefahren der Wasserkraft zeigt freilich deutlich, wie sehr die Wahrnehmung potenzieller Bedrohungen von subjektiven Präferenzen und Zukunftsmodellen
geleitet wurde: Während man die Wasserkraft als latentes Dauerrisiko, vor allem bei
Dammbrüchen, präsentierte, wurde die Atomkraft als jederzeit kontrollierbar dargestellt, da ihre Beherrschung allein in der Macht des Menschen stehe (Kraus 1960, S. 31;
BHStA, LfN 37: H. an BN 7.6.1951).[7] Mit dem Atomzeitalter wurde eine schöne Utopie
konstruiert, die schmerzhafte Landschaftszerstörungen unnötig machen würde.

5   Der Ausbau des Lechs

Bereits beschlossene Wasserkraftprojekte versuchte man dementsprechend möglichst so
lange hinauszuzögern, bis die flächendeckende Realisierung der atomaren Energieproduktion diese obsolet machen würde. Diese Taktik bestimmte seit Mitte der 1950er Jahre auch die Auseinandersetzung um den Ausbau des Lechs (vgl. BHStA, LfN 37: Kraus

---

6   Exemplarisch: „Wir haben [...] Dutzende von Wasserkraftwerken gebilligt, bestimmte Auf-
    lagen gestalterischer Art vorausgesetzt, die ja heute eine Selbstverständlichkeit sind. Immer
    nur dann, wenn großartige und unwiederbringliche Naturschöpfungen oder Gebiete höchster
    Verdichtung landschaftlicher Schönheit Gefahr liefen, das Wesenhafte zu verlieren, haben wir
    uns zur Wehr gesetzt; solche Naturschöpfungen sind unteilbar, sie gehören zum unantastbaren
    Kulturgut unseres Landes. Selbst in der Verfassung ist ihre Bewahrung zur Pflicht gemacht!"
    (Kraus 1966b, S. 21).

7   Zum Dammbruch als Synonym für Katastrophen siehe Laak 2005, 200f.

(LfN) an LRA Wangen 25.1.1963) – einer der lebhaftesten Naturschutzkonflikte dieser Zeit überhaupt. Zwischen den Naturschützern und der Bayerischen Wasserkraftwerke AG (BAWAG) entspann sich 1954 bis 1964 ein erbitterter Kleinkrieg, wobei sich die Wasserkraftgegner im Falle des umstrittensten Flussabschnitts – der Litzauer Schleife – letztlich sogar durchzusetzen vermochten (vgl. Bergmeier 2002, S. 154-169).

Die Vorgehensweise der BAWAG im Lechkonflikt war von der Erwartung geprägt, die eigenen Wünsche von Politik und Verwaltung erfüllt zu bekommen. Das Land Bayern war mit 51% Hauptanteilseigner, im Aufsichtsrat des halbstaatlichen Unternehmens saßen hochrangige Politiker (vgl. StAM, LRA Landsberg 193681: Geschäftsbericht BAWAG 1954; BHStA, StK 13774: Protokoll Ministerrat 22.11.1955). Entsprechend selbstbewusst trat die BAWAG auf. Sie führte Bauarbeiten ohne Genehmigungen durch, ignorierte Bauauflagen, Landschafts- und Naturschutzverordnungen und brachte notfalls ihre finanzielle Potenz als Anreiz für eine Unterstützung ihrer Forderungen ins Spiel (vgl. BHStA, LfN 44: Kraus (LfN) an Karl (LfN) 17.12.1957; LfN 45: Heimatpfleger Oberbayern an Kraus (LfN) 18.6.1951; LfN 46: Landrat Schongau an Höhere Naturschutzbehörde Oberbayern 13.5.1954; Kraus (LfN) an Bayer. Innenministerium 23.8.1960). Angesichts dieser Strategie setzten die Naturschützer im Laufe der Zeit ebenfalls schärfere Druckmittel ein. Zwar konzentrierten sich ihre Methoden zum Großteil auf konventionelle Instrumente wie Gutachten, Stellungnahmen, die Ausweisung von Schutzgebieten, Behördenschreiben oder Presseartikel (Hasenöhrl 2011, S. 140-147). Darüber hinaus experimentierte man jedoch auch mit öffentlichen Protesten, um den verantwortlichen Stellen zu zeigen, „daß auch die Volksmeinung nicht so inaktiv ist, wie manchmal angenommen wird" (BHStA, LfN 46: Naturschutzbeauftragter Oberbayern an Bayer. Lehrer- und Lehrerinnenverband Oberbayern 18.5.1960). Eine breitere Beteiligung der Öffentlichkeit strebte man allerdings nicht an. Deutlich wurde dies bei einer 1960 durchgeführten Demonstration: Der Bezirkslehrerverband Oberbayern wurde hier zwar aufgefordert, ältere Schüler zu beteiligen. Die Gesamtteilnehmerzahl sollte jedoch einen Bus nicht überschreiten (vgl. ebd.).

Der Naturschutz dieser Zeit wurde vorwiegend auf der Leitungsebene aktiv. Die Aktivitäten im Lechkonflikt wurden dabei von einem ungewöhnlich breiten Netzwerk getragen, das nahezu alle wichtigen Organisationen des zivilgesellschaftlichen und amtlichen Naturschutzes umfasste. Anfang der 1960er Jahre schlossen sich so über dreißig Naturschutz-, Wander- und Bergsteigervereine sowie wissenschaftliche Institute zur Notgemeinschaft Oberer Lech zusammen (vgl. Süddeutsche Zeitung/Münchner Merkur 18.1.1960; BHStA, LfN 47: Seifert (BN) 26.10.1962). Dagegen konnten sich die betroffenen Gemeinden im Falle des Lechs – ebenso wie die Mehrzahl ihrer Bürger – mit der Aussicht auf malerische, für den Wassersport geeignete Stauseen durchaus anfreunden. Entsprechend charakterisierte der Landrat von Schongau, selbst ein Gegner des Lechausbaus, die Einstellung seiner Gemeindebürger:

> Wir haben nichts von wenigen Naturfreunden, die mit dem Rucksack auf dem Buckel in die Litzau wandern. Laßt aber, wenn der große Stausee fertig ist, erst einmal die Omnibusse kommen! Ganz zu schweigen von der belebenden Spritze für unseren Straßen- und Wegeausbau (Schongauer Nachrichten 28.6.1962, S. 5).

Projektgegner wie -befürworter bedienten sich am Lech ähnlicher Argumente wie bei anderen Wasserkraftkonflikten dieser Zeit. Die Akteure schöpften aus einem relativ festen Kanon, der den Bedingungen vor Ort jeweils angepasst wurde. In nahezu jeder Wortmeldung verwiesen die Wasserkraftgegner auf die Schönheit der Landschaft und betonten, zumindest Reste des im Schwinden begriffenen Lebensraums Wildflusslandschaft müssten der Nachwelt erhalten bleiben. Dabei wählte man gerne den Vergleich zur Säkularisation, deren Zerstörungswerk am Kirchengut bei der Natur nicht wiederholt werden dürfe (vgl. Landsberger Nachrichten 1.12.1955; Schwäbische Landeszeitung 15.5.1959, S. 19). Ökologische Gesichtspunkte wie der Verlust seltener Tierarten und Lebensräume oder negative Folgen für den Wasserhaushalt spielten hier dagegen eine eher untergeordnete Rolle.

Angesichts des als widerrechtlich empfundenen Verhaltens der BAWAG waren in der Auseinandersetzung um den Lech zudem juristische und politische Argumente von großer Bedeutung: Die Machtpolitik des Energieunternehmens führe nicht nur den Naturschutz ad absurdum und könne als Vorbild für weitere Rechtsübertretungen dienen. Sie schädige ferner Ansehen und Glaubwürdigkeit von Demokratie und Rechtsstaat, zumal es sich bei der BAWAG um ein halbstaatliches Unternehmen handle.[8] Hinzu kamen wirtschaftliche Aspekte: Wie bei anderen Naturschutz- und Landschaftskonflikten nahmen einerseits touristische Gesichtspunkte viel Raum in der Argumentation der Projektgegner ein (vgl. BHStA, LfN 45: Micheler 2.5.1950; Kraus 1960, S. 34-42). Andererseits konnte angesichts des nunmehrigen Überangebots auf dem Energiemarkt aber auch auf der energiepolitischen Ebene eine glaubwürdige Position gegen das Hauptargument der BAWAG formuliert werden, der vollständige Ausbau des Lechs sei nötig, um die Energieversorgung des Landes sicherzustellen (vgl. Kraus 1960, S. 24-31; Rueß 1963, S. 63-65; Bergmeier 2002, S. 157).

Der Eindruck, der BAWAG ginge es am Lech primär um eine Gewinnmaximierung, wurde durch ihre formaljuristische Argumentationslinie noch intensiviert.[9] Um ihre Position zu stärken, versuchte das Energieunternehmen jedoch auch auf der ästhetisch-touristischen Ebene zu punkten – ein Bereich, den das Bayernwerk bei der Rißbachüberleitung fast völlig ignorieren konnte. So argumentierte sie, die Kraftbauten und Stauseen

---

8   Exemplarisch: „Wenn jetzt nicht mit aller Schärfe eingegriffen wird, um diese an Anarchie grenzenden Vorgänge einzustellen, brauchen wir uns künftighin um den Schutz der Natur, zumindest auf diesem Gebiet, nicht mehr zu kümmern. Wenn die BAWAG einen Damm nun auch in der Litzauer Schleife bauen darf, brechen endgültig alle Dämme, die durch Gesetze im Interesse der Bewahrung der Heimat vor zerstörender Ausbeutung aufgerichtet wurden" (Noch einmal 1959, S. 60).

9   Zentral waren die Neuenahrer Verträge (1949) sowie eine Vereinbarung mit der Obersten Baubehörde (1950), in denen ihr der Vollausbau des Lechs in Aussicht gestellt und ein 90jähriges Nutzungsrecht für alle von ihr errichteten Anlagen gewährt wurde. Die BAWAG hatte keine Möglichkeit, auf andere Flüsse oder Wärmekraftwerke auszuweichen (BHStA, StK 13773: Stellungnahme BAWAG 8.7.1955; LfN 46: Bayer. Innenministerium an Kraus (LfN) u.a. 21.1.1960; StAM, LRA Landsberg 193520: OBB an BAWAG 23.3.1950).

würden nicht nur harmonisch in die Landschaft integriert werden. Im Falle voralpiner Flüsse würden sie die landschaftliche Schönheit sogar steigern und sich somit positiv auf den Fremdenverkehr auswirken (vgl. Bayer. Staatszeitung 23.10.1954). Naturschutz wie BAWAG suchten solcherart, die angeblichen Vorteile der von ihnen bevorzugten Landschaften für den Tourismus beziehungsweise das Allgemeinwohl als rhetorische Waffen zu nutzen.

6   Naturbild und Landschaftsästhetik

Kontrastiert man die Konflikte um Partnachklamm, Rißbachüberleitung und Lech, so fällt ins Auge, welch große Bedeutung ästhetische Aspekte für die Akzeptanz oder Ablehnung der neuen Energielandschaften in der betroffenen Bevölkerung hatten – und damit auch für die Genehmigung der Anlagen. Dies trifft vor allem auf kleinere und mittlere Projekte zu. Die zentrale Begründung ihrer Befürworter, die Kraftwerke würden einen wesentlichen Beitrag zur regionalen oder bayerischen Energieversorgung leisten und eine bedeutsame Zahl neuer Arbeitsplätze schaffen, überzeugte hier oft nicht im gleichen Maße wie bei größeren Projekten. Dagegen waren die Landschaftseingriffe mitunter dennoch erheblich.[10] Dieser Gesichtspunkt hatte besonderes Gewicht, sobald die betroffenen Wasserspender wichtige touristische Anziehungspunkte oder örtliche Identitätssymbole bildeten.[11] Unter diesen Umständen entstanden im Zeichen von Tourismus und Landschaft mitunter erfolgreiche Bündnisse zwischen Naturschutz und einheimischer Bevölkerung – neben der Rißbachüberleitung und (zum Teil) der Partnachklamm etwa auch im Falle des Waginger Sees oder der Kraftwerksgruppe Wendelstein (vgl. Hasenöhrl 2011, S. 152-162).

Freilich suchten auch die Energieunternehmen ihre argumentative Position zu verbessern, indem sie mit den landschaftlichen und touristischen Vorteilen der von ihnen modifizierten Fluss- und Seenlandschaften warben. Die Sympathien der einheimischen

---

10 Im Falle des Waginger Sees befürchtete man 1949-51, die periodische Absenkung des Seewasserspiegels um 1,60 m werde aufgrund des damit verbundenen Schlickgürtels das Landschaftsbild entstellen, zu Mückenplagen führen und damit den Fremdenverkehr gefährden (vgl. BHStA, LfN 38: Micheler 20.10.1949; Traunsteiner Kurier 6.12.1949). Im Wendelsteingebirge erwartete man 1949-53 durch die periodische Absenkung des Stausees sowie die Trockenlegung der Tatzelwurmwasserfälle massive touristische Beeinträchtigungen und Erosionsschäden (vgl. BHStA, LfN 38: Forstverwaltung Brannenburg an LfN 19.1.1950). Für das Partnachprojekt wiederum wäre der südliche Ausgang der Schlucht von einer riesigen Staumauer, für die zudem 30 m der Klamm hätten gesprengt werden müssen, versperrt und der dort fließenden Partnach der Großteil des Wassers entzogen worden (vgl. Hochlandbote 16.7.1949, S. 6; Süddeutsche Sonntagspost Nr. 46 (1949), S. 5-7).

11 Im Konfliktjahr 1950 besuchten beispielsweise über 200.000 Schaulustige die (eintrittspflichtige) Partnachklamm (vgl. Süddeutsche Zeitung 6.3.1951). Die Breitachklamm nahe Oberstdorf, die ebenfalls für ein Kraftwerk hatte verwendet werden sollen, zog 1957 260.000 Besucher an (vgl. Kraus 1960, S. 21).

Bevölkerung wandten sich meist pragmatisch derjenigen Seite zu, deren Konzepte ihnen die größten wirtschaftlichen Vorteile versprachen. Die Anregung der Naturschützer, langfristig auf „Oasen der Ruhe" zu setzen, zog dabei gegenüber der Aussicht auf einen Massentourismus an ästhetisch attraktiven, für den Wassersport geeigneten Stauseen oft den Kürzeren. Die Beurteilung des touristischen Potenzials hing stark vom visuellen Erscheinungsbild der Gewässer ab. Ihre Attraktivität wurde umso positiver bewertet, je stärker sie romantisch-idyllischen Vorstellungen entsprachen.[12] Es fällt ins Auge, dass sich unter den nicht realisierten Projekten zahlreiche Wasserfälle, Schluchten und Bergseen befanden.[13] Die voralpinen Wildflüsse mit ihren Kiesbänken und Geröllinseln erfüllten dagegen weder das romantische Klischee des lustig durch eine enge Schlucht rauschenden Gebirgsbachs noch das eines sich majestätisch durch ein idyllisch bewachsenes Tal schlängelnden Stroms, wie es gerade der Mittellauf des Rheins mit seinen opulenten Panoramaaussichten bot.

Abbildung 1: Lech bei Dornstetten: Vor und nach dem Ausbau (Quelle: Bayerische Wasserkraftwerke (1974))

---

12 Zum Landschaftsbild der Romantik vgl. Dinnebier 1996.

13 Darunter Ammerschlucht, Weißbachschlucht, Wutachschlucht, Partnachklamm, Breitachklamm, Weltenburger Donauenge, Hölltobelfall, Tatzelwurmfall, Soiernsee sowie kleinere Abschnitte der Flüsse Lech, Iller, Tiroler Ache, Saalach, Wertach und Isar (vgl. Kraus 1966a).

Die Energiewirtschaft nutzte diesem Umstand und kontrastierte das scheinbar triste und
karge Äußere der voralpinen Flüsse geschickt mit den ästhetischen Vorzügen der von
ihnen geschaffenen Märchenseen:

> Reiht sich doch dort, wo vorher durch das tiefe Eingraben des Flusses mit dem Absinken des
> Grundwasserspiegels der Lech mit seinen Geröllfeldern einen unschönen Anblick bot, eine
> Kette herrlicher Seen, entstanden durch die Stauwerke, aneinander, ein Beispiel dafür, wie
> durch weitsichtige und sorgfältige Planung technische Bauten nahezu vollkommen der na-
> türlichen Umgebung angepasst werden können (Bayerische Wasserkraftwerke 1961, S. 16).

Zudem strich man, wo immer möglich, die Ursprünglichkeit der künstlichen Gebilde
heraus, indem man argumentierte, dass durch die Staubecken eiszeitliche Seen wieder-
hergestellt würden (vgl. PA Doering: B. 1.5.1949; Münchner Merkur 27./28.5.1970, S. 6).
Selbst Staumauern wurden als Tourismus fördernd angepriesen. Bei der Partnachklamm
argumentierte der projektierende Ingenieur etwa, der Staudamm werde als Europas
höchster eine ähnliche Anziehungskraft entwickeln wie Hoover-Talsperre oder Dnje-
prostroj (vgl. Hochlandbote 20.8.1949, S. 6).

Zumindest im Falle der Stauseen wurde deren ästhetisches und ökonomisches Potenzial von der betroffenen Bevölkerung tatsächlich meist positiver beurteilt als die vorheri-
gen Wildflusslandschaften. Vor- und Wunschbild war dabei der Forggensee bei Füssen,
der sich innerhalb kürzester Zeit zu einem Fixpunkt der regionalen Identität – und zu
einem touristischen Anziehungspunkt erster Klasse – entwickelte (vgl. Jakob 1955, S. 4;
Münchner Merkur 9.6.1970, S. 16). Alles in allem spielte aber bei umfangreichen Wasser-
kraftprojekten wie bei der Rißbachüberleitung oder am Lech die Frage nach der Akzeptanz durch die Bevölkerung letztlich nur eine sekundäre Rolle im Genehmigungsverfahren. Wurden Energieprojekte wie hier von der Staatsverwaltung unterstützt oder initiiert,
so wurden sie auch gegen vehemente öffentliche Widerstände umgesetzt. Im gesamten
Alpenraum blieb so kein einziger Alpenfluss in seiner ursprünglichen Dynamik und damit Tier- und Pflanzenwelt vollständig erhalten. Der Landschaftstyp des alpinen Wild-
flusses gehört damit zu den Lebensräumen in Mitteleuropa, die vom Menschen in den
letzten hundert Jahren am stärksten beeinflusst und verändert wurden (vgl. Müller 1991).

7   Die Energiepolitik Bayerns in den 1950er bis 70er Jahren –
ein Überblick

Von dem Bestreben, die „weiße Kohle" des Landes möglichst vollständig nutzbar zu machen, wandte sich der bayerische Staat erst Mitte der 1960er Jahre ab – zu einem Zeitpunkt, als die energiewirtschaftlich günstigsten Wasserkräfte bereits erschlossen waren.
Zwischen 1949 und 1962 war die Zahl größerer Kraftwerke an der Isar von vier auf 22,
am Lech von acht auf elf, an der Iller von zwei auf neun, am Main von fünf auf 25, an der
Donau von einem auf sechs, am Inn von einem auf zwölf sowie an Amper und Wertach
jeweils von null auf fünf gestiegen (vgl. Deutinger 2001, S. 79f.).

Abbildung 2: Wasserkraftanlagen in Bayern mit Ausbauleistung über 1.000 kW ((Stand: 1995)
Quelle: Bayerisches Staatsministerium für Landesentwicklung und Umweltfragen ©)

Auch die Zahl der Kleinkraftwerke hatte massiv zugenommen: Existierten 1950 nur einige hundert derartiger Anlagen im Freistaat, so waren es 1967 immerhin 1.960 mit einer Gesamtproduktion von rund 900 Mio. kWh (vgl. Heider 1950, S. 5f.; Deutinger 2001, S. 52f.). Die Hoffnungen der Arbeitsgemeinschaft der Bayerischen Kleinkraftwerke, die 1953/54 bei einem Vollausbau aller Nebenflüsse Potenzial für über 10.000 Kleinkraftwerke gesehen hatte, erfüllten sich damit allerdings trotz der finanziellen Unterstützung durch die Staatsregierung nicht (vgl. Arbeitsgemeinschaft der bayerischen Kleinkraftwerke 1953; Süddeutsche Zeitung 11./12.12.1954, S. 13). Im Laufe der 1950er Jahre hatte sich diese ohnehin vom Ziel einer Energieautarkie und von der einseitigen Betonung der Wasserkraft gelöst (vgl. Bayerisches Staatsministerium für Wirtschaft und Verkehr 1964; Deutinger 2001, S. 54). Unter Wirtschaftsminister Otto Schedl (1957-70) erfuhr die Energiepolitik des Landes eine grundsätzliche Neuorientierung: „Während die Nachkriegszeit und die Jahre des Wiederaufbaus vom Bemühen geprägt waren, eine ausreichende Versorgung zu sichern, ging es nun darum, industrielle Standortpolitik zu betreiben und Energie möglichst billig bereitzustellen" (Deutinger 2001, S. 64). Hierfür standen mit Mineralöl und Atomenergie neue Energieträger in scheinbar unerschöpflicher Menge zur Verfügung. Trotz gelegentlicher Bedenken über eine Abhängigkeit des Freistaats von ausländischen Öllieferungen richtete das kohlearme Bayern seine Energiepolitik daher deutlich stärker als andere Bundesländer auf diese neuen Energiequellen aus (vgl. ebd., S. 65-74).

Diese Entwicklung schlug sich auch in den Anteilen der Energieträger an der Landeselektrizitätsversorgung nieder. Zwar hatte sich die Energieproduktion aus Wasserkraft zwischen 1950 und 1965 von 4.943 Mio. kWh auf 9.133 Mio. kWh fast verdoppelt. Dennoch ging ihr prozentualer Anteil an der Landeselektrizitätsversorgung kontinuierlich zurück – von gut drei Viertel 1950 auf knapp die Hälfte 1965. Dieser Trend setzte sich fort – 1970 kam mit 10.610 Mio. kWh noch ein Drittel, 1980 mit 10.971 Mio. kWh ein Viertel des im Freistaat produzierten Stroms von Wasserkraftwerken. Im Vergleich zum Bundesdurchschnitt von 5% war deren Anteil aber nach wie vor bedeutend. Im Gegenzug wurde das Mineralöl mit 66,9% im Jahre 1973 in Laufe der 1960er Jahre zum wichtigsten Primärenergieträger des Landes (vgl. Bayerisches Staatsministerium für Wirtschaft und Verkehr 1974, S. 11, 39; dass. 1975, S. 15; dass. 1981, S. 59; Deutinger 2001, S. 79-81).

Die Ölkrise 1973/74 löste dann eine fieberhafte Suche nach Alternativen zu Mineralölkraftwerken aus. Die bayerische Staatsregierung konzentrierte sich dabei neben der Erweiterung der Ferngasversorgung vor allem auf den Ausbau der Kernkraft. So wollte man den Anteil des Erdgases am bayerischen Primärenergieverbrauch 1975-90 von rund 9% auf etwa 15,5%, denjenigen der Kernenergie von 1,6% auf 21,7-25% erhöhen. Parallel dazu sollten die Mineralölprodukte auf 50-53% reduziert werden (vgl. Bayerisches Staatsministerium für Wirtschaft und Verkehr 1974, S. 45f., 74). Mit Ölkrise 1973/74 und Anti-AKW-Bewegung gewann aber auch die Wasserkraft – die seit Mitte der 1960er Jahre als Auslaufmodell gegolten hatte – in den 1970er Jahren als einziger in nennenswertem Ausmaß vorhandener Primärenergieträger Bayerns wieder an politischer und energiewirtschaftlicher Attraktivität (beispielsweise, um als Notnagel in Krisenzeiten die Stromversorgung lebenswichtiger Einrichtungen gewährleisten zu können).

8   Der Ausbau der Salzach

1974-78 geriet dabei vor allem die Salzach im Grenzbereich zu Österreich zwischen Freilassing und Burghausen als letzter größerer Fluss mit nennenswertem Ausbaupotenzial ins Visier der Energiewirtschaft. Die Österreichisch-Bayerische Kraftwerke AG war sich sicher, mit ihrem Vorhaben, vier Laufwasserkraftwerke mit einer Kapazität von jährlich 800-820 GWh zu errichten, erfolgreich zu sein (vgl. Alt-Neuöttinger Anzeiger 9.1.1975) – immerhin war in beiden Ländern bislang noch kein Wasserkraftprojekt abgelehnt worden, das eine ähnlich hohe Energiemenge produzieren konnte. Dennoch sollte es im bayerischen Raumordnungsverfahren an Gründen des Gewässerschutzes scheitern (vgl. PA Kastner: Höhere Landesplanungsbehörde Oberbayern 10.7.1978). Das Vorhaben war in

Bayern auf nahezu einmütige Ablehnung gestoßen (vgl. ebd.; Südostbayerische Rundschau 14./15.4.1975). Im Mittelpunkt eines breiten regionalen Protestnetzwerkes aus zivilgesellschaftlichen Assoziationen und Kommunen stand die „Aktionsgemeinschaft Schützt die Salzach" (ASdS), die im Wesentlichen von der Kreisgruppe Altötting des Bund Naturschutz in Bayern getragen wurde.[14]

Die ASdS konzentrierte ihre Tätigkeiten zum einen auf Lobbyarbeit bei Behörden und Parteien, zum anderen betrieb sie eine umfangreiche Öffentlichkeitsarbeit. Hierfür unterhielt sie eine weit gespannte Korrespondenz.[15] Darüber hinaus wurden Leserbriefe und Resolutionen verfasst, Presseberichte und Landtagsanfragen angeregt, Eingaben an parlamentarische Ausschüsse gerichtet, Diskussionsveranstaltungen organisiert, Flugblätter und Aufkleber verteilt, Unterschriften gesammelt sowie öffentliche Kundgebungen und Demonstrationen in Szene gesetzt (vgl. PA Kastner; Hasenöhrl 2011, S. 377-400). Um für alle gesellschaftlichen und politischen Lager anschlussfähig zu sein, kultivierte die ASdS einen möglichst heimatverbundenen und respektablen Habitus. So waren ihre Großkundgebungen wie Volksfeste und Wallfahrten inszeniert und umfassten neben jugendlich-alternativen Programmpunkten wie Lagerfeuern, Liedermachern und Sketchen auch ein zünftiges Rahmenprogramm mit Volksmusik und -tanz, Böllerschüssen, Mahnfeuern sowie Protestfahrten auf der Salzach mit Kanus und Plätten (vgl. Alt-Neuöttinger Anzeiger 28.1.1975; Süddeutsche Zeitung 6.5.1975; 26.9.1978). Jedoch war bei einer positiven landesplanerischen Beurteilung des Vorhabens durch die Regierung von Oberbayern eine Verschärfung der Strategie vorgesehen gewesen. So beabsichtigte der BN unter anderem, ein Sperrgrundstück zu erwerben und mit Gerichtsklagen gegen das Projekt vorzugehen (vgl. PA Kastner: Kastner (BN KG Altötting) an Seebauer (BN) 26.6.1978; Steininger (BN) an Kastner (BN KG Altötting) 7.7.1978).

Im Gegensatz zu Bayern fand der Ausbau der Salzach auf der anderen Seite der Grenze fast einhellige Zustimmung, nur der Österreichische Naturschutzbund sowie der Braunauer Alpenverein lehnten das Vorhaben ab (vgl. Oberösterreichische Nachrichten 29.7.1977; Alt-Neuöttinger Anzeiger 16.8.1977). Die Ursachen für diese fast schon polare Bewertung lagen zum einen im (energie-)wirtschaftlichen Bereich, zum anderen in der jeweiligen Wahrnehmung des Flusses begründet. Da drei der vier Kraftwerke auf der österreichischen Seite projektiert waren, erwarteten sich die Kommunen hier hohe Gewerbesteuereinnahmen (vgl. Süddeutsche Zeitung 26.8.1977, S. 17; Neue Warte am Inn 21.2.1979). Bei den bayerischen Anrainern überwog dagegen die Furcht, durch land-

---

14 Zu den Gründungsmitgliedern gehörten die BN-Kreisgruppe (KG) Altötting, die Sektion Burghausen des Deutschen Alpenvereins, die Schutzgemeinschaft Deutscher Wald, die Wanderfreunde Burghausen, der Heimatverein Burghausen, der Gewerbeverband Burghausen und der Bayerische Kanuverband. Später kamen der FDP-Ortsverein Burghausen sowie das Freizeitheim Burghausen hinzu (vgl. Alt-Neuöttinger Anzeiger 12.4.1975).

15 Paul Kastner hatte als Leiter der ASdS bis 1980 nach eigener Schätzung ca. 400 Briefe an etwa 50 Adressaten geschickt. Hinzu kamen 1.000-1.500 Schreiben von ASdS-Mitgliedern an Behörden und Institutionen (vgl. PA Kastner: Kastner (BN KG Altötting) an Steininger (BN) 20.10.1978; Kastner (ASdS) an G. 10.10.1980).

schaftliche Beeinträchtigungen und die sinkende Gewässergüte einen Rückgang im Tourismus und in der eigenen Lebensqualität zu erleiden (vgl. Alt-Neuöttinger Anzeiger 18.1.1975; Landbote Traunstein 2/77; PA Kastner: Höhere Landesplanungsbehörde Oberbayern 10.7.1978) – Gesichtspunkte, die in Österreich kaum problematisiert wurden. Ferner spielten landschaftsästhetische Aspekte und Fragen der Regionalidentität im Freistaat offenbar eine größere Rolle (vgl. PA Kastner: Kastner (BN KG Altötting) an Landrat Neuötting 31.12.1974; Südostbayerische Rundschau 13./14.7.1977). Die Salzach war einer der wenigen Voralpenflüsse, der auf bayerischem Gebiet weitgehend unreguliert geblieben war. Ihre Bedeutung als Umweltgut und Identifikationspunkt wurde hier daher möglicherweise höher bewertet als in Österreich mit seinem wesentlich größeren Flächenanteil am Alpenraum.

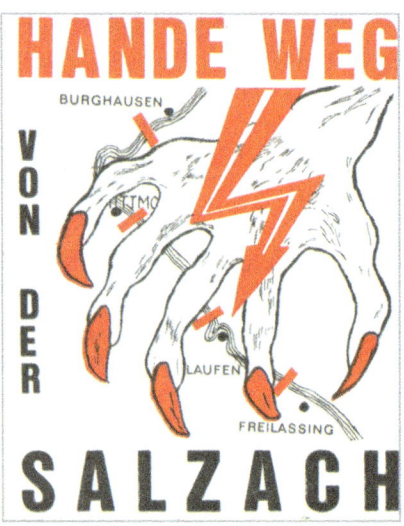

Abbildung 3: Aufkleber „Hände weg von der Salzach" (Quelle: PA Kastner)

Hinzu kam die unterschiedliche energiewirtschaftliche Rolle der Wasserkraft. Diese bildete in Österreich eine tragende Säule der Energiepolitik, wobei ihre Bedeutung nach dem Referendum zum Atomkraftwerk Zwentendorf 1978 sogar noch zunahm (vgl. Alt-Neuöttinger Anzeiger 28.11.1978; Neue Warte am Inn 14.2.1979). Dagegen lag der Schwerpunkt der bayerischen Energiepolitik in den 1970er Jahren klar auf der Atomkraft. Im Unterschied zu den parallelen Atomprojekten in Grafenrheinfeld, Ohu und Gundremmingen stand bei der Salzach nicht der gesamte bayerische Staatsapparat hinter den Bestrebungen des Energieunternehmens.[16] Die Projektgegner waren sich dessen durchaus bewusst und betonten entsprechend die Bedeutungslosigkeit des Salzachstroms im Vergleich zur

---

16 Von den staatlichen Fachstellen und Ministerien votierten nur das Wirtschafts- und Finanzministerium aus energiewirtschaftlichen Gründen eindeutig für das Projekt (vgl. PA Kastner: Bayer. Staatsministerium für Wirtschaft und Verkehr an Höhere Landesplanungsbehörde Oberbayern 16.6.1977; Höhere Landesplanungsbehörde Oberbayern 10.7.1978).

Energieproduktion eines Großkraftwerks (vgl. PA Kastner: Informationsblatt „Tag der Salzach" (Mai 1975); Alt-Neuöttinger Anzeiger 2./3.1.1978). Alles in allem war die Nutzung der Wasserkräfte in Österreich damit bis Anfang der 1980er Jahre deutlich weniger umstritten als in Bayern. Während der Bau des Kraftwerks Kaprun in den 1950er Jahren zum Beispiel zum Sinnbild des österreichischen Wiederaufbaus und als heroischer Sieg über die Natur stilisiert wurde (vgl. Rigele 1997; Schmid und Veichtlbauer 2006, S. 28-35), war dieses Narrativ in Bayern viel schwächer ausgeprägt. Hier dominierten eher Verlusterzählungen.

9 Zwischen Kontinuität und Wandel: Wasserkraftkonflikte im Längsschnittvergleich

Vergleicht man die vorgestellten Konflikte um den Ausbau der bayerischen Wasserkräfte mit Blick auf Kontinuitäten und Wandlungsprozesse in der Diskurs- und Handlungspraxis der Akteure, ihren Trägergruppen, Netzwerken und Naturbildern, so fallen zahlreiche Kontinuitäten, aber auch eine Reihe deutlicher Unterschiede im Zeitverlauf ins Auge. *Erstens* kann eine gewisse Steigerung der Erfolgsaussichten festgestellt werden, missliebige Wasserkraftwerke zu verhindern. An der Salzach gelang es in Bayern erstmals, ein groß angelegtes, ökonomisch rentables und von den Betreibern mit Vehemenz vorangetriebenes Projekt zu verhindern. Dieser Erfolg beruhte maßgeblich darauf, dass sich die Gesetzeslage mit der Novellierung des Bayerischen Naturschutzgesetzes 1973 und der Verabschiedung des Landesentwicklungsprogramms 1976 zugunsten des Naturschutzes verändert hatte. Letzteres beinhaltete für die Region 18 beispielsweise die Forderung, naturnahe Flussauen mit Auwäldern und Altwassern an Inn und Salzach als Naturschutzgebiete oder Naturdenkmale zu schützen (vgl. PA Kastner: Deutscher Alpenverein, Sektion Burghausen 21.6.1977).

Zweitens fallen in der Argumentationsweise der Akteure große Kontinuitäten bis zur exakten Wortwahl ins Auge. Die Naturschützer bestritten die (energie-)wirtschaftliche Notwendigkeit der Vorhaben, verlangten, ursprüngliche Naturschönheiten für kommende Generationen zu erhalten, und betonten den Wert derartiger Landschaften für die Entwicklung des Fremdenverkehrs. Die Befürworter wiederum unterstrichen die Bedeutung der erzielten Energiemenge für die allgemeine Stromversorgung, den Autarkiegedanken sowie Schönheit und Erholungswert der zu schaffenden Seenketten. Neben diesen Kontinuitäten können jedoch auch zwei auffällige argumentative Unterschiede festgestellt werden. Zum einen wandten sich die Naturschützer im Laufe der 1970er Jahre mehr und mehr von der Atomkraft als einer potenziellen Alternative für Wasserkraftwerke ab. Zum anderen spielten ökologische Aspekte auf beiden Seiten eine immer wichtigere Rolle.

Hinsichtlich der Trägergruppen und der Vorgehensweise der Akteure existieren *drittens* deutliche Unterschiede zwischen den Kontroversen der frühen Nachkriegszeit und der 1970er Jahre. Bei der Rißbachüberleitung und am Lech waren die Organisation und Durchführung von Protesthandlungen – trotz mitunter großer Unterstützung durch die einheimische Bevölkerung – weniger von den betroffenen Bürgern selbst, als vielmehr von den Spitzen des amtlichen und zivilgesellschaftlichen Naturschutzes sowie von den kommunalen Funktionsträgern ausgegangen. Während eine Mobilisierung der Öffentlichkeit hier nur begrenzt angestrebt worden war, gehörte sie in den 1970er Jahren dagegen zu den zentralen Instrumenten der Wasserkraftgegner. Bei den Trägergruppen wiederum hatten sich die Schwerpunkte der Aktivitäten von der Landes- auf die regionale und Kreisebene verlagert. Die Auseinandersetzung um die Salzach kann damit als typisch für die Konflikte im Natur- und Umweltbereich in Bayern während der 1970er Jahre bezeichnet werden. Charakteristisch waren dabei die regionale Verankerung der Akteure, die Kooperation zwischen Zivilgesellschaft und kommunalen Funktionsträgern sowie die Federführung bürgerlicher Naturschützer – alles Faktoren, die eine eher gemäßigte Argumentations- und Handlungsweise nach sich zogen. Dennoch kann im Vergleich zu den 1950er Jahren eine deutliche Politisierung und Abgrenzung der zivilgesellschaftlichen Naturschützer vom Staat diagnostiziert werden. Während man die Staatsverwaltung vormals eher als Partner und Verbündeten betrachtet hatte,[17] zeugen die Debatten der 1970er Jahre von einem deutlichen Vertrauensverlust in die ethischen Kapazitäten von Staat und Politik – aber auch von der Bereitschaft, mehr Verantwortung vom Staat zu übernehmen, und damit vom Wandel des zivilgesellschaftlichen Selbstverständnisses in der Nachkriegszeit.

10   Fazit: Energielandschaften im Spannungsverhältnis von Natur- und Umweltschutz

Natur- und Umweltschutz werden im täglichen Sprachgebrauch oft synonym verwendet. Trotz zahlreicher inhaltlicher Überschneidungen – zum Beispiel dem Schutz der natürlichen Lebensgrundlagen und der Biodiversität – sind ihre Zielstellungen aber nicht zwangsläufig kompatibel, wie gerade die Frage nach der Nutzung regenerativer Energien zeigt. So trat Enoch zu Guttenberg, Gründungsmitglied des BUND, im Mai 2012 unter heftigen Protesten gegen die Errichtung von Windkraftanlagen aus dem Verein aus und warf diesem wegen seiner Beteiligung an der Naturstrom AG vor, finanzielle Interessen vor die Anliegen der Natur zu stellen (vgl. Guttenberg 2012).

Dieses Spannungsverhältnis kann bis in die 1970er Jahre zurückverfolgt werden. Während vorher viele Naturschützer die Errichtung landschaftsbeeinträchtigender Wasser- und Windkraftanlagen mit Hinweis auf die schier unerschöpflichen Potenziale einer atomaren Energieerzeugung meist kategorisch abgelehnt hatten, wandelte sich

---

17 Beispielsweise sah Johann Mang, 1963-69 Vorsitzender des Bund Naturschutz in Bayern, die Aufgabe des Vereins (neben Kauf und Pflege von Schutzgebieten) primär in der Beratung und Unterstützung der Naturschutzbehörden und -stellen: „Der Bund Naturschutz will Mittler sein zwischen der öffentlichen Hand und allen Freunden der Natur und Heimat. […] Mit Rat und Tat will der vereinsmäßige Naturschutz die Arbeit der Naturschutzbehörden und amtlichen Naturschutzstellen unterstützen" (Mang 1963, S. 76).

deren Bewertung nun angesichts steigender Bedenken über die Risiken der Kernenergie. Speziell die Anti-AKW-Bewegung forderte als Alternative zur Atomkraft auch eine stärkere Nutzung regenerativer Energien und war bereit, hierfür auch bislang ungenutzte Wasserkräfte heranzuziehen (vgl. exemplarisch Archiv Grünes Gedächtnis, Bestand C – Bayern I.1 LaVo/LGSt 1979-1990, Nr. 241: H. an Winkler (BN, Aktionsgemeinschaft Unabhängiger Deutscher) 26.4.1978). Für den traditionellen Naturschutz hatten ästhetisch-heimatschützerische Aspekte sowie die Erholungsfunktion von Natur und Landschaft allerdings häufig weiter Vorrang. Im Falle der Salzach kann dieses Spannungsverhältnis an den durchaus divergierenden Positionen des BN-Landesvorstands und der regionalen Wasserkraftgegner nachvollzogen werden. Während Ersterer die Errichtung weiterer Großkraftwerke (insbesondere von Atomkraftwerken) seit Mitte der 1970er Jahre weitgehend ablehnte, betrachtete der Vorsitzende der BN-Kreisgruppe Altötting die Kernkraft als unangenehme Notwendigkeit und potenzielle energiewirtschaftliche Alternative für den Salzachstrom.[18] Nachdem zur regionalen Opposition gegen den Salzachausbau auch eine Reihe expliziter Atombefürworter zählten (v.a. aus den Reihen der Kommunen, Parteien und der Industrie), einigten sich BN-Landes- und Kreisgruppe schließlich darauf, sowohl den Ausbau der Salzach als auch die Errichtung eines AKW in der Region zurückzuweisen (vgl. PA Kastner: Kastner (BN KG Altötting) an Kraus 7.7.1975; Kastner (BN KG Altötting) an Weinzierl (BN) 30.8.1977).

Während das Spannungsverhältnis zwischen Natur- und Umweltschutz, Zentrale und Peripherie damit in den 1970er Jahren eher überspielt wurde, tritt es nun mit dem Atomausstieg und der Debatte um die aktuelle Energiewende umso deutlicher zu Tage. Die umweltgeschichtliche Analyse früherer Konflikte um regenerative Energien verdeutlicht die Wurzeln dieses Spannungsverhältnisses und zeigt die lange Tradition aktueller Bewertungsmuster bei der Wahrnehmung von Energielandschaften. Die heutigen Auseinandersetzungen um den Ausbau der Solar-, Wasser- und vor allem der Windkraft reproduzieren dabei nicht nur zum Teil die Argumentationslinien früherer Diskurse der 1940er bis 1970er Jahre. Sie sind zudem zumindest unterschwellig weiterhin von der im 19. Jahrhundert popularisierten Landschaftsästhetik der Romantik und des Biedermeiers geprägt. Der Blick auf die Geschichte der Wasserkraft demonstriert aber auch, wie sich anfangs hochgradig umstrittene Energielandschaften im Laufe der Zeit zu Kulturlandschaften mit einem hohen regionalen Identifikationspotenzial entwickeln können, deren artifizieller Ursprung zum Teil schon in Vergessenheit geraten ist.

---

18 „Bei der Frage Atomkraftwerk muß ich an meinen Zahnarzt denken; ich liebe ihn nicht, aber ich weiß, daß er notwendig ist" (Münchner Merkur 18.2.1975).

Literatur[19]

Arbeitsgemeinschaft der bayerischen Kleinkraftwerke (Hrsg.) (1953). *Kleinwasserkräfte – Weiße Kohle für Bayern*. Regensburg.

Bayerische Wasserkraftwerke (Hrsg.) (1961). *Speicherkraftwerk Roßhaupten*. München.

Bayerische Wasserkraftwerke (Hrsg.) (1974). *Der Lech und der Lechausbau*. München.

Bayerisches Landesamt für Wasserwirtschaft (Hrsg.) (1984). *100 Jahre Wasserbau am Lech zwischen Landsberg und Augsburg. Auswirkungen auf Fluß und Landschaft*. München.

Bayerisches Landesamt für Wasserwirtschaft (Hrsg.) (1986). *Geschichtliche Entwicklung der Wasserwirtschaft und des Wasserbaus in Bayern. Seminar am 24. April 1986*. München.

Bayerisches Staatsministerium für Wirtschaft und Verkehr (Hrsg.) (1964). *Stand und Entwicklung der bayerischen Energiewirtschaft*. München.

Bayerisches Staatsministerium für Wirtschaft und Verkehr (Hrsg.) (1974). *Energiebilanz Bayerns 1973. Daten zur Entwicklung der Energiewirtschaft*. München.

Bayerisches Staatsministerium für Wirtschaft und Verkehr (Hrsg.) (1975). *Die Energieversorgung Bayerns 1974. Bericht über die Entwicklung der bayerischen Energiewirtschaft mit Energiebilanz*. München.

Bayerisches Staatsministerium für Wirtschaft und Verkehr (Hrsg.) (1981). *Die Energieversorgung Bayerns 1980. Bericht über die Entwicklung der bayerischen Energiewirtschaft mit Energiebilanz*. München.

Bayerl, G. (Hrsg.) (1989). *Wind- und Wasserkraft. Die Nutzung regenerativer Energiequellen in der Geschichte*. Düsseldorf: VDI-Verlag.

Becker, S., Gailing, L. & Naumann, M. (2012). *Neue Energielandschaften – Neue Akteurslandschaften. Eine Bestandsaufnahme im Land Brandenburg*. Berlin: Rosa-Luxemburg-Stiftung.

Bergmeier, M. (2002). *Umweltgeschichte der Boomjahre 1949–1973. Das Beispiel Bayern*. Münster et. al.: Waxmann.

Blackbourn, D. (2006). *The conquest of nature. Water, landscape, and the making of modern Germany*. New York, London: Norton.

Blaich, F. (1981). *Die Energiepolitik Bayerns 1900–1921*. Kallmünz: Lassleben.

Deutinger, S. (2001). Eine ,Lebensfrage für die bayerische Industrie'. Energiepolitik und regionale Energieversorgung 1945 bis 1980. In T. Schlemmer & H. Woller (Hrsg.), *Bayern im Bund 1. Die Erschließung des Landes 1949 bis 1973* (S. 33-118). München: Oldenbourg.

Dinnebier, A. (1996). *Die Innenwelt der Außenwelt. Die schöne ,Landschaft' als gesellschaftstheoretisches Problem*. Berlin: TU.

Ehrhardt, H. & Kroll, T. (Hrsg.) (2012). *Energie in der modernen Gesellschaft. Zeithistorische Perspektiven*. Göttingen: Vandenhoeck & Ruprecht.

Falter, R. (1988). Achtzig Jahre ,Wasserkrieg'. Das Walchensee-Kraftwerk. In U. Linse, R. Falter, D. Rucht & W. Kretschmer, *Von der Bittschrift zur Platzbesetzung. Konflikte um technische Großprojekte. Laufenburg, Walchensee, Wyhl, Wackersdorf* (S. 63-127). Berlin, Bonn: Dietz.

Füßl, W. (2005). *Oskar von Miller 1855-1934. Eine Biographie*. München: C.H. Beck.

Garbrecht, G. (1985). *Wasser. Vorrat, Bedarf und Nutzung in Geschichte und Gegenwart*. Reinbek: Rowohlt.

Guttenberg, E. zu (2012). Ich trete aus dem BUND aus. http://www.faz.net/aktuell/feuilleton/enoch-zu-guttenberg-ich-trete-aus-dem-bund-aus-11748130.html. Zugegriffen: 30. November 2012.

---

19 Dieses Literatur- und Quellenverzeichnis enthält keine Einzelnachweise von Archivbeständen und historischen Zeitungsartikeln. Entsprechende Angaben finden sich direkt als Belege im Text.

Hasenöhrl, U. (2009). Gemeinwohldiskurse in Umweltkonflikten. Zur Rolle von Gemeinschafts-
güttern und Zivilgesellschaft am Beispiel Bayerns (1945-1980). In C. Bernhardt, H. Kilper & T.
Moss (Hrsg.), *Im Interesse des Gemeinwohls. Regionale Gemeinschaftsgüter in Geschichte, Politik
und Planung* (S. 331-367). Frankfurt am Main: Campus.

Hasenöhrl, U. (2011). *Zivilgesellschaft und Protest. Eine Geschichte der Naturschutz- und Umwelt-
bewegung in Bayern 1945-1980*. Göttingen: Vandenhoeck & Ruprecht.

Heider, R. (1950). Kleinwasserkraftwerke gegen Energienot, *Der Elektromeister 23*, 5-6.

Hölzl, R. (2003). *Naturschutz in Bayern von 1905-1933 zwischen privater und staatlicher Initiative.
Der Landesausschuß für Naturpflege und der Bund Naturschutz*. Regensburg: Magisterarbeit.

Jakob, W. (1955). Der Forggensee bei Füssen, *Gemeinschaft und Politik 3*, 3-16.

Kraus, O. (1960). *Bis zum letzten Wildwasser. Gedanken über Wasserkraftnutzung und Naturschutz
im Atomzeitalter*. Aachen: Georgi.

Kraus, O. (1966a). Leidensweg eines berühmten Naturschutzgebietes. Die Pupplinger Au bei
Wolfratshausen, Obb. In ders., *Zerstörung der Natur. Unser Schicksal von morgen. Der Naturschutz in dem Streit der Interessen. Ausgewählte Abhandlungen und Vorträge* (S. 180-194). Nürnberg: Glock & Lutz.

Kraus, O. (1966b). Naturschutz – Ein Mahnruf. In ders., *Zerstörung der Natur. Unser Schicksal von
morgen. Der Naturschutz in dem Streit der Interessen. Ausgewählte Abhandlungen und Vorträge*
(S. 15-26). Nürnberg: Glock & Lutz.

Laak, D. v. (2005). Der Staudamm. In A. Geisthövel & H. Knoch (Hrsg.), *Orte der Moderne. Er-
fahrungswelten des 19. und 20. Jahrhunderts* (S. 193-203). Frankfurt a.M., New York: Campus.

Lekan, T. M. (2004). *Imagining the Nation in Nature. Landscape Preservation and German Identity
1885-1945*. Cambridge, Mass. et. al.: Harvard University Press.

Linse, U. (1988). ,Der Raub des Rheingoldes'. Das Wasserkraftwerk Laufenburg. In U. Linse, R.
Falter, D. Rucht & W. Kretschmer, *Von der Bittschrift zur Platzbesetzung. Konflikte um technische Großprojekte. Laufenburg, Walchensee, Wyhl, Wackersdorf* (S. 11-62). Berlin, Bonn: Dietz.

Mauch, C. & Zeller, T. (Hrsg.) (2008). *Rivers in history. Perspectives on waterways in Europe and
North America*. Pittsburgh, Pa.: Univ. of Pittsburgh Press.

Mang, J. (1963). Wo stehen wir im Naturschutz? *Blätter für Naturschutz H. 4*, 71-76.

Müller, N. (1991). Veränderungen alpiner Wildflußlandschaften in Mitteleuropa unter dem Ein-
fluß des Menschen. In N. Müller (Hrsg.), *Der Lech. Wandel einer Wildflußlandschaft* (S. 10-29).
Augsburg: Amt für Umweltschutz und Grünordnung.

Noch einmal: Was geht am oberen Lech vor? (1959). *Blätter für Naturschutz H. 3-4*, 59-60.

Pohl, M. (1996). *Das Bayernwerk 1921 bis 1996*. München, Zürich: Piper.

Rigele, G. (1997). Das Tauerkraftwerk Glockner-Kaprun. Neue Forschungsergebnisse und offene
Fragen, *Blätter für Technikgeschichte 59*, 55-94.

Rueß, L. (1963). Oberer Lech und Energiewirtschaft, *Blätter für Naturschutz H. 3*, 63-65.

Schmid, M. & Veichtlbauer, O. (2006). *Vom Naturschutz zur Ökologiebewegung. Umweltgeschichte
Österreichs in der Zweiten Republik*. Innsbruck, Wien: Studien-Verlag.

Landschaftsästhetik und regenerative Energien – Grundüberlegungen zu De- und Re-Sensualisierungen und inversen Landschaften

7

Olaf Kühne

1 Einleitung

Der forcierte Ausbau regenerativer Energieträger reizt häufig unser traditionelles Verständnis von Landschaft. Schließlich sei – so Hard (1970, S. 135) – „die (wahre) Landschaft […] weit und harmonisch, still, farbig, groß, mannigfaltig und schön". Insbesondere Windkraftanlagen, aber auch Photovoltaikanlagen, der Anbau von Biomasse (sei er land- oder forstwirtschaftlich) bedeuten, dass die genannten traditionell zugeschriebenen Eigenschaften von Landschaft so nicht mehr zutreffen oder zumindest einer Neuinterpretation bedürfen. Eine solche Neuinterpretation ist primär eine ästhetische, denn schließlich ist – so Hard (1970, S. 135) weiter – Landschaft „ein primär ästhetisches Phänomen, dem Auge näher als dem Verstand, dem Herzen, der Seele, dem Gemüt und seinen Stimmungen verwandter als dem Geist und dem Intellekt".

Ästhetische Erfahrung von Landschaft wird dabei zu einer „Weise, sich in der Welt zu orientieren" (Küpper und Menke 2003, S 9). Diese ästhetische Erfahrung erscheint dabei nicht losgelöst von kognitiven Weltsichten, denn schließlich wird Welt im Allgemeinen und Landschaft im Besondern durch „ästhetische Vermittlung in das Bewusstsein gerückt" (Greverus 2005, S. 38). Ästhetische Erfahrung ist also an sinnliche Wahrnehmung geknüpft; für Alexander Gottlieb Baumgarten, den Impulsgeber für eine moderne wissenschaftliche Ästhetik, ist Ästhetik sogar die „Wissenschaft der sinnlichen Erkenntnis" (Satter 2000, o.S.). Unter den sinnlichen Reizen dominiert der Sehsinn als Grundlage der Deutung von Raum als Landschaft (unter vielen: Brady 2005), wodurch sich unter Landschaft eine Zusammenschau insbesondere visueller Reize verstehen lässt. Die Kriterien dieser Zusammenschau sind stark von kulturellen Bewertungsmustern geprägt. Objekte, die als unerwünscht konnotiert sind, unterliegen der Strategie der Invisibilisierung, die ein Aspekt der inversen Landschaft ist. Als inverse Landschaft lassen sich jene Aspekte von Landschaft beschreiben, die – insbesondere aufgrund von Machtprozessen – nicht in die landschaftliche Betrachtung von Welt gelangen.

Bevor jedoch De-Sensualisierungstrategien – also Strategien der Moderne, die darauf zielen, Unerwünschtes der sensorischen Wahrnehmung zu entziehen – und inverse Landschaften (Kapitel 6) behandelt werden, soll zunächst die soziale Konstruktion des

Klimawandels und die daraus resultierenden politischen Grundlagen der Energiewende umrissen werden (Kapitel 2). In Kapitel 3 werden für den vorliegenden Beitrag wesentliche Bezüge von Landschaft und Ästhetik dargestellt, bevor in Kapitel 4 Grundzüge eines sozialkonstruktivistischen Landschaftsverständnisses vorgestellt werden und in Kapitel 5 wesentliche Aspekte der Energiewende auf Landschaft akzentuiert werden.

2   Die soziale Konstruktion des Klimawandels und die daraus resultierenden politischen Grundlagen der Energiewende

Konstruktion bezeichnet „keine intentionale Handlung, sondern einen kulturell vermittelten vorbewussten Vorgang" (Kloock und Spahr 2007, S. 56), so fließt in jede Wahrnehmung in Form von Abstraktionen Vorwissen über die Welt (wie etwa über Klimawandel, Landschaft, Natur) ein (Schütz 1971), wodurch es „nirgends so etwas wie reine und einfache Tatsachen" (Schütz 1971 [1962], S. 5; Burr 2005) gibt: Die Welt, der wir Beobachterunabhängigkeit zuschreiben, stellt also ein System von unterschiedlichen aufeinander verweisender Deutungen und Vorinterpretationen durch den Beobachter dar. Dabei existieren für die Gesellschaft auch nur jene Zusammenhänge, die sie zu beobachten in der Lage ist. Wird einer konstruktivistischen Perspektive gefolgt, lässt sich die Belastung von Umwelt als Ausdruck mangelnder Beobachtungsfähigkeit seitens der Gesellschaft beschreiben, die nach Luhmann (1986) im Wesentlichen in der Art der funktionalen Differenzierung der Gesellschaft begründet liegt. So ist mit der Modernisierung der Gesellschaft die Entwicklung gesellschaftlicher Subsysteme verbunden, die mit spezifischen gesellschaftlichen Problemstellungen betraut sind:

- das politische System regelt die öffentlichen Angelegenheiten,
- das System der Rechtsprechung ist für die Einhaltung von gesetztem Recht zuständig,
- die Wirtschaft regelt die Versorgung der Gesellschaft mit Gütern und Dienstleistungen,
- der Wissenschaft obliegt die Definition von Wahrheit,
- die Medien dienen der Definition, Kommunikation und Aufbewahrung von Nachrichten etc.

Kennzeichnend für diese gesellschaftliche funktionale Differenzierung ist, dass kein gesellschaftliches Subsystem die Funktion eines anderen übernehmen kann: So kann die Wissenschaft nicht Recht sprechen oder das politische System nicht Wahrheit definieren, ohne dass die Funktion der Gesellschaft dadurch beeinträchtigt würde (Luhmann 1984). Da diese gesellschaftlichen Teilsysteme nur in der Lage sind, ihre Umwelt gemäß ihrer eigenen systemischen Logik wahrzunehmen, werden auch Veränderungen von Umwelt nur nach der Maßgabe der jeweils eigenen Systemlogik behandelt (Luhmann 1986):

- Dem System Wirtschaft dient Umwelt zur Generierung von Gewinn (oder aber auch zur Minimierung von Verlust zum Beispiel in Form von monetarisierbaren Umweltschädigungen),
- das Rechtssystem befasst sich mit Fragen der Rechtmäßigkeit der Nutzung von Umwelt,
- für die Politik ist Umwelt ein Mittel zur Gewinnung und Sicherung von Macht,
- für die Wissenschaft ein Mittel zur Generierung von Erkenntnis etc.

Da in der Gesellschaft kein spezialisiertes *Teilsystem* für die Beobachtung von Umweltkonflikten ausgebildet ist, werden diese von der Gesellschaft systematisch verzerrt beobachtet, wodurch eine ökosystemgerechte Regelung von Umweltkonflikten somit erschwert oder sogar unmöglich wird.

Eine besondere Bedeutung der öffentlichen Kommunikation weisen die Massenmedien auf (Luhmann 1996): Im Gegensatz zu den übrigen gesellschaftlichen Teilsystemen sind sie in der Lage, die Gesellschaft insgesamt anzusprechen. Damit sind sie imstande, kurzfristig durch die systemimmanente Selektion von Information und Nicht-Information ein Höchstmaß an gesellschaftlicher Irritation zu erzeugen. Auf der anderen Seite vermögen sie auf die geringste Irritation zu reagieren und Informationen massenhaft zu kommunizieren. Darüber hinaus sind sie in der Lage, Moral als Medium einzusetzen, was keinem anderen teilgesellschaftlichen System mehr möglich ist (die gesellschaftliche Resonanz des religiösen Teilsystems ist in Westeuropa eher gering). Dadurch sind Massenmedien in der Lage, moralische Urteile zum Beispiel über die Ursachen des Klimawandels an die Gesellschaft in Gänze zu richten.

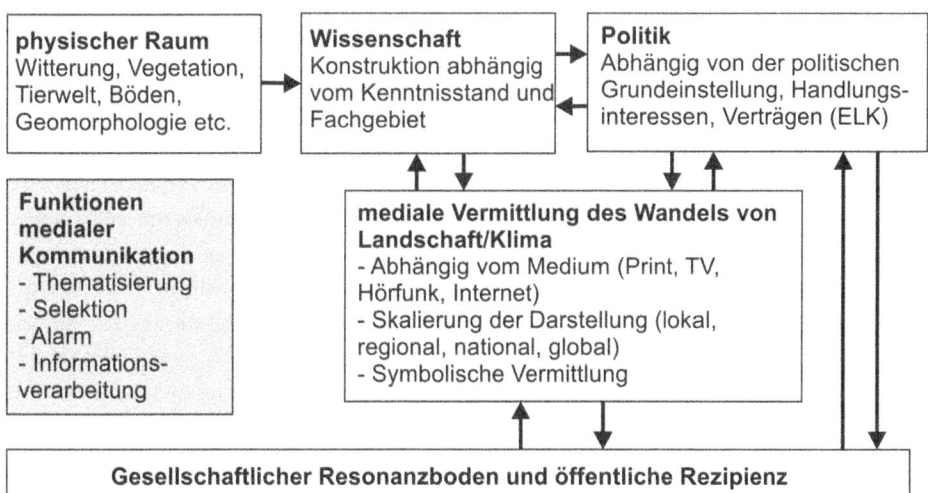

Abbildung 1: Der Prozess der sozialen Konstruktion des Klima- bzw. Landschaftswandels (Quelle: Eigene Darstellung nach Weber (2008))

Infolge der Interferenzen zwischen den einzelnen gesellschaftlichen Teilsystemen erfolgt die Konstruktion der Zustände des physischen Raumes nicht allein gemäß der jeweiligen

Systemlogik der einzelnen Systeme, sondern auch in Reaktion auf die Kommunikations-
inhalte aus anderen Teilsystemen (als vereinfachtes Schema: Abbildung 1). Aufgrund der
Komplexität der Vorgänge in der Umwelt der Gesellschaft basiert die gesellschaftliche
Kommunikation über Umwelt(probleme) in erster Linie auf wissenschaftlichen Beobach-
tungen. Diese wiederum werden durch Politik und Medien aufgegriffen (oder eben auch
nicht, wenn sie aktuell für die eigene Logik nicht relevant erscheinen) und durch Politik
und insbesondere Medien an die Öffentlichkeit vermittelt. Der Umgang mit Information in diesen Kontexten lässt sich als weitgehend kontingent verstehen: Was wann in
welcher Form öffentlich als Umweltproblem rezipiert wird, ist weniger von dessen öko-
systemischer Bedeutung abhängig, sondern vielmehr von der Frage, ob und zu welchem
Zeitpunkt es medial inszeniert werden kann oder inwiefern Politik sich in der Lage sieht,
durch den Einsatz von Macht (transformiert z.B. in internationalen Verträgen, wie der
Europäischen Landschaftskonvention; ELK) den öffentlichen Rezipienten (verstanden als
dem Wähler) zu verdeutlichen, solche konstruierten ‚Probleme' lösen zu können. Zugleich aber ist auch die Beobachtung von Umwelt durch die Wissenschaft nicht unabhängig von Politik (zum Beispiel Forschungsförderung) und Medien (zum Beispiel der
Möglichkeit, die eigene Person und Forschung medial zu präsentieren).

Die Resonanz von Politik auf wissenschaftliche Forschung ist in diesem Kontext in der
Regel weder unmittelbar noch untransformiert, wie Weingart et al. (2008) anhand der
Politisierung des Klimawandels in Deutschland in drei Phasen gezeigt haben. Die erste
Phase (1975-1985) war durch Skepsis und Abwehr geprägt, die zweite Phase (1986-1992)
durch Katastrophismus und die dritte Phase (1992-1995) durch Überführung des Klimawandels in einen Gegenstand politischer Regulierung. Die erste Phase der Resonanz-
verweigerung dokumentierte die mangelnde Möglichkeit bzw. Fähigkeit des politischen
Systems, wissenschaftliche Aussagen zum Klimawandel zum Machterwerb oder Macht-
erhalt zu nutzen. Diese Verfügbarmachung erfolgte in der zweiten Phase teilweise, indem
zwar Dringlichkeit artikuliert und Schuld zugewiesen wurde, ohne jedoch den Klimawandel und seine (wissenschaftlich prognostizierten Folgen und Nebenfolgen, teilweise
in medialer Vermittlung) in sachbezogenes politisches Handeln umsetzen zu können.
Dies erfolgte erst in der dritten Phase.

Sowohl im politischen Diskurs wie auch in der medialen Behandlung sind Zusammenhänge in spezifischer Weise metaphorisch verknüpft. Diese Verknüpfungen dienen
einerseits der Alarmierung der Öffentlichkeit, bilden andererseits aber auch die Grundlage für die (angestrebte) Akzeptanzsteigerung politischer Maßnahmen zur Mitigation
und Adaptation in Bezug auf den Klimawandel. Weingart et al. (2008) skizzieren vier
metamorphorische Szenarien des Klimawandels in Politik und Medien:

1. Katastrophe und Untergang mit Stichworten wie ‚Kontrollverlust', ‚Anfang einer noch
   schlimmeren Katastrophe' und ‚Feuerstürme wüten',
2. Überhitzung mit Schlagworten wie ‚Wärmeschub' und ‚Hitzewellen',
3. Krieg und Revolution belegt mit Worten wie ‚Umweltkriege' und ‚Territorialprinzip'
   wie auch

4. Bibel und Verkündung im sprachlichen Kontext von ‚sintflutartigen Regenfällen‘ und ‚Apokalypse‘.

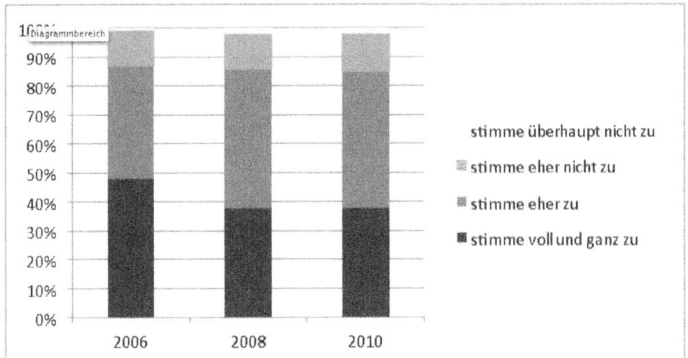

Abbildung 2: Umstieg auf erneuerbare Energien. Antworten auf die Frage: Inwieweit stimmen Sie der folgenden Aussage zu: ‚Wir brauchen einen konsequenten Umstieg auf erneuerbare Energien?‘ (n = 2008) (Quelle: Eigene Darstellung mit Daten aus Bundesministerium für Umwelt, Naturschutz und Reaktorsicherheit (2010))

Als ein wesentliches Element der Mitigationsstrategie seitens der Politik kann der (seit Fukushima forcierte) Umstieg von fossilen auf regenerative Energieträger gelten, der in weiten Teilen der Öffentlichkeit befürwortet wird (s. Abbildung 2). Diese Mitigationsstrategie impliziert deutliche landschaftliche Folgen und Nebenfolgen (zum Beispiel die Errichtung von Windkraftanlagen). Als wesentliche Elemente des Energiekonzeptes der Bundesregierung (Bundesministerium für Wirtschaft und Technologie und Bundesministerium für Umwelt, Naturschutz und Reaktorsicherheit 2010) mit deutlicher landschaftlicher Relevanz lassen sich nennen:

- Erneuerbare Energien sollen bis 2020 einen Anteil von 18 Prozent, bis 2030 von 30 Prozent und bis 2040 von 45 Prozent und 2050 von 60 Prozent am Bruttoendenergieverbrauch erreichen,
- Umbau des fossilen Kraftwerksparks ,
- Integration der erneuerbaren Energien in das Energiegesamtsystem,
- Windenergie als zentraler Baustein,
- Ausbau der Stromnetze.

3   Ästhetik und Landschaft – einige Vorbemerkungen

Die soziale Konstruktion von Landschaft fußt neben kognitiven, dem Wissen über das, was Landschaft genannt wird, und emotionalen, der gefühlsmäßigen Bindung an physische Objekte, aber auch Ideen und Komponenten, zentral auf ästhetischen Kriterien und Deutungen (s. Abbildung 3 auf Folgeseite).

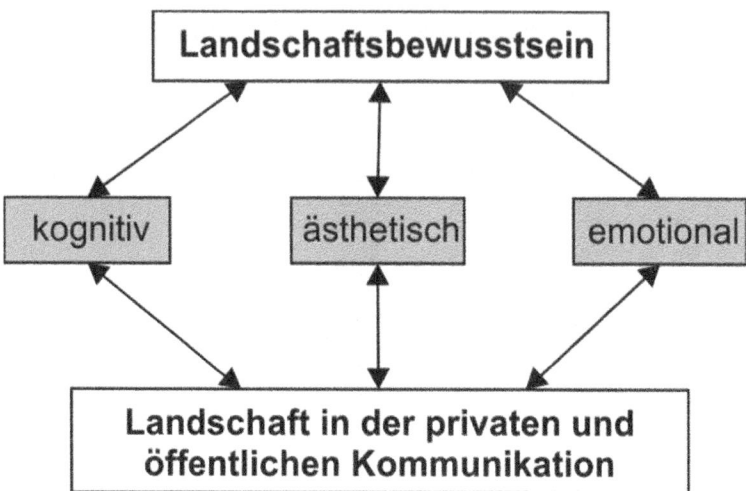

Abbildung 3: Die drei Dimensionen des Landschaftsbewusstseins (Quelle: Eigene Darstellung nach Ipsen (2006))

Das aus dem griechischen stammende Wort ‚Ästhetik' bedeutet Wissenschaft von der sinnlichen Wahrnehmung (*Aisthetike Episteme*), die komplementär zu den Wissenschaften vom Denken (*Logike Episteme*) und der Moral (*Ethike Episteme*) gedacht wird. Joachim Ritter (1996 [1962], S. 43) verdeutlicht den speziellen ästhetischen Zugang zu Welt:

> Wo die ganze Natur, die als Himmel und Erde zu unserem Dasein gehört, nicht mehr als Begriff der Wissenschaft ausgesagt werden kann, bringt der empfindende Sinn ästhetisch und poetisch das Bild und das Wort hervor, in denen die sich in ihrer Zugehörigkeit zu unserem Dasein darstellen und ihre Wahrheit geltend machen kann.

Die hier angedeutete vielfache Hybridität ästhetischer Weltbezugnahme wird auch in ihren wesentlichen Traditionslinien deutlich (genauere Ausführungen zur Entwicklung der Ästhetik siehe z.B. Majetschak 2007, Schweppenhäuser 2007 und Pöltner 2008; vgl. im Folgenden auch Kühne 2012a):

Objektorientierung und Subjektorientierung:

Gegenstand dieser Unterscheidung ist die Frage, ob das Ästhetische eine Eigenschaft eines Objektes oder eine Zuschreibung zu diesem ist. Wird Landschaft, in subjektivistischer Tradition die Ästhetik von Landschaft, als „Produkt des Subjektes und seiner geistigen Anlagen und Fähigkeiten" (v. Hartmann 1924, S. 3) und damit als sozialer Prozess verstanden, wird die Frage relevant, in welchem Kontext Landschaft wie ästhetisch gewertet wird. Wird Ästhetik als eine objektimmanente Eigenschaft von Landschaft aufgefasst, wird damit häufig die Auffassung verbunden, die Ästhetik von Landschaft ließe sich in Landschaftsbildbewertungsverfahren objektiv (oder zumindest an die Objektivität angenähert) erfassen.

Schönheit – Pittoreskheit – Erhabenheit – Hässlichkeit:

In der ästhetischen Forschung weist gerade die Schönheit, häufig verstanden als „Einheit in der Vielheit" (Schweppenhäuser 2007; S. 63), eine besondere Prominenz auf. Das Schöne lässt sich zum Erhabenen durch die emotionale Bezugnahme des Menschen auf Objekte abgrenzen (Burke 1989 [1757]): Das Schöne rege zu Liebe an, während das Erhabene mit Bewunderung verbunden sei. Damit wird das Erhabene eher mit großen und emotional negativ besetzten Objekten verbunden (zum Beispiel Vulkanen), während das Schöne mit kleinen und angenehmen Objekte (zum Beispiel Gänseblümchen) verbunden werde. Das Pittoreske wird in der Regel zwischen den Polen des Erhabenen und des Schönen angesiedelt, wodurch es durch eine vergleichsweise hohe Komplexität, Unregelmäßigkeit und Differenziertheit gekennzeichnet ist (zum Beispiel Englische Landschaftsgärten) (Carlson 2009). Pittoreskheit wird damit in besonderer Weise für die Ästhetik der Landschaft relevant, da Landschaft zwar aus kleinen und damit als eher schön bezeichneten Objekten zusammengeschaut wird, die wiederum zusammengeschaut eine gewisse Größe ergeben und damit eher zu einer Bezugnahme im Modus der Erhabenheit nahe legen. Das Hässliche wird als das „Negativschöne" konzipiert und führt somit ein „sekundäres Dasein" (Rosenkranz 1996 [1853], S. 14f). Da Landschaft im Kontext der Synthese schön – pittoresk – erhaben konstruiert wird, gilt das Hässliche als landschaftsfremd und wird zumeist als Teil von Landschaft abgelehnt.

Kunstästhetik und Naturästhetik:

Diese Unterscheidung bezieht sich darauf, ob Natur oder Kunst die ästhetisch höher zu bewertenden Objekte hervorbringen. In Bezug auf Landschaft wird diese Frage bei der Bewertung von Kultur- und Naturlandschaft aktualisiert. Der Diskurs des Sukzessionismus weist eine gewisse Affinität zur Position der Naturästhetik, das der Erhaltung historischer Kulturlandschaften eine gewisse Affinität zur Position der Kunstästhetik, auf.

Rationalität und Sinnlichkeit/Emotion:

In diesem Kontext stellt sich die Frage, ob das Ästhetische (rein) rational erfassbar ist, oder durch die Gebundenheit von Sinnlichkeit und Emotion stets eine nicht kognitiv erfassbare Komponente verbleibt. In Bezug auf die Landschaftsforschung stellt sich in diesem Kontext unter anderem die Frage, ob Landschaft allein mit kognitiven Zugängen erfassbar ist, oder ob Landschaft (zumindest teilweise) emotionalen Zugängen unterliegt, die sich kognitiver Erfassung und Bewertung entziehen.

Hochkultur (Kunst) und Trivialkultur (Kitsch):

Diese Traditionslinie ist stark auf die soziale Dimension von Ästhetik bezogen. Hiermit verbindet sich die Frage, ob eine Unterscheidung in Kunst und Kitsch vollzogen werden kann – wenn ja, von wem aufgrund welcher sozialer Prozesse und wie. Im landschaftlichen Kontext sind unter anderem die Fragen zu stellen, wer die Macht hat, landschaftliche (ästhetische) Wertungen gesellschaftlich durchzusetzen, wer Landschaft in welchem Kontext einer auf ästhetischen Deutungen basierenden Kommunikation wie ohne Verlust sozialer Anerkennung beurteilen darf. Die physische manifestierte Sehnsucht nach Überschaubarkeit, in Abb. 4 dokumentiert durch Anleihen an die Schwarzwaldarchitektur und Gartenzwerge im saarländischen Grügelborn, mag für manchen Vertreter einer sich hochkulturell verstehenden Ästhetik als Kitsch gelten.

Abbildung 4: Schwarzwaldarchitektur und Gartenzwerge im Saarland (Quelle: Olaf Kühne ©)

In den folgenden Ausführungen werden insbesondere die Traditionslinien der Objektorientierung und Subjektorientierung, der Schönheit – Pittoreskheit – Erhabenheit – Hässlichkeit sowie der Rationalität und Sinnlichkeit/Emotion und der Hochkultur (Kunst) und Trivialkultur (Kitsch) von Bedeutung sein. Dabei wird insbesondere auf die Konzeption der subjektorientierten Ästhetik zurückgegriffen, die – wie im nächsten Kapitel gezeigt wird – ein zentraler Bestandteil der sozialkonstruktivistischen Landschaftstheorie darstellt.

4   Zur sozialen Konstruktion von Landschaft

In der sozialwissenschaftlichen Landschaftsforschung wird seit geraumer Zeit die Auffassung vertreten, Landschaft sei sozial konstruiert (unter vielen: Cosgrove 1984; Greider und Garkovich 1994; Kühne 2006 und 2008; DeLue 2008; Paasi 2008; Gailing 2008 und 2011,). Landschaft ist also nicht ein Objekt, sondern entsteht dadurch, dass Menschen gemäß sozialer Konventionen Objekte zueinander in Beziehung setzen und so Landschaft in Räume hinein schauen. Die Konventionen, was zu Landschaft synthetisiert werden darf und was nicht, unterliegt im Sozialisationsprozess der Vermittlung, und diese „Vermittlung ist in der Regel eine Anleitung zur Selektion, also zur Ausfilterung von Eindrücken" (Burckhardt 2006 [1995], S. 257; vgl. auch Jacks 2004). Die sozialkonstruktivistische Landschaftsforschung negiert dabei nicht die Existenz oder Relevanz von Materialität, vielmehr werden materielle Objekte (wie Bäume, Häuser, Felder) „als Symbole, nach ihrem symbolischen Gehalt betrachtet, und diese Symbole als konkrete, materielle ‚Verkörperungen' von Sozialem, also z.B. von Ideen, sozialen Beziehungen, Gewohnheiten, Lebensstilen usf. interpretiert. Dabei wird das Soziale also aus seinen physischen Verkörperungen durch Interpretation erschlossen" (Hard 1995, S. 52).

Die Fähigkeit, Landschaft individuell zu konstruieren, basiert auf der Übernahme sozialer Landschaftskonstruktions- und Deutungsmuster im Prozess der Sozialisation auf Grundlage von Sekundärinformationen (aus Filmen, Büchern, Fernsehen), Aushandlungen (mit Gleichaltrigen, Eltern, Verwandten, Lehrern) im Abgleich mit direkten Erfahrungen (bei Wanderungen, Spiel, seltener: auf unmittelbare Transformation von Materialität bezogener Tätigkeit). Die bei dieser Sozialisation von Laien erfolgte Bezugnahme zu Landschaft umfasst im Wesentlichen drei Ansprüche: Die Synthese Landschaft muss den eigenen Ansprüchen gegenüber funktional sein (im Sinne der Ipsenschen Dimensionen des Landschaftsbewusstseins: kognitiv verständlich und dadurch nutzbar), sie muss also individuelle und kollektive Aneignungen ermöglichen (zum Beispiel durch sportliche Betätigung). Darüber hinaus müssen die materiellen Grundlagen des Konstruktes Landschaft den sozial vermittelten und sozialisierten ästhetischen Anforderungen gerecht werden, wobei diese sozial wie kulturell hochgradig differenziert sein können (Kühne 2012b). Zudem wird von dem, was Landschaft genannt wird, die Möglichkeit einer emotionalen Bezugnahme erwartet (insbesondere der Symbolisierung von Heimat; siehe Kühne und Spellerberg 2010).

Diese Landschaftssozialisation der Laien lässt sich in die Erzeugung einer heimatlichen Normallandschaft und anderer stereotyper Landschaftskonstrukte gliedern. Die heimatliche Normallandschaft entsteht durch die Dominanz von Aushandlungen und direkten Erfahrungen gegenüber Sekundärinformationen einerseits, sowie emotionaler Bezugnahme und der Möglichkeit individueller und kollektiver Aneignung gegenüber ästhetischen Anforderungen andererseits. Dagegen basieren stereotype Landschaftskonstrukte auf Sekundärinformationen und ästhetischen Wertungen. Mit anderen Worten: Heimatliche Normallandschaft muss nicht (stereotyp) schön, sondern vertraut sein, während andere als Landschaften konstruierte Räume primär nach stereotypen Anforderungen konstruiert und bewertet werden. Überspitzt gesagt, hat eine mediterrane Landschaft dem Stereotyp der Toskana zu ähneln, Wüsten haben wie die Sahara zu erscheinen und so weiter. Die Veränderung der physischen Grundlagen wird im Betrachtungsmodus heimatlicher Normallandschaft zumeist als Heimatverlust, im Betrachtungsmodus der

stereotypen Landschaft als ästhetische Normabweichung rekonstruiert. Während der
handelnden Person im Betrachtungsmodus der stereotypen Landschaft die Exit-Option,
also das Verlassen der veränderten Region und das Aufsuchen von Regionen mit größerer
Übereinstimmung physisch-räumlicher Arrangements mit landschaftlichen Stereotypen, bleibt, stellt die Veränderung der physischen Grundlagen heimatlicher Normallandschaft für einzelne Personen oder Gruppen einen als fundamental empfundenen Eingriff in das, was Heimat genannt wird, dar; gilt doch heimatliche Normallandschaft als
normativ stabil. Dennoch unterliegt auch heimatliche Normallandschaft einem Wandel,
weil jede Generation andere Arrangements der physischen Grundlagen von Landschaft
vorfindet und als normal konstruiert.

Der Landschaft der Laien steht die Landschaft der Experten (also von Landschaftsar-
chitekten, Landschaftsplanern, Geographen und so weiter) gegenüber. Diese Landschaft
der Experten basiert auf einem stärker kognitiv ausgeprägten Zugriff auf das, was Landschaft genannt wird. Dennoch bleiben ästhetische und emotionale Bezugnahmen bestehen, werden aber häufig einer Rationalisierung unterzogen, indem beispielsweise eigene
ästhetische Landschaftspräferenzen mit Hilfe von scheinbar objektiven Landschaftsbild-
bewertungen eine übersubjektive Verbindlichkeit erhalten sollen. Ein Charakteristikum
des raum- und landschaftsbezogenen Expertentums ist die Transformation von Landschaft in eine grundrisshafte Darstellung, während Laien Landschaft primär aufrisshaft
konstruieren. Die Ausprägung von Landschaftsexpertentum lässt sich dabei als Profes-
sionalisierungsprozess und damit als ein Beitrag zu(r) sozialen Differenzierung(en) der
Gesellschaft auffassen. Professionalisierungen stellen ein Charakteristikum der Moderne
dar, in der „die Suche nach Problemlösungen, berufsmäßig organisierten Spezialisten zugewiesen wird" (Tänzler 2007). Dabei unterliegt die „Ausübung solcher Professionen […]
einer berufsständischen Selbstkontrolle auf der Basis universalistischer, wissenschaftlich
fundierter Geltungskriterien" (Tänzler 2007). Diese wiederum perpetuiert die Macht der
Vertreter bestehender professioneller Deutungsmuster gegenüber alternativen Deutungen
von Landschaft (vgl. Popitz 1992). Nach Kühne (2008) lassen sich gegenwärtig vier Subdiskurse zum Thema Landschaft im Diskurs der Landschaftsexperten nachvollziehen:

1. Die Wiederherstellung der physischen Grundlagen des Konstruktes der ‚historisch gewachsenen Kulturlandschaft',
2. die sukzessionistische Entwicklung der physischen Grundlagen von Landschaft gemäß entweder ökologischer Entwicklungsprozesse oder ökonomischer Anforderungen an Raum,
3. die reflexive Gestaltung der physischen Grundlagen von Landschaft (insbesondere
   durch Land Art / Earth Works),
4. die Umdeutung gesellschaftlicher Landschaftskonstrukte, also die Erzeugung neuer
   oder Umbewertung bestehender Deutungsmuster zum Thema Landschaft.

Diese Subdiskurse des Landschaftsdiskurses sind durch eine gegenseitige Rivalität hinsichtlich des knappen Gutes Deutungshoheit gekennzeichnet. In der Terminologie der

Kapitaltheorie von Pierre Bourdieu (1987) lässt sich die Subdiskursbildung bei Experten folgendermaßen verstehen: In den jeweiligen Diskursen sind spezifische Verteilungen an kulturelles Kapital geknüpft. So ist mit dem Subdiskurs der ,historisch gewachsenen Kulturlandschaft' eine umfangreichere Ausstattung an inkorporiertem kulturellen Kapital in Bezug auf Entwicklung der physischen Grundlagen von ,Kulturlandschaft' verbunden. Alternative Subdiskurse bilden eine mögliche Ursache des Verlusts an institutionalisiertem und inkorporiertem kulturellem Kapital und damit der Möglichkeit, ökonomisches Kapital zu generieren. Daher wird in soziales Kapital (Netzwerke) investiert, um die Wahrscheinlichkeit des Verlusts an symbolischem Kapital zu verringern.

Neben der Rivalität der Subdiskurse ist Wissenschaft (nicht nur die landschaftsbezogene) gegenwärtig auch durch einen Wandel der gesellschaftlichen Reziprozitätsverhältnisse geprägt (vgl. Abb. 1; Gibbons et al. 1994; Nowotny et al. 2001): Die funktionale Aufgabe des Systems der Wissenschaft, Wahrheit zu definieren (vgl. Luhmann 1997), unterliegt mit der Entwicklung der Modus 2-Wissenschaft einer Entgrenzung: Neben der disziplinär orientierten, hierarchisch gestuften Produktion nach definierten Standards möglichst gesicherten Wissens (Modus 1), entsteht eine Forschung, die sich zunehmend mit der Aufgabe konfrontiert sieht, Forschungsergebnisse in der Öffentlichkeit darzustellen, um so eine öffentliche Unterstützung zu erhalten, die wiederum die Finanzierung der Forschung insbesondere durch Drittmittel sicherstellt (s. Abb. 5). Mit dem Übergang von Modus 1 zu Modus 2 unterliegt Wissenschaft auch einer – bereits im Vorangegangenen dargestellten – zunehmend externen Steuerung, oder zumindest Beeinflussung, zum Beispiel durch politisch definierte Forschungsprogramme. Dadurch besteht die Gefahr, dass wissenschaftliche Ergebnisse nicht allein einem steten Prozess der Kontextualisierung unterworfen sind, sondern darüber hinaus Forschung auf die Erwünschtheit der Ergebnisse hin konzipiert wird (zum Beispiel alternative Subdiskurse zu Landschaft nicht beachtet werden).

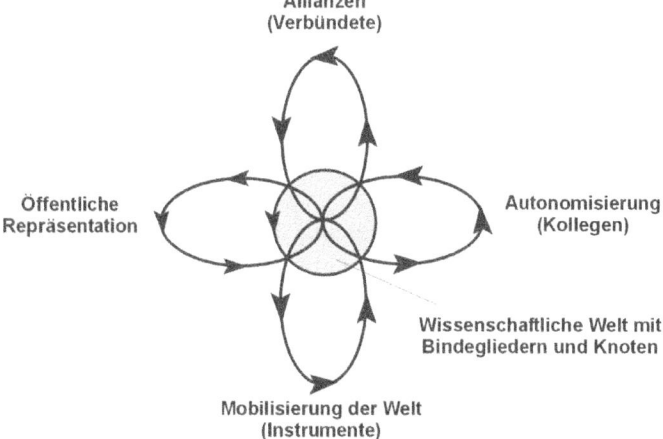

Abbildung 5: Modell der Einbindung von Modus 2-Wissenschaft und -Forschung in den gesellschaftlichen Kontext (Quelle: Kühne (2008) nach Latour (2002))

Daraus folgt, dass der – auf Grundlage von Einzelmessungen, Klimamodellen, Prognosen und Szenarien – durch Forschung in den sozialen Kommunikationsprozess eingeführte Klimawandel durch die einzelnen Fachdiskurse und Subdiskurse gemäß der einzelnen Fachlogiken diskutiert und hinsichtlich der Anschlussfähigkeit des eigenen Diskurses und Subdiskurses gewertet wird. Die Befassung in den einzelnen Subdiskursen ist dabei auch von politischen und weltanschaulichen Einflüssen ebenso wie von der öffentlichen Darstellbarkeit der eigenen Position geprägt, wie in folgendem Kapitel zu zeigen sein wird.

5 Regenerative Energien und die soziale Konstruktion von Landschaft

Die physischen Manifestationen des im rekursiven Kommunikationsprozess aus (Klima) Wissenschaft, Politik, (Massen)Medien und Öffentlichkeit erzeugten Willens, die Energiewende zur Mitigation des Klimawandels zu vollziehen, werden im Kontext heimatlicher Normallandschaft und stereotyper Landschaft der Laien, aber auch gemäß den landschaftsbezogenen Subdiskursen der Experten landschaftlich gedeutet und bewertet, wobei die physischen Ausgangslagen des Prozesses unterschiedlich sind (siehe Tabelle 1).

Tabelle 1: Auswirkungen unterschiedlicher Anlagen zur Erzeugung regenerativer Energie auf die physischen Grundlagen angeeigneter physischer Landschaft

	Visuelle Bedeutung	Modifikationen der Strukturen des physischen Raumes	Umkehrbarkeit
Windkraftanlagen	sehr groß	gering	in wenigen Monaten
Agrarische Biomasse	gering	sehr groß	Dekaden
Forstliche Biomasse	gering	groß	Dekaden
Großflächige Photovoltaikanlagen	mittelgroß	mittelgroß	in wenigen Monaten

Quelle: Eigene Darstellung verändert nach Dû-Blayo (2011)

Die Beurteilung von Anlagen zur Erzeugung regenerativer Energien (im Folgenden Windkraftanlagen) ist dabei soziodemographisch hochgradig differenziert (Kühne 2006): So beurteilten in einer im Jahr 2004 im Saarland durchgeführten Untersuchung zu landschaftlichen Präferenzen (n = 455) 39,8 % der Befragten ein Foto einer mit Windkraftanlagen bestandenen Gegend als ,modern', 33,4 % als ,hässlich', 9,9 % als ,interessant' und 7,0 % als ,nichtssagend'. Lediglich 0,4 % hielten es für ,schön' und 0,2 % für ,traditionell' (die Übrigen für etwas anderes oder machten keine Angabe). Hinsichtlich soziodemographischer Variablen zeigten sich jedoch deutliche Differenzen: Folgende Merkmalsträger beurteilten das Foto seltener als hässlich: Frauen (hochsignifikant), Personen bis zu 30

Jahren (sehr signifikant) und zwischen 31 und 45 Jahren (signifikant), wie auch Personen mit Hochschulreife (signifikant) und in Einpersonenhaushalten Lebende (hochsignifikant). Als hässlich (hochsignifikant) wurde sie von 46- bis 65-jährigen charakterisiert.

In den Subdiskursen der Landschaftsexperten wird der Ausbau regenerativer Energien gemäß der jeweiligen Diskurslogik beurteilt (Kühne 2012b; siehe auch Olwig 2011; Leibenath und Otto 2012): In dem Subdiskurs der Wiederherstellung der physischen Grundlagen des Konstruktes der ,historisch gewachsenen Kulturlandschaft' wird vornehmlich eine ablehnende Haltung gegenüber Anlagen der regenerativen Energieerzeugung formuliert, die als nicht ,regionaltypisch' und als Repräsentanten globaler Vereinheitlichung von Landschaft definiert werden. Im Subdiskurs der sukzessionistischen Entwicklung der physischen Grundlagen von Landschaft werden diese Anlagen toleriert, unterliegen allerdings in der ökonomischen Ausprägung einer negativen Konnotation, sofern sie subventioniert sind. Die ökologische Ausprägung des Subdiskurses sieht die landschaftlichen Nebenfolgen bei hoher Flächeninanspruchnahme kritisch (Biomasseanbau, Freilandfotovoltaik). Der Subdiskurs der reflexiven Gestaltung der physischen Grundlagen von Landschaft ermöglicht eine Interpretation der Anlagen als Land-Art (so auch das Konzept von Schöbel 2012, der die Akzeptanz von Anlagen zur Erzeugung regenerativer Energien durch alternative, z.B. rechteckige Anordnungen erhöhen will). Der Subdiskurs der Umdeutung gesellschaftlicher Landschaftskonstrukte ist auf eine kognitive und insbesondere ästhetische Neubewertung der Anlagen konzentriert (mehr hierzu siehe Selman 2010). Diese Möglichkeit der Umdeutung von gesellschaftlicher Landschaft ist in der Reversibilität ästhetischer (aber auch kognitiver) Deutungen begründet. Dabei erscheint es – in Weiterentwicklung von Soyez (2003, S. 37) – nicht allein „in dynamischen urbanen Kontexten wichtig, dass nicht erst das historisch Gewachsene, sondern schon das gegenwärtig Wachsende laufend unter der Perspektive beobachtet und bewertet wird, welche aus kulturgeographischer Sicht wichtigen Veränderungen sich in den bestehenden Bedeutungslandschaften abzeichnen". Wie die oben zitierte empirische Studie (Kühne 2006) nahe legt, unterliegt die soziale Konstruktion von Landschaft dem oben beschriebenen intergenerationellen Wertungswandel: Für nachfolgende Generationen können Anlagen zur Erzeugung regenerativer Energie ,normal' werden, indem sie als Teil heimatlicher Normallandschaft gedeutet werden.

6   De-Sensualisierung und Re-Sensualisierung – zur Bedeutung der inversen Landschaft

Handeln produziert häufig physisch manifeste Folgen und Nebenfolgen. Diese Folgen und Nebenfolgen sind in der Regel visuell (durch Industrieanlagen, Kläranlagen, Wohngebäude, Kraftwerke), häufig auditiv (durch Straßenverkehr, Baustellen, Vogelgesang), vielfach olfaktorisch (durch Abgase, Abwässer), häufig taktil (beispielsweise durch Steigungen, Treppen, Mauern) und seltener gustatorisch (beispielsweise durch Speisen, aber auch durch gustatorisch wirksame Reize in der Luft, zum Beispiel Maische einer

Bierbrauerei) wahrnehmbar. Dabei bergen insbesondere sensorische Reize infolge unerwünschter Nebenfolgen von Handeln die Gefahr für ihren Verursacher, soziale Anerkennung zu verlieren, was zu negativen Sanktionen führen kann.

Die physische Präsenz sensorischer Reize ist dabei jedoch nur ein Aspekt des Verhältnisses von physischen Räumen und deren sozialer Konstruktion: So nahm im Zuge der Modernisierung seit dem 19. Jahrhundert die Toleranz gegenüber sensorischen Reizen insbesondere aufgrund sozialpolitischer, ästhetischer und hygienischer Überlegungen ab (beispielsweise Hardy 2005): Vormals tolerierte sensorische Reize wurden nicht mehr länger toleriert, sondern abgelehnt. Mit der Modernisierung entwickelten Gesellschaften Mechanismen des Verbergens von als unerwünscht definierten sensorischen Nebenfolgen menschlichen Handelns (Kühne 2012a; vgl. auch Stichweh 2003): Die Beseitigung von Abfall unterlag beispielsweise in der Vormoderne der eigenen Verantwortung (und war sensorisch somit präsent), erst später wurde Müllbeseitigung zunehmend professionell (berufsmäßig differenziert) organisiert (vgl. Häußermann und Siebel 2000) und die Nebenfolgen moderner Lebensstile (gestiegene Müllproduktion) wurde durch Mülldeponien und Müllverbrennungsanlagen dem sensorisch Wahrnehmungsfeld im Aktionsraum der Mehrzahl der Menschen enthoben.

Nicht nur die Beseitigung von Reststoffen unterlag in der Moderne einer De-Sensualisierung, die eine Abschätzung der Nebenfolgen des eigenen Handelns erschwert, sondern auch die Gewinnung von Energie: War in der Vormoderne die Gewinnung von Energie sensorisch durch Holzgewinnung, Energiegewinnung durch Wasser- und Windkraft und durch die Knappheit von Energie präsent, verlagerte sich mit der Modernisierung die Beschaffung von Energieträgern einer Professionalisierung (zum Beispiel durch Forstwirtschaft, Bergbau) und dem Verbergen der Gewinnung und des Transportes desselben (zum Beispiel durch die Anlieferung von Kohle, später Öl und Gas; siehe auch Sieferle 2004) wie auch der Umwandlung in elektrische Energie in Großkraftwerken an Standorten, die dem ästhetisierten Wahrnehmungsfeld weitgehend entzogen waren. Mit der De-Sensualisierung ging auch die abnehmende Wahrnehmungsfähigkeit für ökologische Implikationen menschlichen Handelns einher. War in der Vormoderne der ‚ökologische Fußabdruck' (Wackernagel und Beyers 2010) in seinem Ausmaß stets präsent (zum Beispiel durch Verringerung der Erträge), wurden in der Moderne ökologische Nebenfolgen von der lokalen auf die regionale bis kontinentale Maßstäbe ausgedehnt und damit der unmittelbaren Betroffenheit entzogen. Heimatliche Normallandschaft und engere Grenzen stereotyper Landschaft werden in diesem Prozess in immer enger werdenden Varianzbreiten physisch-räumlicher Anordnungen gebildet.

Neben der Strategie des Entzugs der physischen Präsenz aus dem üblichen aktionsräumlichen Wahrnehmungsfeld des Menschen (am deutlichsten bewusst wird dabei das Konzept der ‚Besucherlenkung' zum Beispiel in Großschutzgebieten) wurden weitere Strategien der De-Sensualisierung von physischen Räumen entwickelt (vgl. Kühne 2012a):

Die Strategie von Beschleunigung und Entschleunigung: Dabei erfolgt eine Beschleunigung des Transportes entlang zu verbergender Objekte, zum Beispiel durch Autobahnen vorbei an Industrieanlagen einerseits, und eine Entschleunigung der Bewegung in inszenierten Bereichen zum Beispiel Innenstädten oder Malls durch Verbot von KFZ-Verkehr andererseits. Entschleunigte Bereiche erhalten die physische Konstellation zu besonderen Orten, wohingegen beschleunigte Bereiche zu unbeachteten Räumen werden sollen (vgl. auch Virilio 1986).

Die Strategie der scheinbaren Veralltäglichung: Diese Strategie basiert auf der Entkopplung von Form und Funktion. Physische Objekte werden dabei so gestaltet, dass sie ästhetisch alltäglich wirken und sich in das erwartete Stadtbild einfügen (wie die Twin Towers des County Jails von Los Angeles, deren Fassaden so gestaltet sind als beherbergten sie ein Parkhaus oder Hotel).

Die Strategie der Errichtung semipermeabler Außengrenzen: Diese Außengrenzen sind nur einseitig sensorisch (zumeist visuell) durchdringbar. Dies schützt sie vor dem Vorwurf, sie seien undurchdringlich (zum Beispiel bei spiegelnden Fassaden, aber auch politischen Grenzen wie die der Europäischen Union). Diese Strategien der De-Sensualisierung haben Auswirkungen auf die soziale Konstruktion von Landschaft: Bei der heimatlichen Normallandschaft werden als sozial ‚unerwünscht' geltende Objekte nicht mehr integriert, sie fallen sozusagen aus der Normalität heraus. Hinsichtlich der Konstruktion stereotyper Landschaft entwickeln sich engere Grenzen des noch Tolerablen (zum Beispiel der Bereitschaft weiter Teile der Bevölkerung, Urlaubslandschaften der 1970er Jahre, geprägt durch funktionalistische Architektur und räumliche Arrangements, aufzusuchen). Sind die Strategien der De-Sensualisierung primär auf die Platzierung und Gestaltung physischer Objekte ausgerichtet, wurden weitere Strategien in Bezug auf die soziale Konstruktion (Deutung und Bewertung) von Landschaft entwickelt (Kühne 2012a):

- Die Strategie der Definition von Diskursgrenzen: Diese definieren das, was ohne Verlust sozialer Anerkennung bei den Diskursbeteiligten über Landschaft sagbar und nicht sagbar ist. Diese Diskursgrenzen sind mit der Definition von Deutungshoheit verbunden. Da sie nur in Ausnahmefällen der Reflexion und Thematisierung unterliegen, leisten sie einen Beitrag der Perpetuierung sozialer Machtverteilung und der Verhinderung von kontingenten Betrachtungsweisen.
- Die Strategie der Diskurspluralisierung: Kann eine kontingente Landschaftsdeutung nicht die Diskurshoheit im Gesamtdiskurs erringen, bildet sie einen Subdiskurs aus. Durch die steigende Zahl der Subdiskurse ist eine Einschränkung der Durchsetzungsfähigkeit einzelner Diskurse verbunden.
- Die Strategie der Komplexisierung von Entscheidungsprozessen: Hierbei wird die Zahl der an Entscheidungsprozessen Beteiligten maximiert (zum Beispiel durch Beteiligung zivilgesellschaftlicher Akteure). Damit werden eindeutige Zuständigkeiten und Verantwortlichkeiten verschleiert, die Grenze zwischen Insidern und Outsidern wird differenziert.
- Die Strategie der Veränderung sozialer Wertungen: Diese Strategie (zum Beispiel der Diskurs der Umdeutung der gesellschaftlichen Landschaft) zielt auf die Entwicklung

und Verbreitung kontingenter Deutungs- und Bewertungsmuster ab. Sie macht ein eigentliches Verbergen überflüssig, da sie die Änderung gesellschaftlicher Soll-Zustände zum Ziel hat.

- Aufgrund der steigenden Komplexität des Verhältnisses von Gesellschaft und Umwelt erfolgt gegenwärtig eine weitgehende alltagsweltliche Invisibilisierung ökologischer Probleme bei einem gleichzeitigen Bedeutungsgewinn von Expertensystemen (Weingart 2003; zum Beispiel Klimawandel, bodennahes Ozon, stratosphärischer Ozonabbau) bei einer gleichzeitigen Steigerung kontingenter sozialer Resonanzen (Weingart et al. 2008; Abbildung 1). Mit der Energiewende vollzieht sich ein zur De-Sensualisierung zunächst gegenläufiger Prozess: Die Gewinnung von Energie wird wieder verstärkt landschaftlich präsent.[1] Diese verstärkte Präsenz trifft auf verringerte sensorische wie auch heimatlich-normallandschaftliche und stereotyp-landschaftliche Toleranzschwellen.

Aufgrund der physischen Präsenz – insbesondere von Windkraftanlagen (siehe Tabelle 1) – ist die Umsetzbarkeit physischer De-Sensualisierungsstrategien nur in beschränktem Maßstab möglich (Beispiele sind Windkraftanlagen in Räumen, die weitgehend abseits des aktionsräumlichen Wahrnehmungsfeldes liegen, wie entvölkerte Gebiete oder von Küsten weit entfernt liegende Räume). Insofern gelangt insbesondere die Strategie der Umdeutung gesellschaftlicher Landschaftskonstrukte in den Fokus des Umgangs mit Landschaft, wobei die übrigen auf die soziale Konstruktion von gesellschaftlichen Landschaftskonstrukte zielenden Strategien die Umsetzung der Ausbauziele regenerativer Energien unterstützen können. Damit werden Machtverhältnisse der ‚autoritativen‘ wie auch der ‚Daten setzenden Macht‘ im Sinne von Popitz (1992) aktiviert. Diese weniger offensichtlichen Machtverhältnissen erhalten (aufgrund der zunehmenden Komplexität der Gesellschaft) eine zunehmende Bedeutung für die Landschaftsforschung, schließlich wird – so Hard (2008, S. 268) – in

> jeder halbwegs guten, d.h. auch: methodisch reflektierten (sozial) geographischen Exkursion […] (heute hoffentlich standardmäßig) nicht nur gefragt, was von Gesellschaft, Wirtschaft, Ökologie und Geschichte man im Raum, in der Landschaft, im Gelände sehen oder erschließen kann, sondern auch, was man weshalb nicht sieht (obwohl gerade das fürs gegebene Thema vielleicht weit wichtiger wäre) – und was man vielleicht nur zu sehen glaubt, weil man sein möglicherweise sogar falsches Vorwissen auf etwas projiziert hat, was vielleicht etwas ganz anderes bedeutet.

Dieser Zusammenhang lässt sich im Terminus der inversen Landschaft fassen, also jener kontingenten Landschaft, die sich aus jenem Handeln zusammensetzt, das sich nicht manifestieren konnte. Die inverse Landschaft setzt sich aus (mindestens) zwei Dimensi-

---

1 Sie wäre aber auch als ein Wiederanknüpfen an eine vor-fossile Vergangenheit interpretierbar. Noch Ende des 19. Jahrhundert wurden in den Grenzen des Deutschen Reiches 20.000 Windmühlen betrieben (Niedersberg 1996).

onen zusammen: der physischen und der sozial-konstruktiven. Die inverse Landschaft in der physischen Dimension umfasst jene möglichen Objekte, die sich physisch nicht manifestieren konnten, weil die ihnen zugrunde liegenden sozialen Machtressourcen gegenüber einer anderen Machtressourcen nicht durchsetzungsfähig waren. So kann das Machtdeposit, eine landwirtschaftliche Nutzung aufrechtzuerhalten, gegenüber den Machtressourcen, ein Wohngebiet zu errichten, schwächer ausgeprägt sein. Die sozial-konstruktive Dimension inverser Landschaft bezieht sich darauf, welche alternativen Deutungen von Landschaft diskurs- und subdiskursintern ausgeschlossen werden. Vor diesem Hintergrund lässt sich Landschaft (sowohl in ihren physischen Komponenten als auch in ihrer sozialen Konstruiertheit) als Ausdruck von Macht und inverse Landschaft als Ausdruck von Mindermacht (Paris 2005) beschreiben. Sowohl Landschaft als auch inverse Landschaft weisen aufgrund ihrer historischen Bedingtheiten über die Aktualität hinaus: Einerseits dokumentieren sie historische Machtverhältnisse[2], andererseits verweisen insbesondere soziale Landschaften und inverse Landschaften in Form von Planung in die Zukunft, es handelt sich also um gegenwärtige Machtverteilungen mit potenziell künftiger materieller Wirkung.

Regenerative Energieanlagen werden damit Indikatoren der Macht und Mindermacht (Paris 2005) über das, was Landschaft genannt wird: Sie verdeutlichen den Machtverlust, also den Verlust an Deutungshoheit, des Subdiskurses der Wiederherstellung der physischen Grundlagen des Konstruktes der ‚historisch gewachsenen Kulturlandschaft‘ gegenüber der sukzessionistischen Entwicklung der physischen Grundlagen von Landschaft gemäß ökologisch im komplexen Verhältnis Wissenschaft-Politik-Öffentlichkeit (s. Abb. 1) konstruierter Erfordernisse (Klimawandel) und ökonomischer Anforderungen (Transformation von politischen Anforderungen in das ökonomische Kalkül der Gewinnerzielung) an Raum.

7 Fazit

Die soziale Konstruktion des Klimawandels und seine Konsequenzen vollziehen sich in einem rekursiven Prozess insbesondere zwischen Forschung, Politik, Medien und Bevölkerung. Die Haltungen zum Klimawandel, seinen Konsequenzen wie auch den gesellschaftlichen Handlungsoptionen sind nicht widerspruchsfrei, insbesondere kognitive einerseits, emotionale und ästhetische Bezüge andererseits bilden häufig Widersprüche aus. Da aus konstruktivistischer Perspektive Landschaft insbesondere in ihrer ästhetischen und emotionalen Dimension interpersonell eindeutig erfasst werden kann, muss bei der Planung physischer räumlicher Strukturen die kognitive Kommunikation durch ästhetische und emotionale Komponenten ergänzt werden, schließlich erfolgt die lebens-

---

2 Vielfach sind physische Manifeste der Macht hinsichtlich ihrer materiellen Revision sperrig. Bunkeranlagen, Altindustrieanlagen usw., aber auch soziale Landschaftsdeutungen, wie die romantische Landschaft, weisen erhebliche Persistenzen auf.

weltliche Anbindung an Landschaft in erster Linie über diese beiden Dimensionen. Dabei ist die Reversibilität ästhetischer Deutungen zu berücksichtigen: Einerseits stehen sie in Verbindung mit ökonomischen, politischen und sozialen Deutungen und ändern sich diese, unterliegt auch das Gewicht ästhetischer Zuschreibungen Veränderungen (vgl. Hook 2008). Sie sind andererseits selbst heimatliche Normallandschaften – auch wenn sie als Symbol für Dauerhaftigkeit, Pol der Ruhe gelten – von einer intergenerationellen Veränderlichkeit der Zuschreibungen geprägt. Auch wenn eine Rekurrierung auf Erhabenheit, nicht nur auf Schönheit, die Akzeptanz von Anlagen zur Erzeugung regenerativer Energie steigern kann, gilt es bei der Veränderung physischer Grundlagen von Landschaft, kurzfristige fundamentale Änderungen zu vermeiden, da diese zur Konstruktion eines ‚Heimatverlustes‘ bzw. der Akzeptanzverweigerung gemäß stereotyper Deutungen führen können. Ein besonders sensibler Umgang mit physischen Objekten ist dort geboten, wo diese besonders positiv symbolisch aufgeladen sind. Darüber hinaus lässt sich aus konstruktivistischer Perspektive kein Deutungshoheitsanspruch der einzelnen Subdiskurse von Landschaft ableiten. Es erscheint notwendig, gemeinsam mit der Bevölkerung, einzelne Aspekte der unterschiedlichen Diskurse abzuwägen und räumlich differenziert physisch zu manifestieren – ohne, dass ein Subdiskurs eine Dominanz erhält.

Insgesamt ist mit konstruktivistischen Zugängen zu Landschaft ein Bedeutungsgewinn machtsensibler Forschungen verbunden. Insbesondere die Anwendung der Strategien der Veränderungen gesellschaftlicher Konstruktionsmuster von Landschaft erfordert – aufgrund ihres hohen Grades an Verdecktheit – bei der Erforschung von Landschaft eine besondere Sensibilität. Damit verbunden ist ein Bedeutungsgewinn der Erforschung inverser Landschaft.

Literatur

Brady, E. (2005). Sniffing and Savoring. The Aesthetics of Smells and Tastes. In A. Light, J. M. Smith (Hrsg.), *The Aesthetics of Everyday Life* (S. 177-193). New York, Chichester: Columbia University Press.

Bundesministerium für Umwelt, Naturschutz und Reaktorsicherheit (2010). *Umweltbewusstsein in Deutschland 2010. Ergebnisse einer repräsentativen Bevölkerungsumfrage.* Bonn.

Bundesministerium für Wirtschaft und Technologie und Bundesministerium für Umwelt, Naturschutz und Reaktorsicherheit (2010). Energiekonzept für eine umweltschonende, zuverlässige und bezahlbare Energieversorgung. http://www.bmwi.de/BMWi/Redaktion/PDF/Publikationen/energiekonzept-2010,property=pdf,bereich=bmwi,sprache=de,rwb=true.pdf. Zugegriffen: 31. Juli 2012.

Burke, E. (1989 [1757]). *Philosophische Untersuchung über den Ursprung unserer Ideen vom Erhabenen und Schönen.* Hamburg: Meiner.

Carlson A. (2009). *Nature and Landscape. An Introduction to Environmental Aesthetics.* New York: Columbia University Press.

Cosgrove, D. E. (1984). *Social Formation and Symbolic Landscape.* London: Croom Helm.

DeLue, R. Z. (2008). Elusive Landscapes and Shifting Grounds. In R. Z. DeLue, J. Elkins (Hrsg.), *Landscape Theory* (S. 3-14). New York: Routledge.

Dû-Blayo Le, L. (2011). How Do We Accommodate New Land Uses in Traditional Landscapes? Remanence of Landscapes, Resilience of Areas, Resistance of People, *Landscape Research 36*, 417-434.

Gailing, L. (2008). Kulturlandschaft – Begriff und Debatte. In D. Fürst et al. (Hrsg.), *Kulturlandschaft als Handlungsraum. Institutionen und Governance im Umgang mit dem regionalen Gemeinschaftsgut Kulturlandschaft* (S. 21-34). Dortmund: Rohn.

Gailing, L. (2012). Sektorale Institutionensysteme und die Governance kulturlandschaftlicher Handlungsräume. Eine institutionen- und steuerungstheoretische Perspektive auf die Konstruktion von Kulturlandschaft, *Raumforschung und Raumordnung 70*, 147-160.

Gibbons, M. et al. (1994). *The New Production of Knowledge. The Dynamics of Science and Research in Contemporary Societies*. London: Sage.

Greverus, I. M. (2005). *Ästhetische Orte und Zeichen. Wege zu einer ästhetischen Antropologie*. Münster: Lit Verlag.

Greider, T. & Garkovich, L. (1994). Landscapes: The Social Construction of Nature and the Environment, *Rural Sociology 59*, 1-24.

Hard, G. (1970). Die „Landschaft" der Sprache und die „Landschaft" der Geographen. Bonn: Dümmler.

Hard, G. (2008). Der Spatial Turn, von der Geographie her beobachtet. In J. Döring & T. Thielmann (Hrsg.), *Spatial Turn. Das Raumparadigma in den Kultur- und Sozialwissenschaften* (S. 263-316), Bielefeld: Transcript-Verlag.

Hardy, A. I. (2005). *Ärzte, Ingenieure und städtische Gesundheit: medizinische Theorien in der Hygienebewegung des 19. Jahrhunderts*. Frankfurt a.M.: Campus Verlag.

Hartmann, E. v. (1924). *Philosophie des Schönen*. Berlin: Wegweiser-Verlag.

Häußermann, H. & Siebel, W. (2000). Soziologie des Wohnens. In H. Häußermann et al. (Hrsg.), *Stadt und Raum. Soziologische Analysen* (S. 69-116). Hagen: Vs Verlag.

Hook, S. (2008). *Landschaftsveränderungen im südlichen Oberrheingebiet und Schwarzwald. Wahrnehmung kulturtechnischer Maßnahmen seit Beginn der 19. Jahrhunderts*. Universität Freiburg i.Br.: Dissertation.

Ipsen, D. (2006). *Ort und Landschaft*. Wiesbaden: VS Verlag für Sozialwissenschaften.

Jackson, J. B. (2005 [1984]). Landschaften. Ein Resümee. In B. Franzen & St. Krebs (Hrsg.), *Landschaftstheorie. Texte der Cultural Landscape Studies* (S. 29-44). Köln: Verlag der Buchhandlung König.

Kühne, O. (2006). *Landschaft in der Postmoderne. Das Beispiel des Saarlandes*. Wiesbaden: Deutscher Universitätsverlag.

Kühne, O. (2008). *Distinktion – Macht – Landschaft. Zur sozialen Definition von Landschaft. Wiesbaden*: VS Verlag für Sozialwissenschaften.

Kühne, O. (2012a). *Stadt – Landschaft – Hybridität. Ästhetische Bezüge im postmodernen Los Angeles mit seinen modernen Persistenzen*. Wiesbaden: Springer VS.

Kühne, O. (2012b). *Landschaftstheorie und Landschaftspraxis. Eine Einführung aus sozialkonstruktivistischer Perspektive*. Wiesbaden: Springer VS.

Kühne, O. & Spellerberg, A. (2010). *Heimat und Heimatbewusstsein in Zeiten erhöhter Flexibilitätsanforderungen. Empirische Untersuchungen im Saarland*. Wiesbaden: VS Verlag für Sozialwissenschaften.

Küpper, J. & Menke, C. (2003). Einleitung. In J. Küpper & C. Menke (Hrsg.), *Dimensionen ästhetischer Erfahrung* (S. 7-15). Frankfurt a.M.: Suhrkamp Verlag.

Latour, B. (2002). *Die Hoffnung der Pandora*. Frankfurt a.M.: Suhrkamp Verlag.

Leibenath, M. & Otto, A. (2012). Diskursive Konstituierung von Kulturlandschaft am Beispiel politischer Windenergiediskurse in Deutschland, *Raumforschung und Raumordnung 70*, 119-131.

Luhmann, N. (1984). *Soziale Systeme. Grundriß einer allgemeinen Theorie*. Frankfurt a. M.: Suhrkamp Verlag.

Luhmann, N. (1986). *Ökologische Kommunikation. Kann die moderne Gesellschaft sich auf ökologische Gefährdungen einstellen?* Opladen: Westdeutscher Verlag.

Luhmann, N. (1996). *Die Realität der Massenmedien*. Opladen: Westdeutscher Verlag.

Luhmann, N. (1997). *Die Gesellschaft der Gesellschaft*. 2 Teilbände. Frankfurt a. M.: Suhrkamp Verlag.

Majetschak, St. (2007). *Ästhetik zur Einführung*. Hamburg: Junius.

Niedersberg, J. (1996). *Der Beitrag der Windenergie zur Stromversorgung*. Frankfurt a. M.: Lang.

Nowotny, H. et al. (2001). *Re-Thinking Science: Knowledge and the Public in an Age of Uncertainty*. Oxford, England: Polity press.

Olwig, K. R. (2011). The Earth is Not a Globe: Landscape versus the „Globalist" Agenda, *Landscape Research 36*, 401-415.

Paasi, A. (2008). Finnish Landscape as Social Practice. Mapping Identity and Scale. In M. Jones & K. R. Olwig (Hrsg.), *Nordic Landscapes. Region and Belonging on the Northern Edge of Europe* (S. 511-539). Minneapolis, London: University of Minnesota Press.

Paris, R. (2005). *Normale Macht. Soziologische Essays*. Konstanz: Uvk.

Pöltner, G. (2008). *Philosophische Ästhetik*. Stuttgart: Kohlhammer.

Popitz, H. (1992). *Phänomene der Macht*. Tübingen: Mohr.

Ritter, J. (1996 [1962]). Landschaft. Zur Funktion des Ästhetischen in der modernen Gesellschaft. In G. Gröning & U. Herlyn (Hrsg.), *Landschaftswahrnehmung und Landschaftserfahrung* (S. 28-68). Münster: Lit-Verlag.

Rosenkranz, K. (1996 [1853]). *Ästhetik des Häßlichen*. Leipzig: Reclam Verlag.

Satter, E. (2000). Ästhetik. In J. Bretschneider (Hrsg.), *Lexikon freien Denkens* (S. ohne). Neustadt am Rübenberge: Angelika Lenz Verlag.

Sieferle, R. P. (2004). Transport und wirtschaftliche Entwicklung. In R. P. Sieferle & H. Breuninger (Hrsg.), *Transportgeschichte im internationalen Vergleich. Europa – China – Naher Osten* (S. 22-44). Stuttgart: Breuninger-Stiftung.

Soyez, D. (2003). Kulturlandschaftspflege: Wessen Kultur? Welche Landschaft? Was für eine Pflege? *Petermanns Geographische Mitteilungen 147*, 30-39.

Schweppenhäuser, G. (2007). *Ästhetik. Philosophische Grundlagen und Schlüsselbegriffe*. Frankfurt a. M., New York: Campus-Verlag.

Stichweh, R. (2003). Raum und moderne Gesellschaft. Aspekte der sozialen Kontrolle des Raumes. In Th. Krämer-Badoni & K. Kuhm (Hrsg.), *Die Gesellschaft und ihr Raum. Raum als Gegenstand der Soziologie* (S. 93-102). Opladen, Deutschland: VS Verlag für Sozialwissenschaften.

Tänzler, D. (2007). Politisches Charisma in der entzauberten Welt. In P. Gostmann & P.-U. Merz-Benz (Hrsg.), *Macht und Herrschaft. Zur Revision zweier soziologischer Grundbegriffe* (S. 107-138). Wiesbaden: VS Verlag für Sozialwissenschaften.

Virilio, P. (1986). *Ästhetik des Verschwindens*. Berlin: Merve Verlag.

Wackernagel, M. & Beyers, B. (2010). *Der Ecological Footprint. Die Welt neu vermessen*. Hamburg: Europäische Verlagsanstalt.

Weber, M. (2008). *Alltagsbilder des Klimawandels. Zum Klimabewusstsein in Deutschland*. Wiesbaden: VS Verlag für Sozialwissenschaften.

Weingart, P. (2003). *Wissenschaftssoziologie*. Bielefeld: Transcript-Verlag.

Weingart, P. et al. (2008). *Von der Hypothese zur Katastrophe. Der anthropogene Klimawandel im Diskurs zwischen Wissenschaft, Politik und Massenmedien*. Opladen, Farmington Hills: Budrich.

Transformation von Landschaft durch (regenerative) Energieträger

8

Zur Bedeutung der Bewohnersicht

Susanne Kost

1 Einleitung

Der Beschluss der Bundesregierung von 2010 zum Atomausstieg führt zu einem massiven Ausbau regenerativer Energieträger. Dank des Erneuerbare-Energie-Gesetzes (EEG) werden bereits heute etwa 20 Prozent der Energieproduktion durch erneuerbare Energien bereit gestellt (BMU 2012, S. 70) . Die Bundesregierung will diese Produktion bis 2020 auf mindestens 35 Prozent anheben. Die Bundesländer agieren bei den Ausbauzielen der Erneuerbaren Energien (EE) bis jetzt noch in eigener Verantwortung. Würden deren Ziele umgesetzt, könnten diese Zahlen deutlich übertroffen werden. Schon heute steigt der Anteil der Erneuerbaren in der Stromerzeugung im Vergleich zu anderen Energiearten deutlich (vgl. Abbildung 1 auf Folgeseite). Es geht also nicht mehr nur um die Ansiedlung einzelner Wind- und Solarparks, sondern um großräumige Flächeninanspruchnahmen durch die Erneuerbaren Energien, die mit einer starken Veränderung der Landschaft einhergehen werden. Dies kann nicht als eine unbedeutende Veränderung der Landschaft begriffen werden. Gleichzeitig wird deutlich, dass eine Energiewende als komplexe nationale Aufgabe betrachtet werden muss und nicht nur als eine Hoheitsaufgabe der 16 Bundesländer. In der Umsetzung der Energiewende sind bereits eine Reihe von räumlichen und sozialen Konflikten sichtbar geworden. Die „Ressource Fläche" ist nur begrenzt vorhanden, die Konsequenzen einer an kommunalen Grenzen orientierten Planung für die Gesamtheit der Kulturlandschaften sind unabsehbar und einem unkoordinierten Wachstum ist dringend entgegenzusteuern. Akzeptanzprobleme treten vor allem auf lokaler Ebene auf, wenn es sich beispielsweise um große Energieerzeugungsanlagen, Netztrassen oder Pumpspeicherwerke handelt.

Wie Menschen urbane Räume, Natur und Landschaft denken und organisieren, bestimmt die Nutzung und die Transformation eines Raumes. Landschaften haben für Menschen eine Vielzahl von Bedeutungen. Es geht dabei auf der einen Seite um praktische Aspekte wie Erholung und Regeneration sowie um Arbeitsplätze und Wirtschaftskraft, auf der anderen Seite aber auch um Fragen der Identifikation mit dem Landschaftsraum. Die verstärkte Erzeugung von regenerativer Energie wird erst dann substantielle

Beiträge zu einer nachhaltigen Entwicklung einer Region leisten können, wenn die damit einhergehenden Veränderungen von den relevanten Akteursgruppen (z.B. Landwirten, Energieerzeugern, Energienutzern, NGOs) und einer breiteren Öffentlichkeit akzeptiert werden.

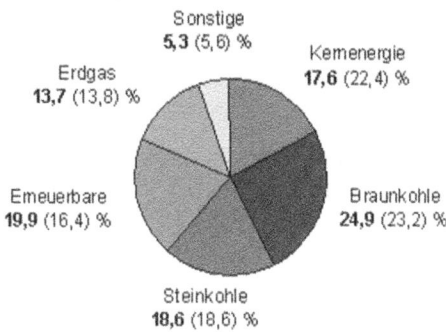

Abbildung 1: Stromerzeugung in Deutschland 2011, Gesamt: 614,5 Milliarden Kilowattstunden (Vorjahr in Klammern) (Quelle: Entwurf der Autorin auf Grundlage des AG Energiebilanzen e.V., Stand Februar 2012)

Mit dem massiven Ausbau der regenerativen Energieträger und deren Nutzung, Verarbeitung und logistischer Verteilung verändern sich nicht nur eine alltägliche Lebenspraxis und Wirtschaftsweise, sondern maßgeblich mit ihnen das Bild der Landschaft.

Dieser Beitrag beschäftigt sich zunächst mit dem Begriff der Landschaft und will über die Auseinandersetzung mit dem Landschaftsbewusstsein deutlich machen, dass eine Reduzierung von Akzeptanzkonflikten bei den erneuerbaren Energien auf das Landschaftsbild an der komplexen Wahrnehmung und Bewertung von Landschaft durch Laien vorbei geht, wenn damit eine rein ästhetische Bewertung gemeint ist. Während das Landschaftsbewusstsein stark auf das Erfahrene, Erlernte und Ritualisierte in einer Landschaft abzielt, soll die Bedeutung der regionalen Identität für einen Raum in Bezug auf die Identifikation mit „neuen" Raumbildern herausgearbeitet werden.

Dabei beziehe ich mich zum einen auf eine empirische Untersuchung[1], die wir zur Wahrnehmung und Bewertung der Landschaft im Ruhrgebiet und in der Niederlausitz durchgeführt haben – zwei Regionen, die durch massive Eingriffe in den Landschaftsraum durch die Kohleförderung und -verarbeitung geprägt wurden – zum anderen auf Erkenntnisse einer intensiven (theoretischen) Auseinandersetzung mit Fragen der Ver-

---

1   Die Untersuchung ist Bestandteil des Forschungsprojektes „Wahrnehmung und Bewertung der Landschaft am Beispiel des Emscher Landschaftsparks" der Arbeitsgruppe Empirische Planungsforschung am FB 06 der Universität Kassel im disziplin- und hochschulübergreifenden Verbundprojekt „KuLaRuhr – Nachhaltige urbane Kulturlandschaft in der Metropole Ruhr". Im Hauptuntersuchungsraum Ruhrgebiet / Emscher Landschaftspark wurden 1215 Personen und im Vergleichsraum Niederlausitz / Cottbus, Senftenberg 851 Personen repräsentativ befragt.

änderbarkeit von Landschaft, der Entstehung, Auf- und Abwertung von Raumbildern und deren Bedeutung für die Bewohner einer Region. Diese Aspekte werden im Folgenden im Kontext des Ausbaus regenerativer Energieträger reflektiert.

2 Transitorische Landschaft

Unter dem Titel „Landschaft ist transitorisch – Zur Dynamik der Kulturlandschaft" hatte Lucius Burckhardt 1995 einen Aufsatz veröffentlicht. Darin macht er deutlich, dass sich die Dynamik der Landschaft aus dem Begriff Landschaft selbst herleiten lässt (Burckhardt 1995, S. 5). Er ist politisch, weil Ordnungssysteme über die Landschaft gelegt werden, künstlerisch, weil die Landschaftsmalerei die Landschaft im Atelier als idealisiertes Abbild der Wirklichkeit dramatisierte, gestalterisch, weil Planer und Architekten den Raum mit Gebäuden und Infrastrukturen füllen, wissenschaftlich, weil Geografen wie Humboldt ferne Landschaften beschrieben und katalogisierten und sich heute viele Einzeldisziplinen mit den Prozessen der Transformation von Natur und Landschaft auseinander setzen, touristisch, weil mit charakteristischen, aber auch mit idealisierten und volkstümlichen Bildern Landschaft beschrieben und vermarktet wird.

Um den Landschaftsbegriff in seiner Komplexität begreifbar werden zu lassen, fasste Ipsen (2003, S. 13, siehe Abbildung 2) die Elemente der Kulturlandschaft in einem Begriffsfeld zusammen.

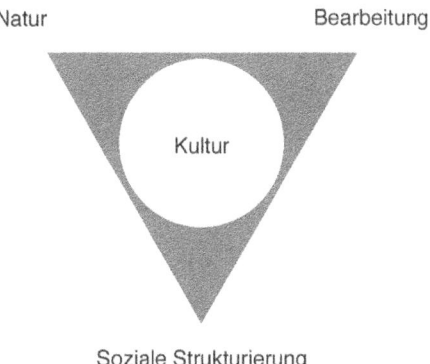

Abbildung 2: Dimensionen des Landschaftsbegriffs (Quelle: Ipsen 2003, S. 13)

Landschaft bezeichnet sowohl die Materialität und natürlichen Gegebenheiten eines Raumes, wie geologische Formationen, Wasserhaushalt, Boden und lokales Klima, Pflanzen und Tiere, als auch ihre Bearbeitung durch den Menschen. Die Bearbeitung der Landschaft ist bis in die heutige Zeit durch Technisierung und Automatisierung der Bewirtschaftungs- und Produktionsprozesse geprägt, wie wir es beispielsweise in der

Vergrößerung der landwirtschaftlichen Schläge ablesen können. Die unterschiedlichen Formen der Bearbeitung von Landschaft unterliegen einer Vielzahl gesellschaftlicher Regeln. Dazu zählen Gesetze, Planungsrechte, Eigentumsverhältnisse etc., die Ipsen (2003, S. 13) als die soziale Strukturierung der Landschaft bezeichnet. All diese Prägungen der Landschaft unterliegen kulturellen Einflüssen und Entwicklungen. Kultur spiegelt die „immaterielle Welt der Gedanken, Überzeugungen, Kommunikation, des Wissens" (Haberl et al. 2001, S. 17) wider, die Landschaft formt und strukturiert. Sie kann als ein Orientierungssystem begriffen werden, das „aus spezifischen Symbolen gebildet und in der jeweiligen Gesellschaft [...] tradiert [wird]. Es beeinflusst das Wahrnehmen, Denken, Werten und Handeln aller ihrer Mitglieder und definiert somit deren Zugehörigkeit zur Gesellschaft. Kultur [...] schafft damit die Voraussetzung zur Entwicklung eigenständiger Formen der Umweltbewältigung" (Thomas 1993)[2]. So hat die geometrische Strukturierung der US-amerikanischen Landschaft durch die Einführung des american grid systems nach dem amerikanischen Unabhängigkeitskrieg nicht nur die Ordnung des Landschaftsraumes herbeigeführt, sondern „eine nach den Maßgaben der Vernunft gestaltete gesellschaftliche Ordnung in die Natur" (Kaufmann 2005, S. 163) eingeschrieben, die bis heute in dieser Form ablesbar ist. Wesentliche Handlungen einer Kultur gewinnen nur dann Bedeutung, wenn sie regelmäßig praktiziert und kommuniziert und somit erhalten und weiterentwickelt werden können. Daraus entwickelt sich eine Art Common Sense, der Werte und Bewertungen erzeugt und mit der Veränderung der Lebensstile angepasst oder weiterentwickelt wird.

Landschaften werden durch gesellschaftlich bedingte Veränderungsprozesse (Lebensstile, Wirtschaftsweisen) überformt, neu gestaltet, umgedeutet (vgl. dazu Kost 2009, 51 ff.). Der konkrete Raum hat sich immer verändert. Was blieb, waren die Erinnerungen, wie es einmal war.

Veränderungen in der Landschaft werden oft als Verlust empfunden. Der Verlust orientiert sich an gelernten Bildern und zeichnet ohne Bezugnahme auf die gesellschaftlichen Kontexte ein verklärtes Bild des Vergangenen. Für Burckhardt ist die vergangene Landschaft immer die schöne Landschaft: „Vergangenheit aber kann man nicht erhalten – es sei denn im Museum. Der Begriff der schönen Kulturlandschaft geht von dem Irrtum aus, es habe eine Kontinuität des Aussehens stattgefunden bis auf die heutigen, als gewaltig empfundenen Veränderungen" (Burckhardt 1995, S. 3).

Die Veränderbarkeit von Landschaft ist mit dem Landschaftsbild eng verbunden. Jedem Entwurf einer neuen Landschaft liegt ein entstehendes Bild zu Grunde. Die Transformation der Landschaft hin zu einer Energielandschaft vermittelt heute vor allem ein technisches, ein funktionales Bild. Schaut man aber auf die Gründe, warum Menschen gern in ihrer Region leben, machen die funktionalen Aspekte nur einen kleinen Teil aus.

---

2 Zitiert nach http://www.tudd.de/sulifr/downloads/2007/Sitzung2_Kulturbegriff.pdf vom 20.4.07; TU Dresden.

In einer repräsentativen Umfrage[3] im Ruhrgebiet und in der Niederlausitz zur Wahrnehmung und Bewertung der Landschaft gaben in beiden Räumen fast 90 Prozent der Befragten an, dass sie an ihrem Wohnort gerne leben. Als Gründe entfielen im Ruhrgebiet
immerhin ein Drittel der Antworten[4] auf landschaftsbezogene Aspekte. Das Spektrum
der Antworten reicht dabei vom Kleinstädtischen, Ländlichen bis zu allgemein naturräumlichen Angaben, wie „viel Grün" und „viel Natur". Zählt man die Antworten hinzu,
in denen die Befragten ihre Ortsverbundenheit ausdrücken, wie Geburtsort und Heimat,
dann hat der Raum in fast 50 Prozent der Antworten eine wichtige Bedeutung für die
Befragten. Nur 17 Prozent der Antworten geben funktionale Aspekte als Gründe, warum man gern an seinem Wohnort lebt, an[5]. Damit sind vor allem „praktische" Bezüge
gemeint, wie eine zentrale Lage, die günstige Verkehrsanbindung und das Freizeitan-
gebot. Diese funktionalen Aspekte beziehen sich natürlich in gewisser Weise auch auf
den Raum, sind aber eher eine Verortung als ein direkter Ortsbezug. Das Ruhrgebiet
als eine Metropole wird beispielsweise bei den Gründen kaum angeführt. Die Menschen
im Ruhrgebiet verorten sich wesentlich kleinräumiger, was damit auch den Handlungs-
und Vermittlungsbezug – auch bei Großvorhaben – darstellen muss. Die Umsetzung der
Energiewende kann sich daher nicht nur auf ein funktionales Bild der Landschaft beschränken, sondern muss den Freiraum und die Ortsbezogenheit der Menschen in ihrem
konkreten Raum berücksichtigen.

3   Landschaft als Bildraum und Raumbild

Landschaften werden je nach historischem Kontext unterschiedlich bewertet. Waren die
Alpen über viele Jahrhunderte Ausdruck menschenfeindlicher Lebensbedingungen, hat
sich dieses Bild durch ihre Ästhetisierung und emotionale Bewertung vollständig verändert. Im 19. Jahrhundert wurden die Alpen zum Arkadien eines aufgeklärten Bür-
gertums. Heute sind sie touristisch erschlossen und gelten als ein beliebtes Ausflugsziel.
Die touristische Erschließung bringt gleichzeitig eine enorme Infrastruktur hervor, die
über das einstige Arkadien eine technische Landschaft von Liften, Seilzügen, Verbauun-
gen, Straßen, gastronomischen und Event-Einrichtungen gezogen hat. Diese Infrastrukturen werden bei der Wahl eines geeigneten Bildausschnittes für ein Erinnerungsfoto

---

3 Die Untersuchung ist Bestandteil des Forschungsprojektes „Wahrnehmung und Bewertung der
   Landschaft am Beispiel des Emscher Landschaftsparks" der Arbeitsgruppe Empirische Planungsforschung am FB 06 der Universität Kassel im Verbundprojekt „KuLaRuhr - Nachhaltige
   urbane Kulturlandschaft in der Metropole Ruhr". Die Veröffentlichung der Ergebnisse ist für
   2013 vorgesehen.

4 Die Umfrage basiert auf einem Fragebogen mit einer großen Anzahl offener Fragen mit bis zu
   drei Antwortmöglichkeiten. Die Ergebnisse spiegeln das Spektrum der am meisten genannten
   Kategorien (Sinnzuweisungen) wider. Antworten, die nicht eindeutig einer Kategorie zugeordnet werden konnten, wurden bspw. doppelt vercodet.

5 Eine insgesamt ähnliche Verteilung zeigen die Ergebnisse in der Niederlausitz.

ausgeblendet, um das idealisierte Bild im Kopf einer unberührten Naturlandschaft in der Realität „einzufangen"[6].

Im englischen Landschaftspark hingegen wurde das idealisierte Bild einer naturnahen Landschaft als Komposition in die Realität übertragen. „In Deutschland gestalteten Franz von Anhalt-Dessau (1740-1817) im Dessauer Gartenreich und Hermann Prinz von Pückler-Muskau (1785-1871) in den großen Parkanlagen von Muskau und Branitz, was sie, stark von England beeinflusst, als das Ökonomische mit dem Schönen und insbesondere in Wörlitz mit dem Erotischen verbindende Landschaften ansahen" (Gröning und Herlyn 1996, S. 8).

Landschaft steht also nicht als Metapher, sondern als theoretisches Konstrukt zwischen Materialität und Bildhaftigkeit. Das Bild einer Landschaft spiegelt gesellschaftliche Wertvorstellungen, Referenzen und Sehnsüchte einer Zeit wider. „Die Agri-Kulturlandschaft war insofern ‚natürlich', als sie nicht von einheitlichen Prinzipien durchstrukturiert war. In ihr spielte die ‚Tradition' eine entscheidende Rolle; damit ist ein Informationskomplex gemeint, der nicht rational konstruiert wurde, sondern sich im Laufe der Zeit verfestigt hat" (Sieferle 1998, S. 159).

Durch die Verbindung der Materialität und Gestalt einer Landschaft mit den auf Erfahrungen und Wissen basierenden Bedeutungen und Deutungen des betrachteten Raumes entsteht in unserem Kopf das Bild einer Landschaft. Dieses Bild muss aber nicht zwangsläufig mit der Realität übereinstimmen. „Nicht die Wahrnehmung als Abbildung [...], sondern die Leistungen des Beobachters erzeugen das, was wir als Landschaft wahrnehmen und als solche sozial relevant werden lassen" (Ahrens 2006, S. 233). Dadurch ist möglicherweise auch erklärbar, warum Windenergieanlagen keine negativen Auswirkungen auf den Tourismus haben (vgl. Hübner 2012, S. 131). Das Bild im Kopf über eine Landschaft scheint stärker ausgeprägt zu sein als die Wahrnehmung der realen Landschaft.

Das entwickelte Landschaftsbild spiegelt die relevanten Elemente wider, die zuvor selektiert, geordnet und bewertet wurden. Das entwickelte „Bild im Kopf" des Betrachters wird durch die Kommunikation über diese Bilder und die (eigene) Nutzung der Landschaft geprägt. Dabei kann Nutzung sowohl in einem beruflichen Kontext (Land-, Forstwirtschaft) stehen als auch in der Freizeit (Spazieren, Wandern, Fahrrad fahren) stattfinden. Die Wahrnehmung von Landschaft ist demnach immer geknüpft an die Handlung in ihr. Deshalb kann Landschaft als kultureller Code verstanden werden, sowohl auf der persönlichen Ebene – durch Geschichten und Erinnerungen – als auch auf einer allgemeingültigeren, abstrakten Ebene – im Sinne eines kollektiven Gedächtnisses, das mit der Landschaft verbunden ist.

---

6 Man gebe in eine Bilder-Suchmaschine das Wort „Alpen" ein und wird in der großen Mehrzahl erhabene Bilder so genannter unberührter Natur erhalten, die keine Infrastrukturen sichtbar werden lassen. Das Landschaftserleben, das auf die Infrastrukturen verweisen würde, ist dabei nachrangig vertreten.

Landschaften unterliegen dem Wandel gesellschaftlicher Wertvorstellungen. In den 1980er Jahren waren in vielen westlichen europäischen Staaten rauchende Schornsteine als Zeichen industriellen Fortschritts überholt, weil sich die gesellschaftlichen Rahmenbedingungen, wie der Niedergang der so genannten sichtbar „schmutzigen" Industrien, Umweltgesetze, Produktionsverfahren sowie die gesellschaftlichen Wertevorstellungen, wie ökologisches Bewusstsein, verändert hatten. Mit einem solchen Bild haben wir aus diesem Grund sowohl ästhetisch als auch kognitiv ein Problem. Die schmutzige Industrie, die Landschaft ästhetisch reduziert und entwertet, stellt ein Problem dar (Abbildung 3). Denn wir wissen heute um die Gefahren von Umweltbelastungen und -verschmutzungen. Was vor Jahrzehnten ein „normales" beziehungsweise als fortschrittlich geltendes Verständnis war, hat sich heute durch vermittelte und erlernte Bilder und Wertvorstellungen sowie durch angeeignetes Wissen ins Gegenteil gekehrt.

Die Dechiffrierung der zugewiesenen Bedeutung ist daher zum einen abhängig vom vorherrschenden gesellschaftlichen Wertesystem, zum zweiten kontextabhängig. Wie ein Raum bewertet wird, ist durchaus gruppen-, milieu- und kulturspezifisch.

Abbildung 3: Rauchende Schlote galten lange Zeit als Zeichen des Fortschritts (Foto: Susanne Kost)

Durch Kommunikation wird Landschaft bewusst und präsent. Kommunikationsprozesse bestimmen daher, was bedeutsam ist und legen damit sozio-kulturelles Handeln fest. So gibt es beispielsweise Landschaften, die im kollektiven Bewusstsein stärker präsent sind als andere. Dazu gehören der Harz oder die Lüneburger Heide, die Sächsische Schweiz oder der Schwarzwald. Daran geknüpft sind auf der einen Seite die konkreten Bilder, die man zu der jeweiligen Landschaft erinnert, als auch die mit den Bildern verbundenen ästhetischen Wertvorstellungen über diese Landschaft. Ästhetik „ist damit eine wesentliche Voraussetzung dafür, ob über Landschaft kommuniziert werden kann, ob diese

Kommunikation nur lokal oder allgemein geführt wird" (Ipsen 2003, S. 23). Mit Ästhetik ist dabei aber keineswegs nur das Schöne gemeint. Da Landschaften Bewertungen unterliegen, können auch dem jeweiligen Bewertungsmuster entgegen stehende Landschaften in der Kommunikation auftauchen. Dazu könnte man beispielsweise den Silbersee bei Wolfen in Sachsen-Anhalt zählen, der seit Mitte der 1930er Jahre bis 1992 aus den eingeleiteten hochgiftigen Abfallprodukten und Abwässern der Filmträgerproduktion entstanden war. So schrieb die Berliner Zeitung 1994: „Eines der Symbole der Umweltzerstörung durch die Bitterfelder Industrie ist der Silbersee. Die berühmt-berüchtigte Grube ‚Johannes' beschwor nach der Wende einen wahren Katastrophentourismus herauf". Der Silbersee galt als Zeichen rücksichtsloser Umweltverschmutzung und wurde nicht zuletzt aufgrund seiner enormen Größe allgemein bekannt. Fotografen wiederum entdeckten den Silbersee losgelöst von seinem bedenklichen Inhalt als ästhetisch schönen Raum mit schillernden Farbspielen. An diesem Beispiel wird deutlich, dass Kommunikation über einen Raum oder eine Landschaft von ihrer Besonderheit oder Eigenart abhängt.

Gesellschaftliche Entwicklungen bilden sich in so genannten „Raumbildern" (vgl. Ipsen 1986) ab. Jede Epoche entwickelt eigene, typische Raumbilder. Jede Gesellschaft bringt den ihr eigenen Blick auf Landschaften und Räume hervor. So sind für den Fordismus die geometrisierte, großflächige Agrarlandschaft sowie die Zonierung räumlicher Nutzungen, vor allem in Form intensiver Industriezonen, bestimmend. Diese fordistischen Raumbilder finden wir, um hier nur einige zu nennen, in England (Manchester und Liverpool) und Deutschland (Ruhrgebiet und Chemiedreieck Halle-Bitterfeld-Wolfen) und in Polen (Nova Huta). Die postfordistische Epoche brachte Raumbilder wie das Silicon Valley in den USA hervor.

Raumbilder ermöglichen die Identifikation mit gesellschaftlichen Modernisierungsprozessen. Dazu zählt die Umnutzung alter Industrie- und Logistikzonen, wie der Landschaftspark Duisburg-Nord als Symbol nachindustrieller Neuorientierungen vor Augen führt. Andere Beispiele sind die Umnutzung und Umgestaltung ehemaliger Hafenquartiere, wie die Londoner Docklands oder das östliche Hafengebiet von Amsterdam. Manche dieser Bilder werden zu Raumbildern, das heißt sie prägen die Identität einer Region. Das Raumbild der Emscher sollte durch die Planung und Entwicklung des Emscher Landschaftsparks radikal geändert werden.

Raumbilder werden zudem oft von Raum-, Landschafts- und Stadtplanern, aber auch von Architekten geschaffen. Dies lässt sich meistens in der Rückschau, also in der zeitlichen Distanz feststellen. Im Falle der IBA Emscher Park sind es die vergangenen, identitätsstiftenden Bilder der Industriekultur, die umgedeutet und neu interpretiert wurden. Dass dieser Prozess des Wandels auch in der Bewohnerschaft des Ruhrgebiets wahrgenommen wird, zeigte unsere Befragung. So wurden beispielsweise bei der Frage nach Motiven für eine Ansichtskarte[7] des Ruhrgebiets zu einem Drittel Antworten gegeben,

---

7   Folgende offene Frage wurde gestellt: Stellen Sie sich vor: Ein Fotograph möchte gern eine typische Ansichtskarte vom Ruhrgebiet zusammenstellen. Welche drei Motive gehören Ihrer Meinung nach unbedingt dazu? 2520 Antworten von 1168 gültigen Befragten wurden gegeben.

die eindeutig Motive des Wandels darstellen. Dazu gehören Landschaftsparks und bauliche Elemente wie der Tetraeder[8] auf der Halde Beckstraße in Bottrop. Die Orte der Industriekultur, im Sinne von Zechen und Fördertürmen überwiegen auch 12 Jahre nach der IBA Emscher Park noch. Doch werden auch Orte genannt, die heute eine neue Bedeutung haben, wie die Zeche Zollverein und der Gasometer in Oberhausen. Wichtig erscheint mir hier zu betonen, dass die Transformation der Landschaft des Ruhrgebiets vor allem auf ihrer Umdeutung beruht, in dem die IBA Emscher Park aus der Halde einen Aussichtsberg, aus Abwasserkanälen renaturierte Bäche, aus stillgelegten Zechen für Freizeitaktivitäten geeignete Landschaftsparks „machte". Die Geschichte des Ruhrgebiets ist bis heute ablesbar, seine Transformation für die Bewohner motiv- und damit bildwürdig für eine Ansichtskarte. Die Transformation der Landschaft des Ruhrgebiets ist insofern gelungen, weil funktionale, ästhetische und emotionale Aspekte dieses Raumes und deren Bedeutung für die Bewohner berücksichtigt wurden. Der Tetraeder als künstlerische Intervention in den Raum wird heute von den Bewohnern als Wahrzeichen von Bottrop beziehungsweise des Ruhrgebiets bezeichnet.

Landschaft wird also nicht nur in ihrer naturräumlichen und funktionalen Beschaffenheit, sondern auch anhand ihrer ästhetischen Botschaft bewertet. Die Schönheit einer Landschaft ist für deren Bewohner von wesentlicher Bedeutung, wie Untersuchungen von Ipsen et al. (2003) belegen. Doch die Frage nach der Schönheit einer Landschaft lässt sich heute mit Laien nicht mehr eindeutig klären. Besonders im Kontext einer ästhetischen Bewertung regenerativer Energieträger befinden sich Laien in ihrer Bewertung in einem Dilemma. Windräder und Biogasanlagen werden aus moralischer Sicht, als soziale Verantwortung an der Umwelt etc., positiv bewertet. Ästhetisch werden die Windräder und großflächigen Monokulturen, wie Mais, abgelehnt und Biogasanlagen als Geruchsbelästigung empfunden. Das heißt Veränderungen in der Landschaft führen zu Störungen des Landschaftsbildes, die angenommen oder abgelehnt werden.

Die räumlichen und ästhetischen Konsequenzen der Energiewende werden aus meiner Sicht bisher weder in den Raum analysierenden noch in den Raum entwickelnden Disziplinen ernsthaft bearbeitet. Raumbilder spielen dabei scheinbar keine Rolle. Die Ergebnisse erster Studien zu einer auf den Landschaftsraum bezogenen Platzierung und Anordnung von Windenergieanlagen zeigt Sören Schöbel zwar in seinem Buch „Windenergie und Landschaftsästhetik" auf (Schöbel 2012), thematisiert jedoch nicht die Konsequenzen für die Planungspraxis. Die Energiewende erfordert eine Konvergenz von etablierter Landschafts- und Raumplanung und nachhaltiger Landschafts- und Raumgestaltung. Wie sieht die Landschaft nach der Energiewende aus? Welche bildlich-räumlichen Konsequenzen bringen Stromtrassen, Windräder, nachwachsende Rohstoffe, Verarbeitungs- und Speicherindustrien mit sich? Welches Raumbild soll entwickelt werden, dass eine Region zukünftig repräsentieren soll? Brauchen wir eine IBA Energiewende, um geeignete, konkrete Raumbilder entwickeln zu können?

---

8 Der Tetraeder auf der Halde Beckstraße in Bottrop wurde als Landmarke „Haldenereignis Emscherblick" im Rahmen der IBA Emscherpark 1995 errichtet.

4   Gesellschaftliche und individuelle Akzeptanz

Der Akzeptanz erneuerbarer Energien kommt eine immer größere Bedeutung zu. Seit 2011 wurden auf Bundesebene eine Reihe von Forschungsprogrammen[9] ausgeschrieben, die sich sowohl im Kern als auch begleitend zu technischen Innovationen im erneuerbare Energiebereich mit der Frage der Akzeptanz der Erneuerbaren auseinandersetzen. Oft wird dabei auf die gesellschaftliche Ebene der Transformation des Energiesystems, in Form einer allgemeinen Bereitschaft oder Einstellung, abgehoben.

Auch wenn, wie Hübner (2012, S. 118 ff.) ausführt, die Frage der Akzeptanz für den Ausbau der Erneuerbaren eine große Rolle spielt und in nationalen wie europäischen Leitfäden für die Umsetzung als wichtige Voraussetzung enthalten ist, gibt es immer wieder Klagen gegen Windparks oder aktuell Bürgerbegehren gegen die geplanten Stromtrassenführungen. Beeinträchtigungen des Landschaftsbildes stellen dabei den am häufigsten genannten Konfliktpunkt dar (vgl. Hübner 2012, S. 125). Die Frage nach der Akzeptanz ist dabei sehr komplex. Nach Wüstenhagen et al. (2007) und Hübner (2012, S. 119) gibt es ein Drei-Ebenen-Modell der Akzeptanz, das die sozio-politische, lokale und Markt-Akzeptanz beinhaltet (s. Abbildung 4).

Abbildung 4: Drei-Ebenen-Modell der Akzeptanz (Entwurf der Autorin in Anlehnung an Hübner 2012, S. 119)

Die sozio-politische Akzeptanz umfasst die gesellschaftliche, übergeordnete Ebene von Akzeptanz, also generelle Einstellungen. So haben beispielsweise schon vor der nuklearen Katastrophe in Fukushima „über 70% der bundesdeutschen Bevölkerung für den Ausbau und die Förderung der EE [Erneuerbaren Energien, Anm. der Verf.]" (Hübner 2012,

---

9 Unter anderem der BMBF-Themenschwerpunkt „Umwelt- und gesellschaftsverträgliche Transformation des Energiesystems" vom Dezember 2011, die BMU-Förderung von Untersuchungen zu disziplinübergreifenden Fragestellungen im Rahmen der Gesamtstrategie zum weiteren Ausbau der Erneuerbaren Energien (EE) vom April 2012.

S. 118) votiert. Vielleicht könnte man diese Einstellungen auch Raum-unabhängig nennen, da es sich hier zunächst nur um die Inhalte, aber nicht um eine Umsetzung in einem konkreten Raum handelt. Man könnte dies zum Beispiel mit der gesellschaftlich getragenen Notwendigkeit eines atomaren Endlagers vergleichen, für dessen Zustimmung aber auf lokaler Ebene, also in einem konkreten Raum, größte Bedenken und Widerstände bestehen. Die lokale Akzeptanz bündelt die Interessen kommunaler Entscheidungsträger und der Bürgerinnen und Bürger und bildet damit den konkreten Raumbezug. Die Markt-Akzeptanz bildet die Einstellungen der Unternehmen, Geldinstitute und Investoren ab. Darunter fallen auch individuelle Investoren wie beispielsweise Bewohner eines Ortes, die in einen Bürger-Windpark investieren. Die Markt-Akzeptanz ist daher sowohl auf der lokalen wie auf einer Raum-unabhängigen Ebene zu finden.

Betrachtet man nun EE-Großprojekte wie Wind- und Solarparks oder Starkstromtrassen in einem konkreten Raum, so hängt deren Akzeptanz sehr stark von der lokalen und Markt-Akzeptanz ab. Je mehr Bewohnerinnen und Bewohner durch individuelle Investitionen in das Projekt involviert sind, desto mehr steigt die Akzeptanz. Wird aber das gleiche Vorhaben durch Fremdinvestitionen, wie beispielsweise von einem lokal nicht verankerten Energiekonzern, geplant, können sich Bürgerproteste formieren. Hübner (2012, S. 124-125) hat dabei herausgearbeitet, dass „je mehr positive und je weniger negative Konsequenzen seitens der lokalen Bevölkerung erwartet werden und je gerechter die Situation erlebt wird, desto wahrscheinlicher nimmt die Akzeptanz zu. […] Jeder Problemfall weist Spezifika auf, aber es lassen sich die häufigsten Konfliktfelder benennen: Landschaftsbild, Emissionen, Immobilienwerte und Naturschutzfragen." Das heißt die Frage der Akzeptanz des Ausbaus der Erneuerbaren Energieträger oder genereller gesagt, landschaftsverändernder Großvorhaben hängt von einem komplexen Gefüge individueller Einstellungen und Einbindungen ab. „Zusammengefasst wird eine Industrialisierung der Landschaft befürchtet und ein damit verbundener Verlust an Attraktivität oder regionaler Identität" (Hübner 2012, S. 125). Die Ergebnisse von Hübner zeigen sehr deutlich, dass auf der Ebene der lokalen Akzeptanz die Gefährdung oder Beeinträchtigung bestehender Raumbilder befürchtet wird. Es scheint zumindest im Kontext der Energiewende noch nicht gelungen zu sein, für die alternativen Energien konkrete Raumbilder zu entwickeln.

5   Landschaftsbewusstsein und regionale Identität

Obwohl die Qualität und Ästhetik einer Landschaft zunehmend für Städte und Gemeinden für die Ansiedlung von Unternehmen und neuen Bewohnern wichtig ist, gibt es kaum empirische Untersuchungen, die sich mit dem Landschaftsbewusstsein von Laien beschäftigen. Im Landschaftsbewusstsein spiegeln sich jedoch die komplexen Beziehungen, Interessen und Reflexionen von Bewohnern eines Raumes wider (Abb. 5). Mit Ausnahme der Arbeiten von Ipsen (2003) und Meier/Bucher (2010) verfolgen andere anwendungsbezogene Untersuchungen zur Wahrnehmung und Bewertung von Landschaft den Blickpunkt der Fachleute oder, wie Kühne (2008) darlegt, der Spezialisten der Landschaft, also Vertreter von Naturschutz, Landschaftsplanung und -ökologie, Eingriffs- und Ausgleichsregelungen. Die Perspektive der Bewohner, die Landschaft auf vielfältige Art und Weise nutzen, bleibt im Vorfeld landschaftsbezogener Planungsprozesse zumeist unberücksichtigt oder wird nur rudimentär und interessengeleitet erfasst.

	Kognitive Beziehung	Ästhetische Beziehung	Emotionale Beziehung	Körperlich-physische Beziehung
Naturraum	Biologie, Ökologie, Naturschutz etc.	Naturästhetik, Naturbeobachtung	Naturliebe	Klima, Wetter, Topographie
Nutzung	Landschaftsgeschichte, Standortwissen etc.	Wahrnehmung des Kulturraumes	Nutzungsbindungen, Standortbedeutung	Freizeit, Arbeit
Soziale Strukturierung	Eigentumsverhältnisse, Rechtliche Regelungen, etc.	Besondere Orte, Persönlichkeiten	Soziale Netzwerke, Räumliche Milieus	Raumstrukturen, Nutzungsvorgaben
Kulturelle Bedeutung	Märchen, Literatur, Malerei	Symbolische Bedeutung besonderer Orte	Dialekt, Heimat, Identität	Gewohnheiten, Erholung, Sport

Abbildung 5: Dimensionen des Landschaftsbewusstseins (Ipsen et al. 2003, S. 24; Meier/Bucher 2010, S. 36; ergänzt durch die Autorin)

Mit dem Ausbau der erneuerbaren Energien wird ein Verlust an regionaler Identität und Attraktivität befürchtet.

Was heißt aber Identität? Identität ist vor allem das Ergebnis eines kommunikativen Prozesses. Die Bewohner eines Raumes reden über seine Eigenschaften, über Besonderheiten, Vorteile und Nachteile.

Auf dieser Grundlage entstehen das Image eines Raumes und eine emotionale Beziehung der Bewohner zu einem Raum. In der Identität bündeln sich rationale Wahrnehmungen und emotionale Bindungen. Man kennt einen Raum und fühlt sich ihm verbunden, geht Bindungen ein und versteht sich selbst als Teil des Raumes und wird von ihm geprägt. Die Entscheidung in einem Raum zu bleiben, in ihm zu arbeiten, zu investieren ist die Folge dieser Identität.

Der Bezug zwischen der Identität der Menschen und der Bedeutung des Raumes hängt zum einen von der ‚Bedeutungskraft eines Raumes‘ selbst ab. Es gibt relativ bedeutungsleere Räume, die keinen eigenen Namen haben, die in kleine und kleinste Teile gegliedert und so von außen nicht erfahrbar sind, deren Geschichtlichkeit sich nicht in kollektiven Erfahrungen und allgemein geteilten Symbolen niederschlägt. Demgegenüber gibt es bedeutungsstarke Räume, deren Wirkung weit über die eigentlichen Raumgrenzen hinausreicht. Welche Räume bedeutsam sind, wird erst durch Kommunikation bewusst und präsent. (Ipsen 1999: 154)

Das kommunikative Potenzial eines Ortes verweist auf seine Fähigkeit, Identitätsangebote für jeweils spezifische Gruppen bereit zu stellen. Um Identität zu verstehen, muss man die Biografie einer Person, die Werte einer sozialen Gruppe, die Kultur einer Zeit untersuchen. Dabei wird man feststellen, dass Identität eher ein Prozess als ein Zustand ist. Da sich Identitäten aufbauen und abbauen, kommt es zu individuellen und kollektiven Auf- und Abwertungen von Räumen. (vgl. Ipsen; Kost 2007)

Wenn wir beispielsweise das Ruhrgebiet betrachten, dann hat es gravierende Veränderungen durch die Industrialisierung gegeben, die das Ruhrgebiet zum Ruhrpott / Kohlerevier machten und damit explizit auf die prägende Nutzung jener Zeit verweisen. In der Blütezeit waren Stahlwerke, Zechen, die Steinkohleförderung und -verarbeitung positiv besetzte Begriffe und Handlungen. Mit dem Niedergang der Montanindustrie, der zunehmenden Arbeitslosigkeit, der Abschaffung des von der bundesrepublikanischen Gesellschaft getragenen Kohlepfennigs und keinen wirtschaftlichen Alternativen wurde aus dem Ruhrgebiet ein negativ besetzter Name. Das Ruhrgebiet wurde als „Dreckschleuder der Nation" bezeichnet und mit dem Bild einer kaputten Region gleichgesetzt. Mit der Internationalen Bauausstellung Emscher Park, die von 1990-2000 im Ruhrgebiet stattfand, wurde der Versuch unternommen, durch eine Umdeutung vormaliger Nutzungen ein neues Ruhrgebiets-Image zu kreieren – aus Halden wurden Aussichtsberge, aus Zechen und Hochöfen Orte der Kultur und Freizeit. Die Dechiffrierung der Zeichen hängt von der Definition gesellschaftlicher Wertevorstellungen einer Zeit ab und beginnt bereits beim Betrachten mit einer Interpretation und Bedeutung des Wahrgenommenen.

6   Resümee

Die Umsetzung der Energiewende basiert heute noch zu sehr auf den Einzelinteressen der Länder und berücksichtigt im Kontext einer lokalen Akzeptanz zu wenig die Vielschichtigkeit der Einstellungen und Bewertungen der Bewohner einer Landschaft. Stärker noch, Beispiele wie Stuttgart 21 oder die Blockade des Netzausbaus machen deutlich, dass eine veränderte Planungskultur notwendig ist.

Der Beitrag sollte zeigen, dass die Wahrnehmung von Räumen und ihren Zeichen und Symbolen auf dem sozialen Kontext und Bedürfnissen sowie den reflektierten Erfahrungen des Betrachters beziehungsweise des Bewohners einer Region basiert. Räume entstehen nicht zufällig, sondern unterliegen (zumeist) den Konzepten von Planern und Architekten, die mit der Gestaltung Räume so verändern, dass neue Bilder produziert werden und sich im Bewusstsein der Bewohner einer Region manifestieren, das heißt sich im kollektiven Gedächtnis verankern und damit neue Identifikationen aufbauen (können). Die Internationale Bauausstellung Emscherpark hat damit das Image des Ruhrgebietes entscheidend verändert. Die Krise der Montanindustrie konnte damit zwar nicht verhindert werden, wohl aber der Verfall der Identität einer ganzen Region. Image und Identität liegen hier nah beieinander und bedingen sich. Das Bild einer Region wirkt sowohl nach Außen wie auch nach Innen. Es führt zu individuellen und kollektiven Auf- und Abwertungen einer Region und trägt zur Entwicklung einer starken oder schwachen Identität zu diesem Raum bei. Das heißt der Wandel vom Kohle- und Stahlpott zu einer Kultur- und Freizeitregion ist eng verbunden mit der Entwicklung einer neuen Sinnfunktion für diesen Raum und zeigt sich in der Produktion neuer Bilder und Werte und nicht in der funktionalen Umsetzung einer (neuen) Landnutzung. Die Sinnfunktion eines Raumes ist dabei „das primäre und bestimmende, die Raumstruktur das sekundäre und abhängige Moment" (Cassirer 2010, S. 177). Spätestens mit dem Europäischen Kulturhauptstadtjahr 2010 wirkt diese „neue" Sinnfunktion als Bild sowohl nach innen wie auch nach außen. Identitätsprozesse sind mit der Entwicklung eines Raumes also sowohl aktiv verbunden – sie wirken auf Entwicklungen ein – als auch passiv, sie bilden sich durch Entwicklungen. In diesem Sinne sind Planer, Architekten, Designer, Künstler und Bauingenieure nicht zuletzt Produzenten sozialer und kultureller Identitäten.

Mit der IBA Emscher Park ist das Bild einer Landschaft neu entwickelt worden. Elemente, wie die typischen Schlote, Halden und andere altindustrielle Anlagen, wurden als das Prägende des Ruhrgebietes in einer ästhetisierten Weise wiederentdeckt oder wie Ipsen (2006: 93f.) es ausdrückt „Das Neue ist eingebettet in die vertraute Ordnung des Alten." Man könnte auch sagen, dass der durch die Industrie erzeugte Landschaftsschaden heute im Sinne der neuen Nutzung unbedingt erhaltenswert ist.

Planerische Visionen suchen meist nach einem Leitbild für eine Landschaft. Dieses Leitbild kann die vorhandenen, gesellschaftlichen Strukturen als Basis aufgreifen, muss aber gleichzeitig ein Bild einer Gesellschaft entwickeln, das sich in dieser Landschaft widerspiegelt. Es geht also sowohl um die Entwicklung geeigneter Raumbilder als auch um die Vermittlung dieser Bilder nach Innen und Außen. Sie müssen also zum einen die Lebenswelt und Identität der Bewohner in und zu ihrer Region berücksichtigen, zum anderen ein Image und die Vermittlung von (Raum-) Bildern nach außen zur Repräsentation der Region entwickeln. Beruht eine Identität und Verbundenheit der Bewohner mit ihrer Landschaft eher auf der Fixierung auf vertrauten, „alten" Bildern oder kann es gelingen, für die „neuen" (Energie-) Landschaften konkrete Raumbilder zu entwickeln?

Den komplexen Anforderungen an die Energiewende können tradierte landschafts- und regionalplanerische Instrumente und Methoden, die disziplinäre „Entweder-Oder-Ansätze" verfolgen, nicht gerecht werden. Gleichzeitig ist die Frage der Akzeptanz keine, die sich nur auf das Landschaftsbild als ästhetische Komponente reduzieren lässt, sondern Aspekte regionaler Identität und des Landschaftsbewusstseins berücksichtigen muss.

Die Energiewende erfordert daher großräumige Planungsstrategien und -konzepte, die

a) den Landschaftsraum mit seinen Funktionen, Nutzungen und Qualitäten als Ganzes betrachten,

b) das komplexe Gefüge konkurrierender Nutzungen (Gewerbe, Landwirtschaft, Freizeit- und Tourismus etc.) interdisziplinär bearbeiten und

c) einer gesellschaftlichen Breite (auch in dem Sinn, dass der Raum Gelegenheiten und Möglichkeiten anbietet, die eine Vielzahl von Aktivitäten im jeweiligen Kontext zulässt) einen geeigneten Zugang zu den anstehenden Fragestellungen und eine frühzeitige Beteiligung an der Planung und Entwicklung regenerativer Energie-Regionen ermöglichen.

Es bedarf daher verschiedener methodischer Ansätze und Zugänge, um die anstehenden (raum-strukturellen) Veränderungen nicht nur als Bedrohung bestehender Verhältnisse zu interpretieren, sondern die Chancen dieser Veränderungen für eine nachhaltige Entwicklung der Regionen und Kommunen erkennbar, kommunizierbar und damit nutzbar zu machen. Es kann also nicht nur um eine praktische und abgestimmte Ausweisung von regenerativen Energie-Räumen gehen, sondern darum, geeignete Raumbilder zu entwickeln, die regionale Identitäten aufgreifen und stärken können. Beispiele dafür, wie Umdeutungen und Inwertsetzungen von Landschaftsräumen, aber auch Verstärkungen eines bestehenden Landschaftsbildes durch regenerative Energien entwickelt werden können, gibt es bereits.[10]

Literatur

Ahrens, D. (2006). Zwischen Konstruiertheit und Gegenständlichkeit – Anmerkungen zum Landschaftsbegriff aus soziologischer Perspektive. In U. Giseke & K. Wieck (Hrsg.), *Perspektive Landschaft*. (S. 229-239) Berlin: Wissenschaftlicher Verlag.

Arbeitsgemeinschaft Energiebilanzen e.V. (2012). http://www.ag-energiebilanzen.de/viewpage.php?idpage=187&viewpic=1345722486.jpg. Zugegriffen: 28. Oktober 2012.

Berliner Zeitung (1994). Am Silbersee quaken wieder Frösche. Textarchiv der Berliner Zeitung. Online-Beitrag vom 27. April 1994. http://www.berlinonline.de/berliner-zeitung/archiv/.bin/dump.fcgi/1994/0727/none/0008/index.html. Zugegriffen: 28. Oktober 2012.

Bundesministerium für Umwelt, Naturschutz und Reaktorsicherheit (2012). *Erneuerbare Energien in Zahlen. Nationale und internationale Entwicklung*. Referat Öffentlichkeitsarbeit. Berlin.

Burckhardt, L. (1995). *Die Landschaft als Kulturgut. Landschaft ist transitorisch – zur Dynamik der Kulturlandschaft*. Reprint Nr. 54. Gesamthochschule Kassel. Fachbereich Stadtplanung und Landschaftsplanung. Infosystem Planung.

Cassirer, E. (2010). *Schriften zur Philosophie der symbolischen Formen. Philosophische Bibliothek. Auf der Grundlage der Ernst Cassirer Werke (ECW) herausgegeben von Marion Lauschke*. Hamburg: Felix Meiner.

Gröning, G. & Herlyn, U. (1996) (Hrsg.). *Landschaftswahrnehmung und Landschaftserfahrung*. Münster: Lit.

Haberl, H., Amann, C. & Bittermann, W. (2001). *Die Kolonisierung der Landschaft. Indikatoren für nachhaltige Landnutzung*. In Schriftenreihe des BMBWK. Forschungsschwerpunkt Kulturlandschaft. Nr. 8. Wien.

Hübner, G. (2012). Die Akzeptanz von erneuerbaren Energien. In Ekhardt, F. et al. *Erneuerbare Energien. Ambivalenzen, Governance, Rechtsfragen*. (S. 117-137). Marburg: Metropolis.

Ipsen, D. (1999). Was trägt der Raum zur Entwicklung der Identität bei? Und wie wirkt sich diese auf die Entwicklung des Raumes aus? In Thabe, S. (Hrsg.): *Räume der Identität – Identität der Räume*. IRPUD (Dortmunder Beiträge zur Raumplanung: Blaue Reihe, 98). Dortmund. (S. 150–159).

---

10 Vgl. Hübner (2012, S. 127) – Die genannten Beispiele zeigen, das durch die Einbindung der lokalen Öffentlichkeit eine aktive Auseinandersetzung mit aktuellen Themen, wie der Entwicklung von Windparkstandorten, die Akzeptanz gegenüber regenerativen Energien erhöht werden kann und nach Möglichkeiten der Inwertsetzung eines ehemaligen Militärflugplatzes gesucht wird. Ein anderes Beispiel zeigt auf, wie lokale Akteure mit Hilfe geeigneter Informationen herausarbeiten, dass der geplante Windpark gut sichtbar auf dem Kamm eines Höhenzugs zur Verstärkung des bestehenden Landschaftsbildes platziert werden soll.

Ipsen, D., Reichhardt, U., Schuster, S., Wehrle, A. & Weichler, H. (2003). *Zukunft Landschaft. Bürgerszenarien zur Landschaftsentwicklung.* Arbeitsberichte des Fachbereichs Architektur, Stadtplanung, Landschaftsplanung, Heft 153, Universität Kassel.

Ipsen, D. & Kost, S. (2007). The identity of place and its meaning for regional development. In City and Regional Branding. Regions. The Newsletter of the Regional Studies Association. Nr. 268. (S. 12-14).

Kaufmann, S. (2005). *Soziologie der Landschaft. Reihe Stadt, Raum und Gesellschaft.* Wiesbaden: VS Verlag für Sozialwissenschaften.

Kost, S. (2009). *The Making of Landscape. Eine Untersuchung zur Mentalität der Machbarkeit, ihre Auswirkungen auf die Planungskultur und die Zukunft der europäischen Kulturlandschaft. Am Beispiel Niederlande.* Marburg: Metropolis.

Kühne, O. (2008). *Distinktion – Macht – Landschaft. Zur sozialen Definition von Landschaft.* Wiesbaden: VS Verlag für Sozialwissenschaften.

Küster, H. (1999). *Geschichte der Landschaft in Mitteleuropa. Von der Eiszeit bis zur Gegenwart.* München: Beck.

Meier, C. & Bucher, A. (2010). *Die zukünftige Landschaft erinnern. Eine Fallstudie zu Landschaft, Landschaftsbewusstsein und landschaftlicher Identität in Glarus Süd.* Bristol-Schriftenreihe Bd. 27. Bern: Haupt.

Schöbel, S. (2012). *Windenergie & Landschaftsästhetik. Zur Landschaftsgerechten Anordnung von Windfarmen.* Berlin: Jovis.

Sieferle, R. P. (1998). Die totale Landschaft. In Michel, K. et al. (Hrsg.). *Kursbuch Neue Landschaften.* (S. 155-169). Heft 131. Berlin: Rowohlt.

Wüstenhagen, R., Wolsink, M. & Bürer, M. J. (2007). Social Acceptance of Renewable Energy Innovation - an Introduction to the Concept, *Energy Policy 35.* (S. 2683– 2691). Online-Dokument: A05_Wuestenhagen_Wolsink_Buerer_EnPol_2007.pdf. Zugegriffen: 28. Oktober 2012.

Vielfalt, Eigenart und Schönheit des Landschaftsbilds einklagen – über eine ästhetische Konstruktion gerichtlich entscheiden: Das Beispiel erneuerbare Energien

9

Nils M. Franke & Hildegard Eissing

1 Einleitung

Die erneuerbaren Energien haben große Auswirkungen auf die Gestaltung von Natur und Landschaft, und diese Auswirkungen werden mit der Zahl der entsprechenden Anlagen zunehmen. Proteste gegen Überlandleitungen oder Speicherkraftwerke sind vorprogrammiert.

Die daran beteiligten gesellschaftlichen Akteure sind so vielfältig wie die ihnen zur Verfügung stehenden Mittel des Protests, der Ablehnung oder der Sanktionierung. Einer dieser Akteure, der aus unterschiedlichen Perspektiven, aber nicht zuletzt auf Grund der Einforderung eines nachhaltigen Umgangs mit den immer geringer werdenden Ressourcen zunehmend Bedeutung erhält, ist der Natur- und Umweltschutz. Er ist in Deutschland dreigliedrig organisiert: als Teil der öffentlichen Verwaltung, als privat organisierter Verband wie die Natur- oder Umweltschutzschutzvereine und als Ehrenamt.

Dem Naturschutz gelang es in den 1970er Jahren zwei rechtliche Instrumente zu etablieren, die seine Rolle klar von der anderer Akteure unterscheiden:

- Die Eingriffsregelung im Bundesnaturschutzgesetz, durch die auch ästhetische Aspekte wie das Landschaftsbild geschützt werden sollen, und
- die Verbandsklage, die eine rechtliche Besonderheit darstellt, weil sie den Natur- und Umweltschutzverbänden erlaubt, ohne individuelle Betroffenheit ein Rechtsgut einzuklagen, in diesem Fall die Schönheit, Eigenart und Vielfalt des Landschaftsbildes.

Beide Instrumente spielen im Rahmen von Zulassungsverfahren für Anlagen der Energieversorgung eine wichtige Rolle. Die Eingriffsregelung *ist* anzuwenden, zur Verbandsklage *kann* es im Einzelfall kommen.

Bei der Verwirklichung der Energiewende stellt sich also die Frage, wie beide Instrumente genutzt werden, um eine rechtliche Entscheidung über eine ästhetische Frage der Landschaftsgestaltung zu begründen und zu vollziehen.

In diesen Fällen ist der zentrale Begriff der der Landschaft: In den letzten Jahren ist es mehr oder weniger gut gelungen, den methodischen Ansatz zu etablieren, *Landschaft als ästhetisches Konstrukt* zu begreifen (Kühne 2008). Das Landschaftsbild wird von dem Betrachter in seinem Kopf konstruiert. Dieser Ansatz beinhaltet die Botschaft: Planung muss zwangsläufig Planung mit den Menschen sein, mit den Bildern in ihren Köpfen und nicht Planung über ihre Köpfe hinweg.

Zu dieser Entwicklung trug aber auch die Ablehnung von Planungen bei, deren zurzeit prominenteste Beispiele in Deutschland die Auseinandersetzungen um Stuttgart 21 oder um die Waldschlösschenbrücke in Dresden sind. Menschen, die sich an Bäume ketten, Demonstranten, die über Wochen hinweg protestieren, eine Landesregierung, die abgewählt wird. Nichtsdestotrotz passierte das Planungsvereinheitlichungsgesetz (PlVereinhG) ohne große öffentliche Aufmerksamkeit Bundestag und Bundesrat. Bereits 2006 wurden planungsbeschleunigende Regelungen in sechs Fachgesetzen eingeführt. Das neue Gesetz will das Planfeststellungsverfahrensrecht vereinheitlichen, so dass die angestrebte Verfahrensbeschleunigung besser wirksam werden kann (vgl. PlVereinhG).

Partizipation ist ein notwendiges Element in einer demokratischen Planung. Die Vorstellungen in den Köpfen der Menschen sind für Ablauf und Ergebnis von Planungen von hoher Bedeutung, und sie sind vielfältig – auch die von Landschaft! Das Konstrukt Landschaft besitzt einen individuell ausgeprägten wie auch einen kollektiven Begriffsinhalt, der auf einen engeren Kanon von Inhalten zurückgeführt werden kann (Franke et al. 2009).

Damit stellt sich die Frage: Wird das Landschaftsbild, das in §14 des Bundesnaturschutzgesetzes (BNatSchG) als Rechtsgut definiert und dessen Schutz letztlich einer Klage zugänglich ist, tatsächlich eingeklagt, und wird das bei der weiteren Entwicklung der Energiewende eine Rolle spielen?

2   Rechtlicher Hintergrund

Der rechtliche Schutz von Vielfalt, Schönheit und Eigenart des Landschaftsbildes, wie er in § 14 Abs. 1 in Verbindung mit § 1 BNatSchG gesichert ist, bedeutet letztlich die Einklagbarkeit eines ästhetischen Konstrukts.

Manchen könnte es merkwürdig erscheinen, dass eine subjektive Beurteilung rechtlich einklagbar sein soll. In Bezug auf § 1 BNatSchG bedeutet dies, dass offenbar eine Norm sanktionsfähig kodifiziert wurde, die nach wissenschaftlichen Prinzipien nicht objektiv entschieden werden kann. Das ist übrigens kein Einzelfall, sondern öfters anzutreffen. Wir haben es hier mit sogenannten „unbestimmten Rechtsbegriffen" zu tun, und für den Umgang mit ihnen gibt es eine gefestigte Rechtsprechung (vgl. den Eintrag „unbestimmte Rechtsbegriffe" in Creifelds et al. 2007, S. 1188).

Aber natürlich entstehen zahlreiche Fragen. Eine von ihnen ist: Wie will ein Gericht diesen Fall entscheiden?

Die Frage nach einem potenziellen Kläger ist auf zwei Ebenen gelöst: Derjenige, der in seinen Rechten betroffen ist, und darüber hinaus die anerkannten Naturschutzvereinigungen im Rahmen der Verbandsklage.

Viele Naturschutzverbände stehen den Erneuerbaren Energien und dem Netzausbau nicht negativ gegenüber. Sie setzen sich aber dafür ein, dass die Streuung der Anlagen im Raum gelenkt wird, so dass sensible Bereiche unbeeinträchtigt bleiben (Yacoub und Strub 2012). Sie können gemäß § 64 BNatSchG in Verbindung mit § 2 des Umwelt-Rechtsbehelfsgesetzes (UmwRG) die sogenannte Verbandsklage nutzen, um die Schönheit der Landschaft zu bewahren.

Die Verbandsklage ist eine besondere Errungenschaft der Naturschutzlobby, die – einmalig im deutschen Recht – den anerkannten Naturschutzvereinigungen das Recht gibt, vor Gericht aus Gründen des Naturschutzes, also aufgrund eines öffentlichen Belangs, zu klagen, wenn sie sich in ihrem satzungsgemäßen Aufgabenbereich berührt sehen, ohne in eigenen Belangen betroffen zu sein. Dieses Instrument wird sicher auch nach Fertigstellung der in der Nord- und Ostsee zwar zugelassenen, aber erst in wenigen Ansätzen realisierten Windparks eine zunehmende Rolle spielen, wenn es zu einem Ausbau der Überlandleitungen kommt, um den Strom im Norden Deutschlands nach Süden zu transportieren, und Energiespeicher errichtet werden müssen.

Das wird Eingriffe in Natur- und Landschaft nach sich ziehen und möglicherweise entsprechende Klagen der BürgerInnen und Verbände provozieren.

Ist dies wahrscheinlich? Werden die Windparks, die entsprechenden Überlandleitungen und sonstigen Bauwerke der Energiewende Widerstand in der Bevölkerung hervorrufen?

Wir wissen, dass ästhetische Gesichtspunkte gerade bei der Ansiedlung von Erneuerbaren Energien eine besondere Rolle spielen. Repräsentative Umfragen haben ein um das andere Mal deutlich gemacht, dass die BügerInnen unter Naturschutz in erster Linie den Schutz einer heimatlichen und schönen Landschaft verstehen (vgl. BMU/UBA 2010). Naturschutz erhält in der Gesellschaft aufgrund seines Eintretens für ein schönes Landschaftsbild hohen Zuspruch. Die repräsentative Umfrage „Naturbewusstsein 2011" (BMU/BfN 2012, S. 19) stellt fest, dass Veränderungen von Natur und Landschaft infolge der Energiewende weitgehend akzeptiert sind – natürlich nur auf einem relativ abstrakten Niveau –, dass aber die Zunahme von Hochspannungsleitungen und der vermehrte Holzeinschlag in Wäldern zur Gewinnung von Energieholz von einer Mehrheit abgelehnt werden.

3　　Die richterliche Hilfskonstruktion – der „Homunculus"

Da der Schutz des Landschaftsbildes vor Beeinträchtigungen eine Forderung ist, die die Naturschützer seit ihrer Institutionalisierung um 1880 stellen, verfügen wir über Fallbeispiele, aus denen wir lernen können, wie Verwaltungsrichter mit einer Klage gegen die Beeinträchtigung des Landschaftsbildes umgehen. Ausschlaggebend ist häufig der Vorort-Termin, das heißt wenn sich Kläger, Beklagte und der Richter vor Ort einen Eindruck von dem zu errichtenden Bauwerk und seiner Lage im Raum verschaffen. Letztendlich entscheidet der Richter – Landschaft als ästhetisches Konstrukt –, ob der Eingriff eine Beeinträchtigung für das Landschaftsbild darstellt.

Da eine willkürliche Entscheidung gemäß dem Rechtsstaatsprinzips in Deutschland verboten ist, muss er eine rechtlich und damit implizit eine zumindest intersubjektiv nachvollziehbare und reproduzierbare Begründung für sein zugegeben subjektives Urteil finden.

Dabei stützt der Richter sich häufig auf ein Urteil des Oberverwaltungsgerichts (OVG) Hamburg aus dem Jahr 1952. Damals wurde ein „Homunculus" erfunden, also eine fiktive Figur, die helfen soll, das Problem zu lösen: die Gestalt des „gebildeten Durchschnittsbetrachters". Der Richter stellt sich also die Frage, ob ein gebildeter Durchschnittsbetrachter den Eingriff als eine Beeinträchtigung des Landschaftsbildes empfinden würde, und richtet dementsprechend seinen Urteilsspruch aus (OVG Hamburg, Urt. Vom 29.02.1952). In einem Urteil des Verwaltungsgerichts (VG) Koblenz aus dem Jahr 2009 wurde einem Windkraftwerk mit einer Leistung von 500 kW, einer Nabenhöhe von 65 m und einem Rotorradius von 20,2 m die Baugenehmigung versagt, weil es für das Anliegergehöft eine „unzumutbare optische Bedrängung" darstellte und „der Eigenart der Umgebung" – und damit dem Landschaftsbild – nicht entspreche (VG Koblenz, Urt. vom 6. Januar 2009). Die Urteilsbegründung gibt uns also einen guten Einblick in das Bild von Landschaft, dessen Wertschätzung dem Homunculus des Gerichts unterstellt wurde.

In der Spanne zwischen 1952 und 2009 gibt es natürlich eine Vielzahl von Urteilen und Urteilsbegründungen zu analogen Sachverhalten. Werten wir entsprechende Entscheidungen nach 1952 aus, dann finden wir immer wieder ähnliche Werturteile (Eissing 2006, S. 145-159). Beispielsweise sprach das OVG Saarlouis 1981 vom „reizvollen Gegensatz zwischen bewaldeten Hängen und offenem Talgrund", der nicht gestört werden dürfe (OVG Saarlouis, Urt. vom 06.05.1981). Oder das OVG Münster 1980 beschrieb die „Unverfälschtheit" von „[...] Farben und Formen in Flora und Relief" (OVG Münster, Urt. vom 03.11.1980).

Das VG Karlsruhe führte 2002 die „[...] weitgehende Unberührtheit der Landschaft [...]" an, meinte damit aber eine land- und forstwirtschaftlich genutzte Kulturlandschaft (VG Karlsruhe, Urt. vom 16.10.2002). Im gleichen Jahr berücksichtigte das Verwaltungsgericht Freiburg, den „[...] Charakter einer von Wald umrahmten und auch mit ihm wechselnden geradezu parkartigen Weidelandschaft [...] [,die] einen besonderen Reiz auf Besucher und Urlauber ausübt. Nur er wirkt der Eintönigkeit und Konturlosigkeit geschlossener Wälder entgegen, welche ansonsten die teilweise alpin wirkende Gebirgigkeit des Südschwarzwaldes überdecken [...]" (VG Freiburg, Urt. vom 14.11.2002).

Die Windenergie betrifft ein Urteil des VG Karlsruhe von 2002, das ausführt: Ein „[...] völlig ununterbrochener Horizont sowie ein Fernblick auf typische Landschaftselemente und Landschaften [...]" spiegeln den Wunsch nach einem „Rahmen" für die Wahrnehmung der Landschaft (VG Karlsruhe, Urt. vom 16.10.2002). Hier konnte es sich auf ein Bundesverwaltungsgerichtsurteil von 1997 stützen, das ausführte: Damit dieser „Rahmen" nicht gestört wird, wird „[...] das öffentliche Interesse an der Erhaltung eines harmonischen Übergangs von der Bebauung zur freien Landschaft an einem gut einsehbaren Hang [...]" als öffentlicher Belang bezeichnet, der vom Bauherrn zu respektieren ist (BVerwG, Urt. vom 15.05.1997).

4 Schlussbetrachtung

Die Erhaltung der Schönheit und Eigenart des Landschaftsbildes ist somit einklagbar. Konkret wird dies im Rechtsstreit durch einen Richter entschieden, der häufig einen „gebildeten Durchschnittsbetrachter" imitiert und damit versucht, den bürgerlichen Bildungskanon in Bezug auf das Landschaftsempfinden als intersubjektiv vermittelte Basis seiner Wertsetzung heranzuziehen.

Analysieren wir diese Urteilsbegründungen und die dahinter stehenden Wertsetzungen, finden wir ein Landschaftsbild, das uns etwa in den Gedichten Eichendorffs, in Novellen Tiecks oder im „Heinrich von Ofterdingen" des Novalis begegnet: Es entspricht kulturhistorisch weitgehend dem Landschaftsbild vor der Industrialisierung.

Wenden wir den Institutionalisierungsbegriff von Berger und Luckmann (2007) an, stellt sich die Frage, wie es sein kann, dass diese Vorstellung von Landschaft sich nicht nur etabliert, sondern auch legitimiert, über Generationen hinweg erhalten hat und wirkungsmächtig geblieben ist. Diese Frage zu beantworten, ist einer anderen Arbeit vorbehalten.

Zitierte Urteile

BVerwG, Urteil vom 15. Mai 1997 – 4 C 23.95 (VGH Münster) – Natur und Recht (1) 1998: 33
OVG Hamburg, Urteil Vom 29. Februar 1952, Bf II 388/51 (VRspr. 4, Bd. 821). In Asal K. (1958): Naturschutz und Rechtsprechung. Verlag Goecke & Evers, Krefeld.
OVG Münster, Urteil vom 03. November 1980 - 11A 1686/79 – Natur und Recht (3) 1981: 106/107
OVG Saarlouis, Urteil vom 06. Mai 1981 – 2 R 115/80 – Natur und Recht (1) 1982: 29
VG Freiburg, Urteil vom 14. November 2002 – 6 K 2008/02 – Natur und Recht (4) 2004: 260
VG Karlsruhe, Urteil vom 16. Oktober 2002 – 4 K 2331/01 – Natur und Recht (19) 2003: 641
VG Koblenz, Urteil vom 6. Januar 2009. Az 1 k 565/08. KO

Literatur

Berger, P. L. & Luckmann, T. (2007). *Die gesellschaftliche Konstruktion der Wirklichkeit. Eine Theorie der Wissenssoziologie (21. Aufl.).* Frankfurt: Fischer.
BNatSchG. Bundesnaturschutzgesetz vom 29. Juli 2009 (BGBl. I S. 2542), zuletzt geändert durch Artikel 5 des Gesetzes vom 6. Februar 2012 (BGBl. I S.148).
BMU & UBA (2010). *Umweltbewusstsein in Deutschland 2010. Ergebnisse einer repräsentativen Bevölkerungsumfrage.* Berlin, Dessau-Roßlau: Bundesministerium für Umwelt, Naturschutz und Reaktorsicherheit, Umweltbundesamt (Hrsg.). Heidelberg, Potsdam.
BMU & BfN (2012). *Naturbewusstsein 2011. Bevölkerungsumfrage zu Natur und biologischer Vielfalt.* Bundesministerium für Umwelt, Naturschutz und Reaktorsicherheit, Bundesamt für Naturschutz (Hrsg.). Hannover.

Creifelds, C., Weber, K. & Guntz, D. (2007). *Rechtswörterbuch (19. Aufl.).* München: Beck.

Eissing, H. (2006). Vom reizvollen Gegensatz zwischen bewaldeten Hängen und offenem Talgrund. Anmerkungen zu einigen Aspekten der deutschen Rechtsprechung zum Landschaftsbild. In Eisel, U. & Körner, S. (Hrsg.), *Landschaft in einer Kultur der Nachhaltigkeit. Band I (= Arbeitsberichte des Fachbereichs Architektur, Stadtplanung, Landschaftsplanung. H. 163)* (S. 145-159). Kassel: Universität Kassel.

Franke, N., Ratter, B. M. W. & Treiling, T. (2009). *Heimat und Regionalentwicklung an Mosel, Rhein und Nahe. Empirische Studien zur regionalen Identität in Rheinland-Pfalz. (Mainzer Geographische Studien, Sonderband 5).* Mainz: Geographisches Institut der Universität Mainz.

Kühne, O. (2008). *Distinktion – Macht – Landschaft: Zur sozialen Definition von Landschaft.* Wiesbaden: VS.

PlVereinhG (= Entwurf eines Gesetzes zur Verbesserung der Öffentlichkeitsbeteiligung und Vereinheitlichung von Planfeststellungsverfahren – Bundesrats-Drucksache 171/12 vom 30. März 2012). http://dipbt.bundestag.de/dip21/brd/2012/0171-12.pdf. Zugegriffen: 29. November 2012.

UmwRG (= Umwelt-Rechtsbehelfsgesetz vom 7. Dezember 2006 [BGBl. I S. 2816], das zuletzt durch Artikel 5 Absatz 32 des Gesetzes vom 24. Februar 2012 [BGBl. I S. 212] geändert worden ist). http://www.gesetze-im-internet.de/bundesrecht/umwrg/gesamt.pdf. Zugegriffen: 29. November 2012.

Yacoub, S. & Strub, O. (2012). *Katastrophe für die Landschaft. Naturschutzverbände kritisieren Umsetzung der Energiewende in Rheinland-Pfalz (Pressemitteilung).* http://www.pwv.de/dokumente/PM_vom_240912.pdf. Zugegriffen: 29. November 2012.

Planungswissenschaftliche Ansätze

Landschaftsveränderungen durch Raumansprüche erneuerbarer Energien – aktuelle Entwicklungen und Forschungsperspektiven am Beispiel des Ländlichen Raumes in Baden-Württemberg

10

Heidi Megerle

1   Einleitung

Die klimawandelbedingte Erwärmung liegt in Europa bereits heute über dem globalen Durchschnitt (EEA 2008, S. 11). Innerhalb Deutschlands gehört der Südwesten zu den von den Klimaveränderungen am stärksten betroffenen Gebieten (MUNV 2011).

In Zusammenhang mit den Auswirkungen des Klimawandels sind zwei grundlegende Herangehensweisen zu verzeichnen. Sowohl auf bundesdeutscher als auch auf Landesebene wurden in den letzten Jahren oder werden aktuell verschiedene Strategien, Programme, Konzepte und Gesetze bearbeitet, die im Sinne der Europäischen Union (EU) eine „zweigleisige Reaktion" ermöglichen sollen (Europäische Kommission 2009). Zum einen sollen sie dazu beitragen, die Emissionen von Treibhausgasen durch „Klimaschutzmaßnahmen" zu verringern (Mitigation) und zum anderen dazu, die Folgen des unvermeidbaren Klimawandels durch „Anpassungsmaßnahmen" zu bewältigen (Adaption) (ebd.). Klimaschutzmaßnahmen zielen auf eine Reduzierung der Treibhausgasemissionen, während Anpassungsmaßnahmen die Verwundbarkeit gegenüber den unvermeidbaren Folgen des Klimawandels mindern sollen. Aufgrund der föderalen Struktur der Bundesrepublik sind die Bundesländer gefordert, eigene länderspezifische Maßnahmen zu entwickeln.

Im Kontext der Mitigation ist der zunehmende Einsatz erneuerbarer Energien und damit verbunden der zunehmende Verzicht auf nicht erneuerbare Energieformen zu verzeichnen. Erneuerbare Energien, in erster Linie zu nennen sind hierbei Windkraft, Photovoltaik und Biomasseanbau, haben durch ihren hohen Flächenbedarf und / oder ihre landschaftsbildprägenden Eigenschaften eine hohe Raumrelevanz und können somit zu signifikanten Veränderungen der Landschaften führen, in denen Biomasse angebaut oder Windkraftanlagen installiert werden. Diese Landschaftsveränderungen werden von verschiedenen Akteursgruppen sehr unterschiedlich wahrgenommen und bewertet.

Die folgenden Kapiteln beinhalten zunächst eine einführende Beschreibung der generellen Raumrelevanz erneuerbarer Energien, die Ergebnisse einer weitgehend literaturbasierten Untersuchung zu unterschiedlichen Formen der Wahrnehmungen und

Bewertungen von Landschaftsveränderungen durch den Anbau von Biomasse sowie die Installation von Windkraftanlagen, eine kurze Charakterisierung der Besonderheiten des Ländlichen Raumes in Baden-Württemberg sowie eine Beschreibung der aktuellen Energiewende im Südwesten. Darauf aufbauend sollen die Konsequenzen aufgezeigt werden, die sich hieraus für Kulturlandschaften und Akteure ergeben. Ein besonderer Fokus wird hierbei auf das Biosphärengebiet Schwäbische Alb gelegt, in welchem sich die aktuellen Entwicklungen besonders deutlich zeigen. Da es sich bei der Raumrelevanz erneuerbarer Energien sowie den hierdurch hervorgerufenen Veränderungen betroffener Landschaften um ein hochaktuelles Themengebiet handelt, liegen für zahlreiche Fragestellungen noch keine wissenschaftlich fundierten empirischen Erhebungen vor. Es können zwar erste Erkenntnisse aus aktuell laufenden Forschungsprojekten eingebunden werden, aber es müssen auch noch existierende Forschungslücken sowie Forschungsperspektiven aufgezeigt werden.

2   Raumrelevanz erneuerbarer Energien

Um das Klima zu schützen, die Abhängigkeit von fossilen Rohstoffen zu verringern sowie die Nutzung der Kernenergie zu beenden, sollen in Deutschland zukünftig vorrangig regenerative Energien eingesetzt werden. Von 1998 bis 2008 hat sich der Anteil erneuerbarer Energien von 5% auf 14,8% nahezu verdreifacht (UBA 2009, S. 16). Ein Anstieg auf 30% bis zum Jahr 2020 wird angestrebt. Der Branchenverband BEE rechnet sogar mit bis zu 47%. Hierbei entfallen 17% auf Windenergie und 70% auf Biomasse in unterschiedlicher Form (BMU 2008). Solarparks, Biomassekulturen und Windparks haben sich innerhalb kürzester Zeit zum „festen Bestandteil von Landschaften" entwickelt (Schöbel 2011, S. 50). Von diesen Energieträgern gehen sehr dominante Auswirkungen auf die Landschaft aus, sowohl aufgrund ihres optischen Einflusses als auch, vor allem, beim Anbau nachwachsender Rohstoffe, durch ihren hohen Flächenbedarf. Daher werden die folgenden Ausführungen auf Windenergie und Biomasse fokussiert, ohne außer Acht zu lassen, dass auch andere Formen erneuerbarer Energien (z.B. Photovoltaik, Wasserkraft, etc.) sowie der notwendige Ausbau der Infrastruktur (Stromleitungstrassen, Pumpspeicherkraftwerke, u.ä.) raumrelevante Auswirkungen haben und unter anderem zu Veränderungen der Landschaft und des Landschaftsbildes führen können.

Auch werden im folgenden Beitrag die Auswirkungen erneuerbarer Energien auf die Biodiversität sowie weitere Faktoren des Landschaftshaushaltes (Erosion, Wasserhaushalt, Pestizideinträge, …) nicht weiter betrachtet, obgleich diese unter Umständen erheblich sein können (vgl. hierzu u.a. Ammermann und Mengel 2011 zum Biomasseanbau sowie Niedersächsischer Landkreistag 2011 zur Windenergie).

3 Schutzwürdigkeit der Landschaft sowie Wahrnehmung und Bewertung von Landschaftsveränderungen durch Raumansprüche erneuerbarer Energien

Das Bundesnaturschutzgesetz (BNatSchG) sieht bereits in § 1 als Ziel des Naturschutzes und der Landschaftspflege, unter anderem „die Vielfalt, Eigenart und Schönheit von Natur und Landschaft" nachhaltig zu sichern. In § 4 wird explizit die Bewahrung historisch gewachsener Kulturlandschaften angeführt. Als Eingriff im Sinne des BNatSchG, der zu unterlassen oder auszugleichen ist, gilt nach § 8 Abs. 1 auch die „erhebliche Beeinträchtigung des Landschaftsbildes". Auch das Raumordnungsgesetz (ROG) sieht in § 2 Abs. 5 vor, „historisch geprägte und gewachsene Kulturlandschaften in ihren prägenden Merkmalen … zu erhalten". Einen besonderen Fokus auf Schutz und Erhalt von Landschaften legt die Europäische Landschaftskonvention, die allerdings bislang von der Bundesrepublik nicht unterzeichnet wurde. Das Landschaftsbild gilt generell als eines der am schwierigsten zu operationalisierenden Schutzgüter (vgl. z.B. Wöbse 2002), weshalb dieses Schutzgut häufig auch nur oberflächlich behandelt oder sogar ganz vernachlässigt wird (Peters et al 2009, S.15).

Landschaft – gemeint ist hier explizit die ländliche Landschaft – war durch die Landnutzung schon immer einem steten Wandel unterworfen. Die mit der Industrialisierung zunehmende Zahl technischer Elemente führte bereits vor dem ersten Weltkrieg zur Kritik von Heimatverbänden bezogen auf die „Verdrahtung" durch Stromfernleitungen sowie auf die „Verspargelung" durch rußende und rauchende Kamine (Bayerl 2005, S. 38). Der Aufbau der weithin sichtbaren Windräder in scheinbar natürlichen ländlichen Landschaften löst nun erneut in kurzer Zeit erhebliche Veränderungen aus.

Die Wahrnehmung von Landschaften generell, die Einschätzung ihrer landschaftlichen Qualität sowie die Bewertung von Landschaftsveränderungen im Sinne von Störfaktoren bis hin zu einer möglichen Meidung von als beeinträchtigt wahrgenommenen Landschaften unterliegt prinzipiell einem hohen Grad an Subjektivität. Dies gilt verständlicherweise gleichermaßen für die Bewertung von Landschaftsveränderungen durch erneuerbare Energien wie Biomasse und Windkraft. Im allgemeinen werden naturnahe Landschaftselemente als „landschaftsbereichernd" wahrgenommen, negativ hingegen technische Bauformen, insbesondere sofern sie aus landschaftsfremden Materialien bestehen oder durch Proportionen und Bauformen negativ auffallen (Peters et al 2009, S. 16).

Eine wichtige Rolle spielt ferner, vor allem bei der Windkraft, die grundsätzliche Haltung gegenüber Technik sowie alternativer Energienutzung (Bayerl 2005, S. 47). Unterschiede in der Landschaftswahrnehmung und -bewertung bestehen ferner zwischen Einheimischen und Besuchern, wobei letztere sowohl Tagesbesucher als auch Urlauber umfassen.

Für Einheimische bedeutet eine Landschaftsveränderung gleichzeitig eine Veränderung ihrer Heimat, da Landschaft als ein Teil des Heimatbegriffes gesehen werden muss (Kühne und Spellerberg 2010, S. 148). Hierbei ist Heimat als ein Ort der persönlichen

Verankerung einzustufen, der sich aus inneren Bildern der Kindheit konstruiert hat und im Laufe des Lebens weiterentwickelt wird (Ratter et al 2009, S. III)[1]. Einheimische weisen daher meist eine hohe Vertrautheit mit ihrer Heimat(landschaft) auf, gleichzeitig aber auch eine geringere Flexibilität bezüglich möglicher Vermeidungsstrategien (eine Veränderung des Wohnsitzes aufgrund einer als gravierend empfundenen Beeinträchtigung der heimatlichen Landschaft ist meist nur schwer möglich).

Die „landschaftszentrierte Heimat" orientiert sich an „schönen Landschaften", die meist ein ähnliches Gepräge wie die Landschaften der primären Sozialisation aufweisen (Kühne und Spellerberg 2010, S. 174), wobei diese heimatliche „Normallandschaft" nicht stereotyp schön, aber vertraut sein muss. Da erneuerbare Energien sich erst seit wenigen Jahren raumrelevant in der Landschaft manifestieren, entstehen hierdurch Landschaften, die sich bei Menschen ab einem gewissen Alter deutlich von den Landschaften der Kindheit unterscheiden. Diese Veränderung heimatlicher Normallandschaft wird daher häufig als „Heimatverlust rekonstruiert" (Kühne 2012). Allerdings unterliegt die heimatliche Normallandschaft einem intergenerationellen Wandel. Dies kann daher erklären, warum jüngere Menschen diese Landschaftsveränderungen als weniger gravierend wahrnehmen (Kühne 2012; Miller et al 2010, S. 8, Peters 2010, S. 12). Auch lassen sich Gewöhnungseffekte nachweisen, weshalb ältere Hochspannungsleitungen heute weitgehend als selbstverständlich akzeptiert werden, obgleich sie zu Beginn der „Verdrahtung" ähnlich umstritten waren wie heute Windkraftanlagen (Bayerl 2005).

Da Kühne und Spellerberg (2010, S. 148f) schon bei den Bewohnern unterschiedliche Deutungs- und Zuschreibungsmuster bei Alteingesessenen sowie bei Zugezogenen hinsichtlich Landschaft und Heimat sehen, gilt dies in noch stärkerem Maße für Tagesbesucher oder Urlauber. Die Vertrautheit mit einer Landschaft ist selbst bei wiederholten Besuchen sicher geringer als bei Einheimischen; auch ist eine mögliche Landschaftsbeeinträchtigung für Besucher nur temporär und daher, selbst bei negativer Wertung als weniger gravierend zu werten. Gleichzeitig ist für Besucher ein Vermeidungsverhalten, das heißt die Wahl eines anderen Urlaubs- oder Ausflugszieles, zumeist unproblematisch.

Empirische Studien, die sich gezielt mit der Wahrnehmung und Bewertung von Landschaftsveränderungen durch erneuerbare Energien auseinandersetzen, sind bislang noch vergleichsweise selten und konzentrieren sich zumeist auf Windenergie. Daher liegt auch ein geographischer Schwerpunkt vieler Studien in Regionen, in denen bereits frühzeitig Windkraftanlagen entstanden, das heißt Nord- und Ostdeutschland (u.a. Ratter et al 2009) sowie zum Beispiel Schottland (Miller et al 2010; Riddington et al 2008) und Australien (Grimm 2009).

Untersuchungen zur Wahrnehmung und Bewertung von Landschaftsveränderungen durch erneuerbare Energien bei Einheimischen ergab zum Beispiel bei Ratter et al (2009, S. 46), dass 5% die Nutzung regenerativer Energien als ein Umweltproblem wahrnehmen, das einen direkten Einfluss auf das tägliche Leben hat. 7% stuften Energiegewinnung

---

1 Umfangreiche Ausführungen zu Heimat finden sich unter anderem bei Ratter et al (2009), Schwineköper (2005) sowie Kühne und Spellerberg (2010).

und Industrie[2] als eine mögliche Gefahr für die Nordseeregion ein. Prägnant hierbei ist die Differenzierung nach Altersgruppen. So stuften Jüngere (15-29 Jahre) die Gefahr als besonders gering ein, im Gegensatz zu den 45-59 Jährigen (12%) (Ratter et al 2009, S. 74)[3]. Eine Untersuchung von Schöbel et al (2008, zit. nach Becker et al 2012, S. 48) in der Region Havelland-Fläming zeigte die deutliche Diskrepanz zwischen der generellen Befürwortung regenerativer Energien durch die Bewohner, einer empfundenen Störung durch Windkraftanlagen im persönlichen Umfeld bei ungefähr der Hälfte der tatsächlich direkt Betroffenen und eine Einstufung von Windkraftanlagen als eine Form der „Landschaftszerstörung" bei 80% der Befragten. Im Unterschied zu den unten angeführten Soko-Studien sind die empirischen Ergebnisse von Schöbel et al nicht hypothetisch, sondern beruhen auf realen Alltagserfahrungen der Bewohner.

Zu möglichen Interdependenzen von Windkraft und Tourismus werden sehr häufig die seit mehreren Jahren regelmäßig durchgeführten Studien des Soko-Instituts in Bielefeld zitiert. Eine Zusammenfassung der jährlichen Erhebungen von 2003 bis 2009 ergab, dass sich 71% der Befragten durch Windkraftanlagen am Urlaubsort überhaupt nicht gestört fühlen würden. Lediglich knapp 12% würden sich definitiv aufgrund von Windkraftanlagen gegen einen Urlaubsort entscheiden, 51% hingegen auf gar keinen Fall (Puhe 2012). Bei Befragungen im Schwarzwald und im Bayerischen Wald lag hingegen die Ablehnungsquote deutlich höher und erreichte 26% beziehungsweise 30% (zit. nach Krull 2012). Kritisch zu hinterfragen ist die bei den Soko-Studien angewandte Methodik. In Form einer telefonischen Befragung wurde parallel nach dem Störpotential von Atom- und Kohlekraftwerken, Fabrikschornsteinen, etc. und Windkraftanlagen gefragt. Die ergänzende Frage zu einer möglichen Beeinflussung der Wahl des Urlaubsortes lautete „Würden Sie sich gegen einen Urlaubsort entscheiden, weil dort Windkraftanlagen stehen?" (Puhe 2012). Da die Befragung somit rein hypothetisch war und den Befragten keinerlei visuelles Anschauungsmaterial vorlag, sind Fehleinschätzungen nicht auszuschließen. Dies gilt insbesondere, da vielen Betroffenen, aber auch Entscheidungsträgern die Dimensionen der modernen Windkraftanlagen sowie ihr visueller Einwirkbereich auch nicht näherungsweise bekannt sind (Nachhaltigkeitsbeirat Baden-Württemberg (NBBW) 2012, S. 42).

Ferner ist bei allen bisherigen Studien zu berücksichtigen, dass eine Fokussierung ausschließlich auf das Landschaftsbild nicht ausreichend ist, da Landschaftswahrnehmung nicht nur durch rein ästhetische Eindrücke entsteht, sondern ein komplexer Prozess ist, der auch geprägt wird durch lebensgeschichtliche Aneignungsprozesse und symbolische Werte (NBBW 2012, S. 45).

---

2 Hier erfolgte leider keine Differenzierung zwischen Energiegewinnung und Industrie, aber auch nicht zwischen den verschiedenen Energieformen (vgl. Ratter et al 2009, S. 58).

3 Diskussionen mit unseren Studierenden bestätigen diese deutliche Differenzierung in Abhängigkeit der Altersgruppe.

**4   Die aktuelle Energiewende in Baden-Württemberg
        und ihre Raum- und Planungsrelevanz**

Die Energiewende steht in Baden-Württemberg vor besonderen Herausforderungen, da
die bisherigen Landesregierungen hauptsächlich auf eine Energieerzeugung basierend
auf Kohle, Öl und Kernenergie gesetzt hatten. Die Kernenergie trägt daher zur Hälfte
zur Stromerzeugung des Landes bei (NBBW 2012, S. 7). Die seit der Landtagswahl 2011
amtierende grün-rote Landesregierung unter Ministerpräsident Winfried Kretschmann
hat die Energiewende zu einem ihrer wichtigsten politischen Anliegen gemacht. Bis 2022
soll vollständig auf die Kernenergie verzichtet werden. Es wird angestrebt, bis 2020 den
regenerativen Anteil der Stromerzeugung von bislang 17% auf 38,5% zu steigern (ZSW
2011). Dies ist nur durch einen umfangreichen Ausbau der erneuerbaren Energien zu
erreichen. Ergänzend zum Biomasseanbau kommt in diesem Zusammenhang dem Ausbau der Windenergie eine besondere Bedeutung zu, bei welcher Baden-Württemberg momentan das absolute Schlusslicht unter den großen Flächenstaaten ist (Bundesverband
WindEnergie e.V. 2011).

Da bisherige gesetzliche Regelungen einem raschen Ausbau der regenerativen Energieträger teilweise entgegenstehen, wurden im Zusammenhang mit der Energiewende auch
Gesetze novelliert. Besonders hervorzuheben ist hierbei die Novellierung des Landesplanungsgesetzes zur Beschleunigung und Vereinfachung des Ausbaus der Windenergie.

Bislang wurden durch die Regionalverbände im Rahmen der Regionalplanung Vor-
rang- und Ausschlussgebiete für Windkraftanlagen ausgewiesen. Zumeist erfolgte dies
in sogenannten Teilregionalplänen, da die zunehmende Relevanz der Windenergie sich
häufig erst nach Verabschiedung der jeweils gültigen Regionalpläne zeigte. Um den
forcierten Ausbau der Windenergie zu vereinfachen, wurde 2012 das Landesplanungsgesetz novelliert und die Planungskompetenz für Windenergieanlagen dezentralisiert.
Die regionalplanerisch festgelegten Vorrang- und Ausschlussgebiete sollen nach einer
Übergangsfrist zu Beginn des Jahres 2013 aufgehoben werden. Zukünftig könnten die
Regionalverbände nur noch Vorranggebiete und keine Ausschlussgebiete mehr festlegen
(LPlG § 11). Mit der Aufhebung der Regionalpläne (Teilpläne Windkraft) beurteilt sich
die planungsrechtliche Zulässigkeit von Windkraftanlagen bis zur Vorlage kommunaler
oder neuer regionaler Planungen zunächst ausschließlich nach § 35 BauGB (privilegierte
Vorhaben im Außenbereich). Soweit es sich um Windkraftanlagen mit einer Gesamthöhe
über 50 m handelt, bedürfen Windkraftanlagen einer immissionsschutzrechtlichen Genehmigung (Gesetzblatt Baden-Württemberg vom 25. Mai 2012, S. 290).

Dieses vereinfachte Genehmigungsverfahren wird von verschiedenen Akteuren sehr
kritisch gesehen, unter anderem vom NBBW (2012, S. 5) sowie von der Landesarbeitsgemeinschaft der Akademie für Raumordnung und Landesplanung (LAG der ARL (2012,
S. 1). Bemängelt wird vor allem, dass ein konsistentes und einheitliches Verfahren so
nicht sichergestellt werden kann. Die knappe Übergangsfrist setzt die Träger der Flä-
chennutzungsplanung unter Zeitdruck, der zu einem „Flickenteppich unterschiedlich
qualitätvoller Planungen" führen kann (LAG 2012, S. 1). Noch problematischer könnte

jedoch der nun planungsrechtlich mögliche Verzicht auf eine regionalplanerische Steuerung werden. Bei Einzelgenehmigungsverfahren erfolgen jedoch weder Alternativenprüfungen noch eine Berücksichtigung kumulativer Wirkungen von Anlagengruppen oder mehrerer benachbarter Einzelanlagen. Da die Standortwahl im Hinblick auf das Landschaftsbild, aber auch für das Wirkungsgefüge des Naturhaushaltes ganz entscheidend ist (Ammermann 2012, S. 54), könnte solch ein wenig bis gar nicht koordiniertes Vorgehen zu erheblichen Auswirkungen auf die betroffenen Landschaften führen.

5   Der Ländliche Raum in Baden-Württemberg

Aufgrund des Flächenbedarfs des Biomasseanbaus sowie des bei Windenergieanlagen erforderlichen Mindestabstandes zu Siedlungsflächen ist vor allem der Ländliche Raum von den damit einhergehenden Wirkungen und Konsequenzen betroffen.

Abbildung 1: Weiträumig offene Landschaft in Oberschwaben (Megerle 2012)

Abbildung 2: Vielfältig strukturierte Landschaft mit hoher Reliefenergie im Biosphärengebiet Schwäbische Alb (Megerle 2011)

Bei einer Abgrenzung des Ländlichen Raumes basierend auf den Ausweisungen im Landesentwicklungsplan des Landes Baden-Württemberg (WM 2002) nimmt der Ländliche Raum 70% der Landesfläche in Baden-Württemberg ein. In 665 Gemeinden leben 35% der Landesbevölkerung. Die Landschaften des Ländlichen Raumes im Südwesten sind äußerst vielgestaltig und differieren innerhalb des Landes sehr stark, was auf die kleinräumig wechselnden, sehr unterschiedlichen naturräumlichen Voraussetzungen zurückzuführen ist. Die Nutzungen des Ländlichen Raumes, v.a. Land- und Forstwirtschaft korrelieren bis heute sehr eng mit den jeweiligen naturräumlichen Voraussetzungen, aber auch mit ebenfalls stark differierenden historischen und sozioökonomischen Gegebenheiten. Die Zugehörigkeit zu unterschiedlichsten Herrschaftssystemen, einschließlich unterschiedlicher religiöser Zuordnungen (u.a. vorderösterreichische Landesteile mit katholischer Prägung und württembergische Landesteile mit protestantisch-pietistischer Prägung) haben genauso ihre bis heute sichtbaren Spuren in der Kulturlandschaft hinterlassen, wie unterschiedliche Erbsitten (z.B. Anerbenrecht mit geschlossener Hofübergabe und großen Besitzflächen in Oberschwaben, Realteilung mit Besitzzersplitterung im Stuttgarter Unterland) (vgl. hierzu Gebhardt 2008). Nur vor diesem Hintergrund erscheint verständlich, dass – oft über Jahrhunderte entstandene spezifische Kulturlandschaften – für bestimmte Landesteile prägend sind und zu einem hohen Grad der Vertrautheit sowohl bei Einheimischen als auch bei (touristischen) Besuchern beitragen.

6   Die Raumrelevanz des Biomasseanbaus in Baden-Württemberg

Die Anbauflächen für nachwachsende Rohstoffe haben in Baden-Württemberg in den letzten zehn Jahren stark zugenommen, v.a. nach Verabschiedung des EEG im Jahr 2004. Anbauentscheidungen der Landwirte werden inzwischen zunehmend durch die Nachfrage aus dem Energiesektor bestimmt (Hartmann 2010, S. 43). Der Konkurrenz- und Intensivierungsdruck hat sich in Folge der indirekten Subventionierung der Biomasseproduktion für Energieumwandlungsanlagen durch das EEG erhöht (NBBW 2012, S. 6).

Als Bioenergiepflanze dominiert Mais, vor allem in den südöstlichen Landesteilen (Hartmann 2008). Zwischen 1999 und 2010 hat die Maisanbaufläche insgesamt in Baden-Württemberg um 32,1% zugenommen, so dass mittlerweile eine Gesamtfläche von knapp 170.000 ha mit Mais bebaut wird. Wie den Abbildungen 3 und 4 zu entnehmen ist, variieren die Steigerungen in den einzelnen Landkreisen zwischen 1,7% und 172,6%, wobei der geringere Zuwachs in Gebieten zu verzeichnen war, die bereits zuvor einen hohen Anteil an Maisanbauflächen aufwiesen. Der Maisanteil an der Gesamtanbaufläche variiert innerhalb des Landes von minimalen 6,6% bis zu maximalen 64,6%. Besonders hohe Anteile sind hierbei im Oberrheingebiet sowie in Oberschwaben zu verzeichnen.

Anteil der Maisanbaufläche am Ackerland in den Landkreisen in 2010 in Prozent

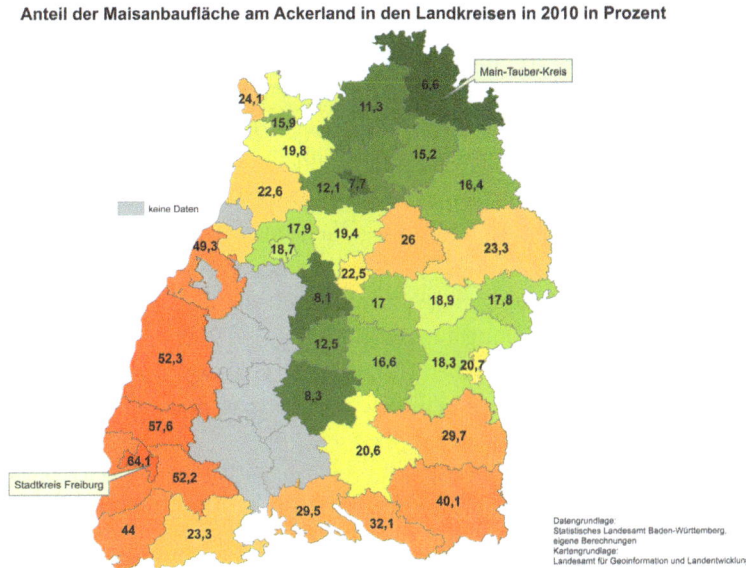

Abbildung 3: Anteil der Maisanbaufläche am Ackerland in den Landkreisen im Jahr 2010 (Früh, Megerle in Vorbereitung)

Veränderung der Maisanbauflächen in den Landkreisen von 1999 bis 2010 in Prozent

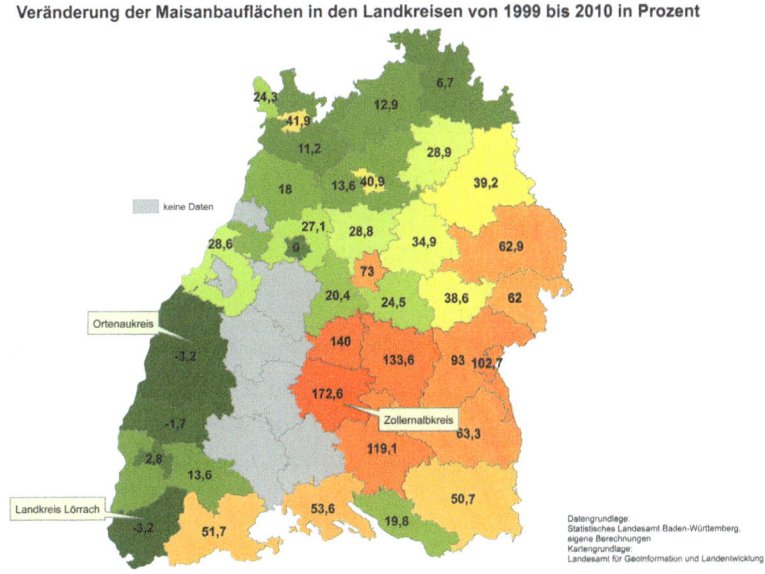

Abbildung 4: Veränderung der Maisanbaufläche in den Landkreisen von 1999 bis 2010 (Früh, Megerle in Vorbereitung)

Die erhebliche Steigerung der Biomasseproduktion in Baden-Württemberg erfolgte unter Belastung von Grundwasser, Boden und Biodiversität, aber auch des Landschaftbildes

(NBBW 2012, S. 6). Der zunehmend häufig genutzte Begriff der „Vermaisung" ist mit negativen Konnotationen verbunden sowie mit Schlagworten wie „unerwünscht" (Casaretto 2010 S. 1) oder „Ärgernis" (Rüskamp 2010). Die Tatsache, dass in Landschaften, die stark von Maispflanzungen dominiert sind, „optische Langeweile durch Monotonie" (Casaretto 2010, S. 3) entsteht und dass sich dort Blickbeziehungen verändern (Lindenau 2002), wird selbst von Befürwortern des Biomasseanbaus eingestanden – nicht zuletzt aufgrund der negativen Reaktionen Erholungssuchender. Erschwert wird die Bewertung der Auswirkungen des Biomasseanbaus durch bislang generell fehlende Bewertungsmethoden bezüglich der Auswirkungen des Energiepflanzenanbaus auf das Landschaftsbild und damit verbunden die Erholungsfunktion (Wiehe et al 2009, S. 108), sowie durch die Zugehörigkeit zur landwirtschaftlichen Nutzung, die eine exakte Abgrenzung zwischen Lebens- und Futtermitteln gegenüber Biomasse schwierig gestaltet (Ammermann und Mengel 2011, S. 323).

Im Vergleich zur aktuellen Dynamik beim Ausbau der Windenergie ist die Diskussion zu Auswirkungen des Biomasseanbaus auf das Landschaftsbild in Baden-Württemberg jedoch mittlerweile deutlich in den Hintergrund gerückt. Ein weiterer Grund hierfür ist die aktuelle Novellierung des Erneuerbare-Energien-Gesetzes (EEG), die den Input von Mais für Biogasanlagen auf maximal 60 Massenprozent reduziert (EEG § 27 Abs. 5, Satz 1). Der hierdurch vermehrte Einsatz anderer Energiepflanzen, unter anderem blütenreiche Wildpflanzenmischungen, bewirkt eine deutlich geringere Beeinträchtigung des Landschaftsbildes, einerseits durch die meist geringere Wuchshöhe der Pflanzen, andererseits durch die größere optische Vielfalt. Dies könnte zu einer Steigerung der touristischen (Landschafts-) Attraktivität führen (Netzwerk Lebensraum Brache 2010).

7   Die Raumrelevanz der Windkraft in Baden-Württemberg

Baden-Württemberg weist aufgrund seiner naturräumlichen Gegebenheiten ein ausgeprägtes Relief mit Höhenlagen zwischen 85 m im Rheintal bei Mannheim und 1493 m (Feldberg im Schwarzwald) auf. Obgleich insbesondere die Höhenlagen gute Potenziale für eine Windenergienutzung aufweisen, spielt sie im Südwesten bislang eine untergeordnete Rolle. Während der Anteil der Windenergie am Nettostromverbrauch in Schleswig-Holstein bei 44% und in Sachsen-Anhalt sogar bei über 51% liegt, beträgt dieser Wert in Baden-Württemberg gerade 0,9%. Mit 368 installierten Windkraftanlagen erreicht Baden-Württemberg weniger als 7% der in Niedersachsen befindlichen 5365 Anlagen. Der Südwesten ist hiermit, abgesehen vom Saarland, das absolute Schlusslicht unter den Flächenstaaten (Bundesverband WindEnergie e.V. 2011).

Die Potenzialstudie des Bundesverbandes WindEnergie e.V. (2011) ermittelte für Baden-Württemberg ein für Windenergie nutzbares Potenzial von 4,3% der Landesfläche, unter Einbezug von Waldflächen jedoch bis zu 9,2% und bei Einbezug von Schutzflächen bis zu 20,6%. Selbst ohne Wald- und Schutzgebietsflächen könnte an windhöffigen Standorten ein potenzieller Energieertrag von 45 TWh erzielt werden, der mehr als 50%

des baden-württembergischen Bruttostromverbrauchs von 91 TWh (Bezugsjahr 2008)
ausmachen würde (Bundesverband WindEnergie e.V. 2011).

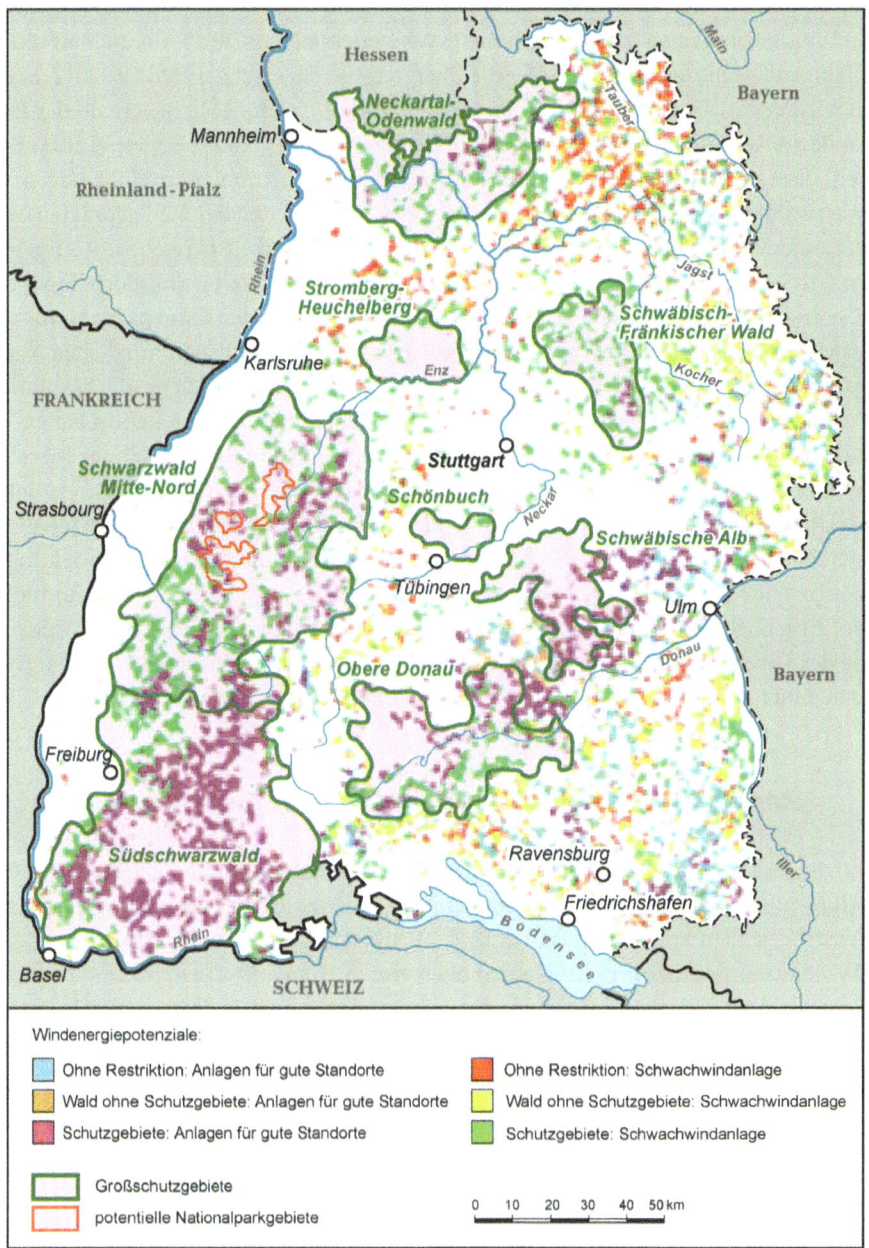

Abbildung 5: Überlagerung der Windhöffigkeit und der Großschutzgebiete in Baden-Württemberg (Eigene Darstellung, Kartographie R. Szydlak; Datengrundlagen: Bundesverband WindEnergie 2011; LUBW 2012)

In Anbetracht der Potenziale legt die neue grün-rote Landesregierung einen Schwerpunkt auf den verstärkten Ausbau der Windenergie, um bis zum Jahr 2020 bis zu 10% des Strombedarfs hierdurch decken zu können. Um dieses Ziel zu erreichen, sollen etwa 1.200 Windkraftanlagen installiert werden (Windenergieerlass 2012). Bis 2050 wären bis zu 8.000 Anlagen erforderlich, um fossile Energieträger zu ersetzen (NBBW 2012, S. 42).

Es wird angestrebt, die Neuinstallationen möglichst gleichmäßig innerhalb des Bundeslandes zu verteilen. Die Potenzialstudie (Bundesverband WindEnergie e.V. 2011) zeigt jedoch, dass sich windhöffige Standorte vor allem in den exponierten Höhenlagen von Schwarzwald und Schwäbischer Alb konzentrieren sowie in den ländlich geprägten östlichen Landesteilen. Eine Überlagerung der guten Windhöffigkeitsbereiche mit ausgewiesenen Großschutzgebieten ergibt eine Konzentration gut geeigneter Standorte innerhalb der Gebietskulissen des Biosphärengebietes Schwäbische Alb, der Naturparke Nord- und Südschwarzwald sowie des momentan in der Diskussion befindlichen möglichen Nationalparks Nordschwarzwald (vgl. Abbildung 5, S. 155). Hierbei handelt es sich ausschließlich um ökologisch sensible sowie teilweise gut einsehbare und offene Landschaften, die eine hohe Relevanz für Naherholung und Tourismus aufweisen. Da nach der Novellierung des Landesplanungsgesetzes (LplG) laut Windenergieerlass (2012; S. 14f.) lediglich Nationalparke[4], Naturschutzgebiete, Bann- und Schonwälder sowie die Kernzonen des Biosphärengebiets Tabubereiche sind, kumulieren sich raumrelevante Auswirkungen, aber auch Widerstände in erster Linie in den übrigen Großschutzgebieten im Ländlichen Raum. Erhebliche Nutzungskonflikte, vor allem in Bezug auf Ökosysteme, Wahrnehmung des Landschaftseindruckes und die Akzeptanz durch die betroffene Bevölkerung, werden daher nicht nur vom NBBW (2012, S. 5) befürchtet.

7.1   Landschaftsveränderungen durch Windkraftanlagen

Dadurch, dass gerade im ländlichen Raum die verschiedenen Voraussetzungen für eine Windkraftnutzung erfüllt sind, ist zu erwarten, dass dieser Raum weiter technisiert wird – mit weitreichenden Folgen für das Landschaftsbild. Im Vergleich zur ersten Generation der Windkraftanlagen, die meist Nabenhöhen von ca. 60m aufweisen, nimmt die Beeinträchtigung des Landschaftsbildes durch die weiterentwickelte Technik mit Nabenhöhen von über 130 m deutlich zu (BBSR 2012, S. 95). Moderne Windkraftanlagen sind mit Nabenhöhen von ca. 140m und einer Gesamthöhe von teilweise über 200m als großtechnische Anlagen einzustufen. Da sie häufig in exponierten (Höhen-)Lagen errichtet werden und somit weiträumig einsehbar sein werden, geht damit eine dauerhafte Veränderung des Landschaftsbildes und des Landschaftseindruckes einher (NBBW 2012, S. 7). Die visuelle Beeinflussung durch eine derartige Großanlage betrifft mindestens eine kreisförmige Fläche mit einem Radius, der das Fünfzehnfache der Anlagenhöhe beträgt. Noch für eine Entfernung von ca. 2,5 km wird also eine deutliche Störung angenommen. Für

---

4   Aktuell gibt es in Baden-Württemberg (noch) keinen Nationalpark.

die Fernwirkung kann das Fünfzig- bis Hundertfache der Anlagenhöhe angesetzt werden (Niedersächsischer Landkreistag 2011, S. 15). Dies entspricht einem Umkreis von bis zu 20 km. Verstärkt wird der Störeffekt durch die Rotorbewegungen (vgl. Nohl 2010, S. 11) sowie die Lichtsignale zur Flugsicherheit, die auch nachts eine optische Störwirkung auslösen (Schöbel 2011, S. 82, zit. nach NBBW 2012. S. 42). Umfassende Darstellungen zu Windkraft und Landschaftsästhetik sind Nohl (2010) sowie Bosch und Peyke (2011) zu entnehmen.

Für Baden-Württemberg prognostiziert Kaule daher bis 2020 „ein völlig verändertes, stark beeinträchtigtes Landschaftsbild" (zit. nach Faltin 2012, S. 21).

7.2   Raumrelevanz der Windkraft im Biosphärengebiet[5] Schwäbische Alb

Das Biosphärengebiet Schwäbische Alb wurde 2009 basierend auf dem Landesnaturschutzgesetz ausgewiesen und noch im selben Jahr von der UNESCO als Biosphärenreservat anerkannt (Lage siehe Abb. 5).

Im Gebiet des Regionalverbands Neckar-Alb, in welchem sich der überwiegende Flächenanteil des Biosphärengebietes befindet, gibt es bislang – im Vergleich zu anderen Regionalverbänden Baden-Württembergs – vergleichsweise wenige Windkraftanlagen. Aufgrund der Änderung des Landesplanungsgesetzes (siehe Kap. 4) weist der Regionalverband im Entwurf des neuen Regionalplanes nur Vorranggebiete aus. Neben fach- und planungsgesetzlichen Ausschlusskriterien für Windkraftanlagen (z.B. Abstand zu Siedlungsgebieten) wurde als einziges Abwägungskriterium „landschaftlich sensible und sichtexponierte Räume/Albtrauf" in den Entscheidungsprozess einbezogen. Von den so ermittelten zwanzig Vorranggebieten befinden sich 13 (65%) in Gemeinden des Biosphärengebietes und weitere fünf (25%) in unmittelbar angrenzenden Gemeinden. Insgesamt betreffen somit 90% der geplanten Windkraftanlagen das Biosphärengebiet direkt (Regionalverband Neckar-Alb 2012, S. 121ff).

Im Unterschied zu allen anderen Biosphärenreservaten in der Bundesrepublik Deutschland, in denen momentan keine Windkraftanlagen installiert werden, wären nach aktuellem Planungsstand im Biosphärengebiet Schwäbische Alb lediglich die Kernzone sowie Bannwälder, ausgewiesene Naturschutzgebiete und FFH-Gebiete (jedoch nur teilweise) als Tabufläche vorgesehen (Nagel 2012)[6]. Die Kernzone nimmt jedoch lediglich 3% der Gesamtfläche ein und ist in zahlreiche kleine Areale untergliedert. Nach einer Simulation der Universität Stuttgart (Roser 2012) würden nur noch wenige kleinräumige Bereiche des Biosphärengebietes – vor allem tief eingeschnittene Täler – ein Landschafts-

---

5   Nach Landesnaturschutzgesetz werden Biosphärenreservate in Baden-Württemberg Biosphärengebiete genannt

6   Nagel, A. (2012). Mündliche Auskünfte zu Auswirkungen erneuerbarer Energien im Bereich des Biosphärengebietes Schwäbische Alb

bild ohne Windkraftanlagen bieten, wenn in den vorgeschlagenen Vorranggebieten für Windenergie des Regionalverbands[7] innerhalb und im Umfeld des Biosphärengebietes Windkraftanlagen mit einer Nabenhöhe von ca. 140m installiert werden würden (s. Abb. 6). Allein von der Burgruine Hohen-Neuffen wären bei Verwirklichung aller Planungen achtzig Windkraftanlagen sichtbar (Nagel 2012). Das Landschaftsbild im Biosphärengebiet, in welchem sich bislang lediglich wenige kleinere Windkraftanlagen (Nabenhöhe 60m) bei Münsingen befinden, würde sich signifikant verändern.

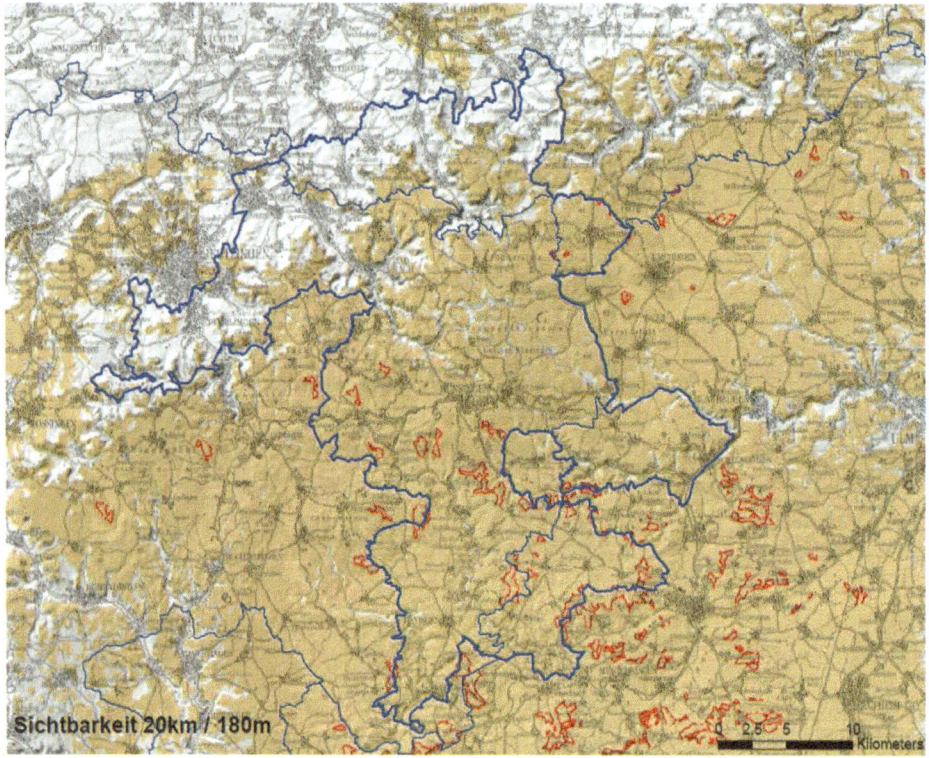

Abbildung 6: Sichtbarkeitsanalyse für das Biosphärengebiet Schwäbische Alb (Roser 2012) Bei Verwirklichung von Windkraftanlagen in den rot umrandeten Gebieten wären nur die weiß eingezeichneten Bereiche sichtfrei.

Zur Einschätzung, wie diese mögliche Veränderung der Landschaft des Biosphärengebietes wahrgenommen und bewertet wird, läuft aktuell ein Forschungsprojekt der Universität Stuttgart (Roser 2012), welches mittels umfangreicher empirischer Erhebungen unter Ver-

---

7   Diese erfolgte noch vor der Verabschiedung des Windenergieerlasses und der Handlungsempfehlungen der LUBW, so dass diese Vorranggebiete die empfohlenen Abstände zu Vogelschutzgebieten nicht einhalten und gleichermaßen in der Pflegezone des Biosphärenreservates angesiedelt sind (vgl. NBBW 2012, S. 44).

wendung aktueller Landschaftsbilder sowie Photomontagen mit Windkraftanlagen unterschiedlicher Höhe, die ortsansässige Bevölkerung einbezieht. Ein weiteres aktuelles Forschungsprojekt (Zierlein und Megerle) befasst sich mit der touristischen Wahrnehmung der Landschaftsbildveränderungen sowie möglichen Reaktionen – siehe hierzu Kapitel 9. So bestehen Befürchtungen, dass sowohl Naherholungssuchende als auch Urlauber Gebiete mit deutlich sichtbaren Windkraftanlagen meiden könnten. Eine Vermarktung der Biosphärenlandschaft als „reine Natur" und „heile Welt" wäre nach Einschätzung des zuständigen Referatsleiters kaum noch möglich (Nagel 2012). Widerstände gegen den Ausbau der Windenergie sind unter anderem aus dem an das Biosphärengebiet angrenzenden Stauferland mit seiner sehr reichhaltigen historischen Kulturlandschaft zu verzeichnen. Die Initiatoren der dortigen Bewegung setzen die Beeinträchtigung des Landschaftsbildes durch Windkraftanlagen im Landschaftsübergang des Voralbgebietes zur Schwäbischen Alb mit dem „Braunkohletagebau im natürlichen Landschaftsbild" gleich (BI Stauferland 2012, S. 15). Der NBBW (2012, S. 45) regt daher an, risikoärmere Landschaften zu favorisieren zugunsten der Singularität des Biosphärengebietes Schwäbische Alb.

7.3   Raumrelevanz der Windkraft im Schwarzwald

Die hohe ökologische und touristische Bedeutung des Schwarzwaldes wird durch Großschutzgebiete sowie den aktuell in Diskussion befindlichen potentiell ersten baden-württembergischen Nationalpark Nordschwarzwald manifestiert (vgl. Abb. 5). Gleichzeitig ist der Schwarzwald die bedeutendste Tourismusdestination in Baden-Württemberg mit fast 20 Mio. Übernachtungen, 174 Mio. Tagesbesuchern und einem tourismusinduzierten Nettoumsatz von 7 Mrd. € pro Jahr (Krull 2012). Die Entscheidung für den Schwarzwald als Urlaubs- oder Ausflugsziel hat einen signifikant hohen Landschaftsbezog. Die überwiegende Mehrheit befragter Urlauber gab als Motiv für die Wahl des Schwarzwaldes die „tolle Landschaft" an (Lenz zit. nach Krull 2012). Das Image des Schwarzwaldes wird gleichfalls durch die „schöne Landschaft" dominiert, die 93% der befragten Gäste als prägendes Element nannten (FUR 2003 zit. nach Krull 2012). Das Image des Schwarzwaldes wird somit meist mit einer idealisierten Bilderbuchlandschaft verbunden, die einen hohen Anteil an „romantischen Elementen", historischen Bauwerken, ein ausgeprägtes Relief und einen hohen Waldanteil aufweist (Krull 2012).

Im Rahmen der Energiewende ist im Schwarzwald die Installation von 500-700 Windkraftanlagen geplant, die vornehmlich in den windhöffigen Höhenlagen aufgebaut werden würden. Hierdurch würde sich das Landschaftsbild des Schwarzwaldes signifikant verändern. Eine Gästebefragung im Schwarzwald im Jahr 2004 ergab, dass 26% der Befragten Windkraft ablehnten. Umgerechnet auf die tourismusökonomischen Zahlen des Schwarzwaldes würde ein Rückgang der Besucherzahlen um ein Fünftel 1,6 Mrd. € weniger Umsatz bedeuten und 37.000 direkte sowie 110.000 indirekte Arbeitsplätze kosten (Krull 2012). Die Veränderung des Landschaftsbildes hätte somit direkt berechenbare Auswirkungen auf die lokale Wirtschaft.

8   Mögliche Lösungsstrategien aus Sicht der Planungspraxis

In Baden-Württemberg besteht nach dem Inkrafttreten des novellierten Landesplanungsgesetzes die Gefahr, dass zur Erreichung der ambitionierten Ziele der Energiewende in
schnellen Genehmigungsverfahren gegebenenfalls irreversible räumliche Entscheidungen für Jahrzehnte getroffen werden, die bislang nicht absehbare Konsequenzen für die
betroffenen Landschaften mit sich bringen könnten. Der Nachhaltigkeitsbeirat empfiehlt
daher in seinem aktuellen Energiegutachten „Augenmaß in der Umsetzung und zeitlichen Planung der Windkraftstrategie" sowie ein mindestens einjähriges Moratorium, da
das prinzipiell begrüßenswerte Ziel, einen möglichst hohen Beitrag regenerativer Energi-
en an der Stromerzeugung zu erreichen, nicht durch eine „signifikante und für viele in-
akzeptable Veränderung des Landschaftseindrucks erkauft werden darf" (NBBW 2012, S.
6f). Das Moratorium sollte genutzt werden, um Vorranggebiete (konfliktärmere Standorte) sowie Ausschlussgebiete (konflikträchtigere Standorte) auf Ebene der Regionen sowie
des Landes zu ermitteln. Im Rahmen der Fortschreibung des Landesentwicklungsplanes
wäre hierzu eine landesweite Ausschlussflächenplanung vorzunehmen, die – über die
Regelungen des Windenergieerlasses hinaus – schützenswerte Landschaftsräume einer
möglichen Überplanung durch die Kommunen entzieht. Da jedoch in den nächsten Jahren nicht mit der Verabschiedung eines neuen Landesentwicklungsplanes zu rechnen ist,
besteht die Gefahr, dass bis dahin bereits umfangreiche Fakten geschaffen worden sind.
    Zur Prüfung der landschaftlichen Wirkungen verschiedener Formen der regenerati-
ven Energien empfiehlt der NBBW (2012, S. 6) das Instrumentarium der Strategischen
Umweltverträglichkeitsprüfung, unter Einbeziehung von Simulationsverfahren, um
Landschaftsveränderungen in Form verschiedener Landschaftsszenarien nachvollzieh-
bar zu visualisieren. Auf dieser Grundlage können dann weitere Planungshilfen für die
jeweiligen Genehmigungsbehörden sowie die Regional- und Bauleitplanung erarbeitet
werden, sowie Partizipationsmodelle für die Betroffenen vor Ort.
    Tourismusverantwortliche fordern den Verzicht auf einen flächendeckenden Ausbau
der Windenergie zugunsten der Konzentration an einigen Standorten, deren Eignung
zuvor unter anderem mit modernen Simulationsverfahren ausreichend getestet wurde.
Analog zu den Vorranggebieten für Windkraft sollten gleichfalls Vorranggebiete für den
Tourismus diskutiert werden (DTV 2005, S. 1). Letztere wären zumeist identisch mit Gebieten, die sich durch ein als besonders schön und attraktiv bewertetes Landschaftsbild
auszeichnen.

9   Forschungsperspektiven

In den kommenden Jahren wird die Notwendigkeit praxisorientierter Forschungsansätze voraussichtlich stark ansteigen, da eine Zunahme von Nutzungskonflikten zu prog-
nostizieren ist. Diese ergeben sich vor allem durch die Überlagerung von Räumen, die
als Tourismusdestinationen profiliert werden sollen (z.B. Biosphärengebiet Schwäbische

Alb und Naturpark Südschwarzwald) und gleichzeitig als „Topregionen" für die von der neuen grün-roten Landesregierung geplanten großflächigen Windenergieanlagen angedacht sind (Losse und Schnaas 2011). Auch werden Aspekte wie Identifikation mit dem Lebensumfeld und Regionalbewusstsein vor dem Hintergrund erster Schrumpfungstendenzen in peripheren ländlichen Räumen Baden-Württembergs (vgl. Siedentop 2011) an Bedeutung gewinnen.

Viele der bisher vorgelegten Studien zu möglichen Korrelationen zwischen dem Ausbau der Windenergie und der touristischen Attraktivität einer Region sind zu einem hohen Grade als spekulativ zu bezeichnen, da Einschätzung und mögliche Handlungsoptionen abgefragt wurden, bevor die Landschaft durch Windkraftanlagen verändert wurde. Auch waren die Fragen in den sehr häufig zitierten Soko-Studien so allgemein gestellt (vgl. Kap. 3), dass es gewagt erscheint, hieraus abzuleiten, dass sich 71% durch Windkraftanlagen überhaupt nicht gestört fühlen würden und 51% sich auf gar keinen Fall aufgrund von Windkraftanlagen gegen einen Urlaubsort entscheiden würden (Puhe 2012). Die Soko-Studien erfolgten ohne Anschauungsmaterialien, dabei zeigten Befragungen im Biosphärengebiet Schwäbische Alb, dass viele Studienteilnehmer selbst mit simulierten Landschaftsbildern deutliche Schwierigkeiten hatten, sich das später tatsächlich sichtbare Landschaftsbild vorzustellen (Zierlein und Megerle). Dies gilt insbesondere für die neuen Windkraftanlagen mit Nabenhöhen von ca. 140m Höhe, da die wenigen bislang in Baden-Württemberg stehenden Anlagen zumeist nur Nabenhöhen von 60 m haben (vgl. hierzu NBBW 2012, S. 45). Insofern wäre eine fundierte Untersuchung der tatsächlichen Reaktionsmuster wünschenswert, um diese mit den vorangegangenen Befragungen zu vergleichen.

Ergänzend hierzu wären empirische Studien zur Wahrnehmung und Bewertung der Veränderungen der Heimatlandschaft durch die Bewohner erforderlich, da diese zwar als Hauptbetroffene einzustufen sind, in bisherigen Untersuchungen aber eher nachrangig berücksichtigt wurden.

10   Fazit

Der aktuell vor allem im Südwesten sehr dynamische Ausbau der regenerativen Energieträger hat eine hohe Raumrelevanz und führt zu einer deutlichen Veränderung des Landschaftsbildes und der Kulturlandschaften vor allem im Ländlichen Raum. Insbesondere in den ökologisch hochwertigen und tourismusökonomisch sehr bedeutsamen Großschutzgebieten des Landes werden diese Veränderungen mit großer Sorge betrachtet, da erhebliche Auswirkungen unter anderem auf die regionale Wertschöpfung befürchtet werden. Bislang liegen jedoch nur wenige empirisch fundierte Untersuchungen vor; zudem sind viele Studien eher spekulativ, da anhand von Simulationen mögliche Einschätzungen und Handlungsstrategien abgefragt werden, die erst nach Verwirklichung der Ausbauplanungen zu verifizieren wären. Verschiedene Studien zeigen ferner, dass deutliche intergenerationelle Unterschiede in der Bewertung der neuen Energien zu beobachten sind. Auch liegen bislang kaum Erhebungen zu Gewöhnungseffekten zum Beispiel an Windkraftanlagen vor. Insofern könnten weitere Untersuchungen in einigen Jahren unter Umständen deutlich abweichende Einschätzungen ergeben.

Zu berücksichtigen sind ferner die hohe Vielfalt und die sehr unterschiedlichen historischen Entwicklungspfade der Kulturlandschaften in Baden-Württemberg als Lebens- und Identifikationsräume (vgl. Kap. 5), für welche der NBBW (2012, S. 45) ein „behutsames und partizipatives Vorgehen bei der Umsetzung der Energiewende" fordert, welches auch eine Ablehnung der Landschaftstransformation durch die Betroffenen beinhalten können sollte.

Literatur

Ammermann, K. (2012). Landschaftsveränderungen durch die Energiewende. Einschätzung des Bundesamtes für Naturschutz In Demuth, B., Heiland, S., Wiersbinski, N., Finck, P. & Schiller, J. (Hrsg.), *Landschaften in Deutschland 2030 Erlittener Wandel – gestalteter Wandel (= BfN-Schriften 314)* (S. 46-56). Bonn: BfN.

Ammermann, K. & Mengel, A. (2011). Energetischer Biomasseanbau im Kontext von Naturschutz, Biodiversität, Kulturlandschaftsentwicklung, *Informationen zur Raumentwicklung 5/6*, 323-337.

Bayerl, G. (2005). Die „Verdrahtung" und „Verspargelung" der Landschaft, *Landschaft und Heimat 77*, 38-49.

BBSR (= Bundesinstitut für Bau-, Stadt- und Raumforschung) (Hrsg.) (2012), *Raumordnungsbericht 2011*. Bonn: BBSR.

Becker, S., Gailing, L. & Naumann, M. (2012). *Neue Energielandschaften – neue Akteurslandschaften. Eine Bestandsaufnahme im Land Brandenburg*. Berlin: Rosa-Luxemburg-Stiftung.

BI (= Bürgerinitiative) Stauferland (2012). Gegen Windkraftanlagen im Voralbgebiet Stellungnahme http://www.bi-stauferland.de/attachments/File/Stellungnahme_RegVStgt.pdf. Zugegriffen: 26. September 2012.

Bosch, S. & Peyke, G. (2011). Gegenwind für die Erneuerbaren – Räumliche Neuorientierung der Wind-, Solar- und Bioenergie vor dem Hintergrund einer verringerten Akzeptanz sowie zunehmender Flächennutzungskonflikte im ländlichen Raum, *Raumforschung und Raumordnung 2*, 105-118.

BMU (= Bundesministerium für Umwelt, Naturschutz und Reaktorsicherheit) (2008). *Entwicklung erneuerbarer Energien in Deutschland*. Berlin

Bundesverband WindEnergie e.V. (2011). *Potenzialstudie 2011 Baden-Württemberg*. Berlin.

Casaretto, R. (2010). Über die "Vermaisung" der Landschaft, *Biogas_Journal 4*, 1-3.

DTV (= Deutscher Tourismusverband) (2005). *Auswirkungen der Windenergie auf Kulturlandschaft und Tourismus*. Positionspapier.

EEA (= European Environmental Agency) (2008). *Impacts of Europe's changing climate — 2008 indicator-based assessment*. Joint EEA-JRC-WHO Report. Kopenhagen.

Faltin, T. (2012). Mehr als 100 Windräder für die Region. *Stuttgarter Zeitung*. 14. Juli 2012, 21.

Früh, S. & Megerle, H. (in Vorbereitung). *Auswirkungen des Klimawandels auf die Ländlichen Räume Baden-Württembergs*; Abschlussbericht des Forschungsvorhabens im Auftrag des MLR. Rottenburg.

Gebhardt, H. (Hrsg.) (2008). *Geographie Baden-Württembergs*. Stuttgart: Kohlhammer.

Grimm, B. (2009). *Quantifying the visual effects of wind farms; a theoretical process in an evolving Australian visual landscape*. Dissertation. Adelaide.

Hartmann, A. (2010). Ackernutzung im Wandel der Zeit, *Statistisches Monatsheft Baden-Württemberg 9*, 41-43.

Hartmann, A. (2008). Wie viel Fläche wird für Biogas benötigt? *Statistisches Monatsheft Baden-Württemberg 7*, 40-42.

Krull, C. (2012). *Bedeutung der Energiewende für den Schwarzwald am Beispiel der Windenergie*, Folien eines Vortrags gehalten am 08. März 2012 auf der Internationalen Tourismusbörse (ITB) in Berlin.

Kühne, O. (2012). *Landschaftsästhetik und regenerative Energien*, Folien eines Vortrags gehalten am 26. April 2012 auf dem 1. Workshop des Deutschsprachigen Arbeitskreises der Landscape Research Group in Erkner bei Berlin.

Kühne, O. & Spellerberg, A. (2010). *Heimat in Zeiten erhöhter Flexibilitätsanforderungen: Empirische Studien im Saarland.* Wiesbaden: VS.

LAG BW (= Landesarbeitsgemeinschaft Baden-Württemberg der Akademie für Raumforschung und Landesplanung) (2012). Position zur Novelle des Landesplanungsgesetzes BW („Windnovelle 2012") vom 10. Mai 2012. http://www.arl-net.de/system/files/position_lag_bw_windnovelle_stand_10. Mai 2012-1.pdf. Zugegriffen: 22. November 2012.

Lindenau, G. (2002). *Die Entwicklung der Agrarlandschaften in Südbayern und ihre Beurteilung durch die Bevölkerung.* Berlin: Franziska Land Verlag.

LPlG (Landesplanungsgesetz Baden-Württemberg) (2012): http://www.landesrecht-bw.de/jportal/?quelle=jlink&query=LPlG+BW&psml=bsbawueprod.psml&max=true&aiz=true. Zugegriffen: 26. September 2012.

Losse, B. & Schnaas, D. (2011). Baden-Württemberg Kretschmann will große Windparks in Touristenregionen, *Wirtschaftswoche*, 07. Mai 2011.

LUBW (= Landesanstalt für Umwelt. Messungen und Naturschutz Baden-Württemberg) (2012):Kartenservice „Alle Schutzgebiete" http://www.lubw.baden-wuerttemberg.de/servlet/is/11425/. Zugegriffen: 22. November 2012.

Miller, T., Bell, S., McKeen, M., Horne, P. L., Morrice, J. G. & Donnelly, D. (2010). Assessment of Landscape Sensitivity to Wind Turbine Development in Highland. Summary Report. Macaulay Land Use Research Institute. Aberdeen. http://www.highland.gov.uk/NR/rdonlyres/97585EC2-C6B9-4662-B62A-434D9A36DE17/0/Item7Appendix1.pdf. Zugegriffen: 29. November 2012.

MUNV (= Ministerium für Umwelt, Naturschutz und Verkehr Baden-Württemberg) (2011). Klimaschutzkonzept 2020PLUS Baden-Württemberg. http://www.energie-zentrum.com/pdf/klimaschutzkonzept_2020plus.pdf. Zugegriffen: 26. September 2012.

Netzwerk Lebensraum Brache (2010). Energie aus Wildpflanzen. Ökonomisch, ökologisch und ästhetisch (Faltblatt). http://www.lpv.de/uploads/tx_ttproducts/datasheet/Energie_aus_Wildpflanzen.pdf. Zugegriffen: 29. November 2012.

NBBW (= Nachhaltigkeitsbeirat Baden-Württemberg) (2012). *Energiewende: Implikationen für Baden-Württemberg.* Stuttgart. http://www.nachhaltigkeitsbeirat-bw.de/mainDaten/dokumente/energiegutachten2012.pdf. Zugegriffen: 29. November 2012.

Niedersächsischer Landkreistag (2011). Arbeitshilfe Naturschutz und Windenergie. Hinweise zur Berücksichtigung des Naturschutzes und der Landschaftspflege sowie zur Durchführung der Umweltprüfung und Umweltverträglichkeitsprüfung bei Standortplanung und Zulassung von Windenergieanlagen http://www.nlt.de/pics/medien/1_1320062111/Arbeitshilfe.pdf. Zugegriffen: 26. September 2012.

Nohl, W. (2010). Landschaftsästhetische Auswirkungen von Windkraftanlagen. *Schöne Heimat – Erbe und Auftrag 1*, 3-12

Peters, J. (2010). *Landschaft als Energieressource – Biomasseproduktion und die Auswirkungen auf die Kulturlandschaft.* Folien eines Vortrags gehalten am 28. September 2010 auf der Fachtagung „Raumplanung und die steigende Nutzung von Bioenergie" der Naturschutz-Akademie Hessen in Wetzlar.

Peters, J., Torkler, F., Hempp, S. & Hauswirth, M. (2009). Ist das Landschaftsbild „berechenbar"? Entwicklung einer GIS-gestützten Landschaftsbildanalyse für die Region Uckermark-Barnim als Grundlage für die Ausweisung von Windeignungsgebieten. *Naturschutz und Landschaftsplanung 1*, 15-20.

Puhe, H. (2012). *Studie Windkraft und Tourismus. 2003 bis 2009. Ergebnisse der repräsentativen Bevölkerungsbefragungen.* Folien eines Vortrages gehalten am 08. März 2012 auf der Internationalen Tourismusbörse (ITB) in Berlin.

Ratter, B., Lange, M. & Sobiech, C. (2009). *Heimat, Umwelt und Risiko an der deutschen Nordseeküste. Die Küstenregion aus Sicht der Bevölkerung.* GKSS: Geesthacht. http://www.hzg.de/imperia/md/content/gkss/zentrale_einrichtungen/bibliothek/berichte/2009/gkss_2009_10.pdf. Zugegriffen: 29. November 2012.

Regionalverband Neckar-Alb (2012). *Entwurf des neuen Regionalplans.* Mössingen.

Riddington, G., Harrison, T., McArthur, D., Gibson, H. & Millar, K (2008). *The economic impacts of wind farms on Scottish tourism.* A report for the Scottish Government. Glasgow. http://www.scotland.gov.uk/Resource/Doc/214910/0057316.pdf. Zugegriffen: 29. November 2012.

Roser, F. (2012). *Ist Schönheit berechenbar? Sichtbarkeitsanalysen.* Beitrag zum Experten-Workshop "Berücksichtigung des Landschaftsbilds beim Ausbau der Windkraftnutzung im Biosphärengebiet Schwäbische Alb am 08. Februar 2012 in Münsingen.

Rüskamp, W. (2010). Man sieht die Landschaft vor lauter Mais nicht mehr, *Badische Zeitung*, 17. September 2010.

Schöbel, S. (2011). Landschaftsbilder zwischen Bewahren und Gestalten. Landeszentrale für politische Bildung Baden-Württemberg (Hrsg.), *Raumbilder für das Land 1/2*, 50-57.

Schwineköper, K. (2005). Heimat, Naturbewahrung und Naturwahrnehmung im Wandel der Zeiten. In Blessing, K. (Hrsg.), *Heimat und Natur: wissen, woher wir kommen, wo wir sein wollen und wo wir hinkönnen.* Beiträge der Akademie für Natur- und Umweltschutz Baden-Württemberg 37, 17-27.

Siedentop, S., Junesch, R., Uphues, N., Straßer, M. & Schöfl, G. (2011). *Der Beitrag der ländlichen Räum Baden-Württembergs zu wirtschaftlicher Wettbewerbsfähigkeit und sozialer Kohäsion – Positionsbestimmung und Zukunftsszenarien.* http://www.mlr.baden-wuerttemberg.de/mlr/Presse/Laendliche_Raeume_BW_ireus.pdf. Zugegriffen: 29. November 2012.

Umweltbundesamt (= UBA) (2009). Daten zur Umwelt. http://www.umweltdaten.de/publikationen/fpdf-l/3876.pdf. Zugegriffen: 24. November 2012.

Wiese, J., von Ruschkowski, E., Rode, M., Kanning, H. & von Haaren, C. (2009). Auswirkungen des Energiepflanzenanbaus auf die Landschaft, *Naturschutz und Landschaftsplanung 4*, 107-113.

Wirtschaftsministerium Baden-Württemberg (WM) (2002). *Landesentwicklungsplan Baden-Württemberg.* Stuttgart. http://www2.landtag-bw.de/dokumente/lep-2002.pdf. Zugegriffen: 29. November 2012.

Wöbse, H.H. (2002). *Landschaftsästhetik – über das Wesen, die Bedeutung und den Umgang mit landschaftlicher Schönheit.* Stuttgart: Ulmer.

11

Kriterien für die Planung neuer Energielandschaften

Eine englische Untersuchung der Empfindlichkeit
von Landschaften gegenüber
Windkraft- und Photovoltaikanlagen

Bärbel Francis

1   Einführung[1]

Torridge ist ein englischer District im ländlichen Südwesten Englands in der Grafschaft
Devon. Seit der Einführung des britischen Einspeisetarifs für erneuerbare Energien 2010
haben sich in Torridge Anträge für Windkraftanlagen (WKA) und Freiflächen-Photovoltaikanlagen (PVA) um ein Vielfaches erhöht. Da es auf regionaler und nationaler Ebene
zuvor keine Kriterien zur Beurteilung solcher Anträge gab, entschloss sich die District-
Verwaltung 2011 eine Studie in Auftrag zu geben, um die Empfindlichkeit der Landschaften in Torridge gegenüber WKA und PVA zu untersuchen. Die Studie dient dem Zweck,
die Beurteilung von Anträgen für die beiden Technologien zu vereinfachen und soll so
der Planungsbehörde im District helfen, landschaftsbezogene Entscheidungen zu treffen.
Die Studie war durch ein vorliegendes Gutachten zum Landschaftscharakter, das „Joint
Landscape Character Assessments for North Devon and Torridge" (Torridge District
Council 2011) überhaupt erst möglich worden.

Dieser Beitrag versucht am Beispiel des Dokuments „An Assessment of the Landscape Sensitivity to Onshore Wind Energy & Field-Scale Photovoltaic Development in
Torridge" (Land Use Consultants 2011) zu erklären, wie eine Untersuchung der Empfindlichkeit von Landschaften (Sensitivitätsanalyse) erstellt wird und welche Ansätze, Kriterien und Techniken verwendet wurden um die „Empfindlichkeit" und „Aufnahmefähigkeit" der Landschaften im District zu definieren. Die Struktur des Beitrags folgt daher
im Prinzip der Struktur der Studie. Es werden zunächst die Hintergründe der Studie,
die Akteurskonstellation und die Entwicklung der Methodik vorgestellt. Darauf folgen
eine Beschreibung von Landschaftsdefinitionen und deren Handlungsfolgen sowie die

---

1 Die Autorin bedankt sich bei Ludger Gailing für die formale und inhaltliche Überarbeitung
   des Beitrags, insbesondere für das Korrektorat, und bei dem Torridge District Council, welches
   die Untersuchung zur Verfügung gestellt hat.

Grundlinien der Landschaftsentwicklung in Torridge. Die Bewertungskriterien, die für die Untersuchung verwendet wurden sowie die Empfindlichkeitsstufen und deren Definitionen werden anschließend beschrieben und die Resultate zusammengefasst. In einer Schlussbemerkung wird erklärt, wie die Verwendung der Studie die Arbeit der Planungsbehörde beeinflusst hat – angesichts des zentralistischen Planungssystems in Großbritannien.

Der Torridge District ist durch den Klimawandel mit einer Vielzahl von Herausforderungen konfrontiert. Eine dieser Herausforderungen besteht in der Notwendigkeit, einen sinnvollen Beitrag zur Verringerung schädlicher Emissionen des Energieverbrauchs durch regenerative Formen der Energieerzeugung zu leisten. Gleichzeitig soll aber auch die einzigartige Landschaft des Districts erhalten werden. Die Landschaft ist dabei nicht nur von entscheidender Bedeutung für die lokale Wirtschaft: Über neun Prozent der Fläche von Torridge sind entlang der Küste als Gebiet von herausragender natürlicher Schönheit („Area of Outstanding Natural Beauty", kurz AONB) formal klassifiziert und ungefähr 4.500 Hektar sind als Naturschutzgebiete geschützt. Dazu gehört das international geschützte „Culm Grassland", das seit Anfang des 19. Jahrhunderts bis auf wenige Reste verloren gegangen ist. Die Landschaft des Bezirks hat einen erheblichen wirtschaftlichen und gesellschaftlichen Wert. Sie vermittelt Gefühle der regionalen Identität, ist wichtig für die Lebensqualität und ermöglicht inspirierende Momente des Landschaftserlebens. Sie ist eine wichtige Basis für die Tourismuswirtschaft, aber zugleich ebenso wichtig für Aspekte des Umwelt- und Naturschutzes sowie als kulturhistorisches Archiv vergangener Formen der gesellschaftlichen Landnutzung.

Im Bezirk herrschen gute natürliche Bedingungen für regenerative Formen der Energieerzeugung aus WKA und PVA vor. Torridge Council erkannte, dass diese guten Voraussetzungen genutzt werden sollten. Die Entwicklung sollte jedoch in sorgfältiger Weise erfolgen, um einerseits den größtmöglichen Beitrag zur Deckung des Energiebedarfs zu leisten und andererseits sicherzustellen, dass die Charakteristika der Landschaft nicht in unzulässiger Weise beeinträchtigt werden. Die Notwendigkeit, Landschaftsargumente in die Entscheidungsfindung einzubeziehen, hat in England in den letzten Jahren an Bedeutung gewonnen. Es wurde daher entschieden, eine Studie durchzuführen, welche die Empfindlichkeit der Landschaft gegenüber WKA und PVA untersucht, um die am besten geeigneten Standorte zu finden.

2   Akteurskonstellation und Entwicklung einer eigenen Methodik

Ein privates Planungs- und Beratungsbüro („Land Use Consultants") erhielt von der District-Verwaltung 2011 den Auftrag, die Studie zu erstellen. Um die Objektivität der Untersuchung zu gewährleisten, wurde eine sogenannte Steuerungsgruppe gegründet, die sich aus Abgeordneten des Torridge Councils, Planern der District-Verwaltung sowie Vertretern der „North Devon AONB" und der Biosphärenreservatsverwaltung von North Devon zusammensetzte.

Darüber hinaus wurden die folgenden Akteure zu Workshops eingeladen:

- Vertreter von Fachbehörden und professionelle Experten für Landschaftsplanung,
- Vertreter von Unternehmen der Wind- und Solarbranche,
- Vertreter der Gemeinden und
- Vertreter benachbarter regionaler Gebietskörperschaften.

Die breitere Öffentlichkeit wurde nicht konsultiert. Es wurde angenommen, dass die oben genannten Gruppen in ausreichender Weise ein breites Spektrum von Ansichten vertreten.

Um eine Methodik für die Bewertung der Empfindlichkeit der Landschaft in Torridge zu entwickeln, wurden durch das beauftragte Büro die jüngsten Studien zur Untersuchung der Aufnahmefähigkeit und Empfindlichkeit von Landschaften gegenüber WKA und PVA aus England und Schottland zu Rate gezogen. Diese Überprüfung berücksichtigte auch die verschiedenen Definitionen von „Empfindlichkeit" und „Aufnahmefähigkeit" sowie die unterschiedlichen Ansätze zur Bewertung dieser beiden Aspekte. Zusammenfassend hat die Überprüfung folgendes offenbart:

- Alle Bewertungen verwenden einen räumlichen Rahmen, der auf den sogenannten „Landscape Character Areas" oder „Landscape Character Types" basiert. „Landscape Character Areas" bestehen aus mehreren „Landscape Character Types", sie sind also größere Gebiete als „Landscape Character Types".
- Die Studien definieren „Empfindlichkeit" und „Aufnahmefähigkeit" der Landschaften in leicht unterschiedlicher Weise, aber alle Studien basieren auf der Leitlinie zum „Landscape Character Assessment" (Countryside Agency und Scottish Natural Heritage 2002) oder dem „Topic Paper 6" zu „Techniques and Criteria for Judging Capacity and Sensitivity" (Countryside Agency und Scottish Natural Heritage 2004).
- Vorliegende Studien, die die Aufnahmefähigkeit von Landschaften beurteilen sollen, neigen zu einer Vorgehensweise, bei der zunächst die Empfindlichkeit der Landschaft beurteilt wird, um dann zu überlegen, wie Anlagen zur Erzeugung erneuerbarer Energien am besten in der Landschaft platziert werden können. Dies erfolgt entweder mit Hilfe einer allgemein gültigen Richtlinie oder mittels der Erarbeitung individueller Strategien für jede „Landscape Character Area" oder jeden „Landscape Character Type".
- Einige Studien erklären, dass es bei der Untersuchung der Aufnahmefähigkeit notwendig sei, zu definieren, wo Landschaftsveränderungen akzeptabel sind. Diese Bewertung ist nicht zu verwechseln mit der Untersuchung der Empfindlichkeit der Landschaft.
- Die Studien beurteilen verschiedene Szenarien – manche basieren auf einem einen generischen Typ einer WKA (oft basierend auf einem Höhenbereich), andere Untersuchungen beinhalten verschiedene Typen von WKA und Windparks.
- Alle Studien verwenden Kriterien, die auf dem Charakter der jeweiligen Landschaft basieren, um die Empfindlichkeit der Landschaft zu bewerten.

Die Methodik für die Studie in Torridge wurde von „Land Use Consultants" vorheriger Bewertung der Empfindlichkeit der Landschaft gegenüber WKA und PVA im benachbarten Cornwall beeinflusst.

3   Landschaftsdefinitionen und ihre Handlungsfolgen

Die European Landscape Convention definiert Landschaft als „area, as perceived by people, whose character is the result of the action and interaction of natural and/or human factors" (Council of Europe 2000). Diese Definition reflektiert die Idee, dass Landschaften sich mit der Zeit verändern, und dass Naturkräfte *und* Menschen solche Veränderungen bewirken.

Bis in die 1980er Jahre hinein wurde die Landschaft bei der Flächenplanung in England nur hinsichtlich ihrer Qualität berücksichtigt. Es wurde beurteilt, ob eine Landschaft qualitätsvoller sei als eine andere. Dieser Prozess wurde als „Landscape Assessment" beschrieben (Morris et al. 2009). Schutzgebiete wie zum Beispiel AONBs und Nationalparks wurden zu Lasten anderer Landschaften geschützt, was die nicht-intendierte Nebenfolge hatte, dass solche ungeschützten Landschaften unter enormen Entwicklungsdruck gerieten. Ein weiteres Problem dieses Ansatzes war, dass Vorstellungen zur „Schönheit" einer Landschaft nicht zeitlos sind, sondern von Moden und Geschmäckern abhängig sind: Ein Werturteil von heute könnte bereits morgen ganz anders ausfallen.

Seit der Einführung von Umweltverträglichkeitsprüfungen mussten aber alle Landschaften in gleicher Weise bewertet werden. Es war mithin nicht länger zulässig, Schutzgebiete per se höherwertiger einzustufen als andere Gebiete. Die „Landscape Assessments" entwickelten sich seit den 1980er Jahren als Mittel zur Identifizierung, was eine Landschaft von anderen Landschaften unterscheidet oder welche Merkmale jeweils ausgeprägt sind (Morris et al. 2009). Dieser Ansatz wurde erstmals von der ehemaligen Countryside Commission[2] vorgestellt. Der Charakter und die Vielseitigkeit der einzelnen Landschaften wurden ebenso erfasst wie die gesellschaftlichen Vorteile und Dienstleistungen beziehungsweise Funktionen, die sie jeweils bieten.

„Landscape Character" ist heute ein zentraler Begriff bei der Beurteilung von Landschaften. Er wurde von der „Countryside Agency" und „Scottish Natural Heritage" (2002, S. 8) definiert als: „a distinct, recognisable and consistent pattern of elements on the landscape that makes one landscape different from another, rather than better or worse." Der Charakter der Landschaft wird durch bestimmte Kombinationen von Geologie, Relief, Böden, Vegetation, Landnutzung, Feldformen und menschlichen Siedlungen geprägt. Dieser Ansatz verändert den Schwerpunkt des Landschaftsverständnisses: Landschaft ist nicht mehr nur reine Kulisse, sondern Landschaft ist eine Umgebung. Um den Charakter einer Landschaft zu verstehen, müssen demnach die verschiedenen genannten Faktoren in systematischer Weise untersucht werden (vgl. Morris et al. 2009).

---

2   später Countryside Agency, heute Natural England

Die Organisationen „Countryside Commission" und „English Nature" veröffentlichten 1996 „The Character of England Map", die den nationalen Rahmen für detailliertere Bewertungen auf der Landschaftsebene bot. Diese Karte identifizierte 159 „Character Areas" die im Hinblick auf Landschaftsaspekte, räumliche Identität, Biodiversität und weitere natürliche Funktionen definiert wurden. Die wichtigsten natürlichen und kulturellen Merkmale der „Character Areas" wurden von der „Countryside Agency" in den Jahren 1998 bis 1999 in acht Bänden veröffentlicht.[3]

Abbildung 1: Hügelige Weidelandschaft in Torridge (Quelle: Land Use Consultants 2011)

4   Die Landschaft in Torridge („Landscape Baseline")

Die Grenze des Torridge Districts bildet im Osten der Fluss Taw, im Westen die schroffe Atlantikküste, die sich südwärts bis nach Cornwall ausdehnt. Der nördlichste Punkt des Bezirks, Lundy Island, liegt im Bristolkanal, 12 Meilen von der Küste entfernt. Lundy Island (siehe Abbildung 2 auf Folgeseite) ist als Meeresschutzgebiet klassifiziert und dient als Raumsymbol und Wahrzeichen des Districts. Die markante und mysteriöse Form der Insel illustriert viele Darstellungen der Küstenlandschaft.

Landeinwärts ist die Landschaft von Torridge durch die Kämme des „Culm Grasslands" gekennzeichnet, die weite Aussichten bis zum Hochland Dartmoors im Süden und Exmoors im Norden bieten. Sie werden durchschnitten von einer Reihe waldreicher Seitentäler, deren Fließgewässer in die Flüsse Taw und Torridge münden, die schließlich in einen gemeinsamen Ästuar münden. Eine lange agrarische Tradition prägt die Kulturlandschaft – vom Patchwork der Rinder- und Schafweiden bis zum unverwechselbaren „Culm Grassland Moor", welches als Natura-2000-Gebiet geschützt ist. Kleine, ländliche Gemeinden und alteingesessene Landwirtschaftsbetriebe charakterisieren die

---

3   Diese werden derzeit von „Natural England" aktualisiert.

Landschaft, die oft von quadratischen Kirchtürmen überragt wird, die als markante historische Sehenswürdigkeiten geschätzt werden.

Abbildung 2: Lundy Island (Foto: Dave Edgecombe)

Entlang der Küste, die ein Schutzgebiet von nationaler Bedeutung (AONB) ist, befinden sich neben weiten Sandstränden und Dünen auch Ferienorte, in denen man versucht, den Anforderungen ständig wachsender Touristenzahlen gerecht zu werden. Daneben liegen dort auch Fischerdörfer geschützt zwischen bewaldeten Hügeln, die ihren historischen Charakter bewahrt haben. Alles in allem ist dies eine abwechslungsreiche und vor allem ländliche Landschaft. Sie wird in dem „Joint Landscape Character Assessment for North Devon and Torridge" (Torridge District Council 2011), das die Basis für die Untersuchung der Empfindlichkeit der Landschaft bildet, ausführlicher beschrieben. Darin werden 22 „Landscape Character Types" definiert, 15 davon findet man in Torridge:

1. Plateaux and ridges (1B: Coastal Open Plateau; 1F: Farmed Lowland Moorland and Culm Grassland)
2. Valleys (3A: Upper Farmed and Wooded Valley Slopes; 3C: Sparsely Settled Farmed Valley Floors; 3G: River Valley Slopes and Combes; 3H: Secluded Valleys)
3. Coast (4A: Estuaries; 4D: Coastal Slopes and Combes; 4E: Extensive Intertidal Sands; 4F: Dunes; 4H: Cliffs)
4. Rolling Hills (5A: Inland Elevated Undulating Land; 5B: Coastal Undulating Farmland; 5D: Estate Wooded Farmland)
5. Offshore Islands

Die Beschreibungen dieser „Landscape Character Types" bildeten die primäre Datengrundlage für die in den folgenden Kapiteln vorgestellte Sensitivitätsanalyse. Von ganz besonderer Bedeutung war dabei die Zielstellung, dass trotz der Entwicklung von WKA und PVA die Landschaftscharakteristik weitgehend erhalten bleiben sollte. Des Weiteren wurde auch das „Draft Devon Landscape Character Assessment" von 2011 mit ihren Beschreibungen der Landschaftsgebiete in den Grundlinien der Landschaftsentwicklung berücksichtigt, vor allem die dort formulierten Landschaftsstrategien und -richtlinien (Devon County Council 2011). Weitere relevante fachliche Konzepte waren das „Historic Landscape Character Assessment for Devon" und der Entwicklungsplan für das North Devon AONB.

5   Methodik und Vorgehensweise

Hinsichtlich der in Betracht gezogenen Entwicklungsmodelle für WKA beinhaltete die Untersuchung alle Typen dieser Anlagen, basierte jedoch auf den gängigsten Anlagen mit horizontaler Achse und drei Rotorblättern. Die Untersuchung bewertete die Eignung von WKA mit verschiedenen Höhen und verschiedenen Größen der geplanten Windparks – jeweils in fünf Stufen gruppiert. Die Analyse der PVA bewertete die Empfindlichkeit der Landschaften gegenüber PVA inklusive der dazugehörigen Infrastruktur wie Wechselrichterbehausungen und Sicherheitszäune. Die Bewertung berücksichtigte verschiedene Flächengrößen von PVA.

Es gibt in England keine veröffentlichten Vorbildverfahren zur Bewertung der Empfindlichkeit von Landschaften gegenüber erneuerbaren Energieanlagen. Wie bereits erwähnt, basiert das Konzept der Untersuchung in Torridge deshalb auf den Leitlinien der Countryside Agency und Scottish Natural Heritage, einschließlich der „Landscape Character Assessment Guidance" und „Topic Paper 6" sowie auf den Erfahrungen des Planungsbüros in früheren Studien. Paragraph 4.2 des Topic Paper 6 erklärt:

> Judging landscape character sensitivity requires professional judgement about the degree to which the landscape in question is robust, in that it is able to accommodate change without adverse impacts on character. This involves making decisions about whether or not significant characteristic elements of the landscape will be liable to loss [...] and whether important aspects of character will be liable to change (Countryside Agency und Scottish Natural Heritage 2004, S. 5f.).

In der Untersuchung in Torridge wurde die folgende Definition von Empfindlichkeit verwendet:

> Landscape sensitivity is the extent to which the character and quality of the landscape is susceptible to change as a result of wind energy/field-scale solar PV development (Land Use Consultants 2011, S. 28).

Daneben basiert die Sensitivitätsanalyse in Torridge vor allem auf Untersuchungen des Landschaftscharakters vor Ort, bei welchen eigens definierte Kriterien verwendet wurden. Diese Kriterien zur Bestimmung der Empfindlichkeit der Landschaft gegenüber WKA und PVA basieren auf den Attributen von Landschaftstypen, die am wahrscheinlichsten durch die Entwicklung der beiden Technologien betroffen wären. Tabelle 1 zeigt Kriterien die für die Untersuchung von WKA verwendet wurden. Eine ähnliche Tabelle wurde auch für PVA erstellt. Diese Kriterien wurden von dem beauftragten Planungsbüro vorgestellt, so dass anschließend alle am Verfahren beteiligten Akteure die Gelegenheit hatten, Veränderungsvorschläge einzubringen. In Torridge haben viele Landschaften eine großflächige, weite Landschaftsform, die jedoch durch ein kleines Feld- oder Landnutzungsmuster geprägt werden. Um die Empfindlichkeit der Landschaften zu verstehen, ist es wichtig, die Landschaftsformen sowie die Feld- oder Landnutzungsmuster zu berücksichtigen.

Im Anschluss an die Bewertung anhand der einzelnen Kriterien wurden für jeden „Landscape Character Type" die Ergebnisse zur Empfindlichkeit der Landschaft zusammengefasst. Wenn dabei ein Kriterium einen besonders starken Einfluss auf den Landschaftscharakter hatte, so wurde dies in der Diskussion hervorgehoben. Dies galt etwa für das Kriterium „Horizont und Silhouetten" in Gebieten, in denen besonders prägnante oder dominierende Silhouetten zu konstatieren sind, oder für das Kriterium „Landschaftsbild / Schönheit der Landschaft" in einem besonders abgelegenen „Landscape Character Type".

Es ist möglich, dass Kriterien innerhalb eines „Landscape Character Types" zu widersprüchlichen Ergebnissen führen. Dies gilt zum Beispiel für Siedlungsgebiete, die zwar einerseits aufgrund der höheren anthropogenen Beeinflussung der Landschaft eine niedrigere Empfindlichkeit gegenüber WKA aufweisen, aber andererseits auch mehr menschlich beeinflusste Kulturlandschaftselemente enthalten, was wiederum für eine höhere Empfindlichkeit gegenüber WKA spricht. Umgekehrt könnte eine eher abgelegene Landschaft, die kaum anthropogen beeinflusst ist, empfindlicher gegenüber WKA sein, weil dort die Schönheit des Landschaftsbildes besonders hervorzuheben ist. Ähnliche Widersprüche bestehen auch in Bezug auf PVA: Eine Landschaft mit einem besonders kleinmaßstäblichen Feldmuster und einer hohen Relevanz der Feldeinhegungen wäre anhand des Kriteriums „Gefühle von Enge oder Offenheit der Landschaft" unempfindlicher gegenüber PVA, aber anhand des Kriteriums „Feldmuster und Maßstab" empfindlicher gegenüber PVA. Solche Widersprüche werden in der Diskussion der Landschaftsempfindlichkeit berücksichtigt.

Tabelle 1: Bewertungskriterien – Empfindlichkeit von Landschaften gegenüber WKA

Relief und Landschaftsform

Flache oder leicht hügelige „sanfte" Landschaftsformen sind weniger empfindlich gegenüber WKA als „dramatische" oder „schroffe" Landschaftsformen, die sich etwa durch außergewöhnliche Merkmale wie Klippen oder Landspitzen auszeichnen. Großflächige Landschaftsformen sind weniger empfindlich als kleinflächige, denn in den kleinflächigen Landschaftsformen erscheinen WKA größer und überdimensioniert, lenken von visuell wichtigen Landschaftseigenschaften ab oder verwirren den Betrachter (durch die verschiedenen Höhen von WKA).

Bewertung der Empfindlichkeit (Beispiele)

Niedrigere Empfindlichkeit			Höhere Empfindlichkeit	
ausgedehnte flache Niederungslandschaft oder ein Hochplateau, oft eine großflächige Landschaftsform	sanft hügelige Landschaft, in der Regel eine mittel- bis großflächige Landschaftsform	Landschaft mit Hügeln, vielleicht auch von Tälern durchschnitten, wahrscheinlich eine mittelflächige Landschaftsform	Landschaft mit prägnantem Relief und/oder unregelmäßiger Topographie (die großflächig sein kann) oder kleinflächigen Landschaftsformen	Landschaft mit schroffem oder dramatischem Relief (diese können großflächig sein) oder kleinflächigen Landschaftsformen

Landnutzungsmuster und Präsenz von Kulturlandschaftselementen

Einfache, einheitliche Landschaften, in denen auf großen Flächen ein jeweils ähnliches Landnutzungsmuster besteht, sind weniger empfindlich gegenüber WKA als Landschaften mit komplexen Landnutzungsmustern, kleinflächiger Feldstruktur und einem hohen anthropogenen Einfluss auf die Kulturlandschaft, was sich in traditionellen Gehöften oder den Farmen jeweils zugeordneten Gehölzgruppen zeigen kann. In den letztgenannten Landschaften würden WKA die traditionellen Landschaftsstrukturen zu sehr dominieren.

Bewertung der Empfindlichkeit (Beispiele)

Niedrigere Empfindlichkeit			Höhere Empfindlichkeit	
sehr großflächige Landschaften mit uniformem Landnutzungsmuster ohne Kulturlandschaftselemente	Landschaften mit großen Feldern, kaum Varianz im Landnutzungsmuster und wenigen Kulturlandschaftselementen (z.B. Gebäuden, Bäumen)	Landschaften mit mittelgroßen Feldern, etwas Varianz im Landnutzungsmuster und Kulturlandschaftselementen (z.B. Gebäude, Bäume)	Landschaften mit kleinflächiger Feldstruktur, Varianz im Landnutzungsmuster und vielen Kulturlandschaftselementen (z.B. Gebäuden, Bäumen)	Landschaften mit viel Varianz im Landnutzungsmuster, sehr kleinflächiger Feldstruktur und unzähligen Kulturlandschaftselementen

Tabelle 1 (Fortsetzung)

Wegenetz und Verkehr

Landschaften ohne vorhandene Wegenetze sind gegenüber WKA sehr empfindlich, weil es hier viel schwieriger ist, neue Zufahrtswege zu bauen, ohne den Charakter dieser Gegenden zu verändern. Ein ländliches Straßennetz kann zum Charakter einer Landschaft beitragen (z.B. verschlungene, enge Landstraßen begrenzt von hohen Hecken oder Hohlwegen). Dieser Aspekt kann durch neue Zufahrten verändert werden. Daher beeinflusst diese Charakteristik die Empfindlichkeit.

Bewertung der Empfindlichkeit (Beispiele)

Niedrigere Empfindlichkeit			Höhere Empfindlichkeit	
Landschaft mit Straßen und Wegen ohne keine Einschränkungen in Form von engen, von Hecken begrenzten Landstraßen	Landschaft mit Straßen und Wegen und wenigen Einschränkungen in Form von engen von Hecken begrenzten Landstraßen	Landschaft mit einigen Straßen und Wegen und einigen Einschränkungen in Form von engen von Hecken begrenzten Landstraßen	Landschaft mit wenigen Landstraßen und Wegen oder Landschaft mit überwiegend engen Landstraßen begrenzt von hohen Hecken	Landschaft ohne Straßen und Wege oder Landschaft, die nur über enge Landstraßen erreichbar ist, die begrenzt sind von hohen Hecken

Horizont und Silhouetten

Prägnante und außergewöhnliche Silhouetten oder Silhouetten mit Landmarken, die für den Landschaftscharakter wichtig sind, sind von höherer Empfindlichkeit gegenüber WKA, weil WKA von den Silhouetten ablenken könnten oder die Aufmerksamkeit auf sich ziehen. Dazu gehören Silhouetten der höher liegenden Küstengebiete und Landspitzen. Landmarken in der Silhouette könnten historische Elemente oder Denkmäler sein. Die Präsenz oder Abwesenheit von existierenden Strukturen wie Masten für Hochspannungsleitungen oder WKA beeinflusst die Empfindlichkeit nicht.

Bewertung der Empfindlichkeit (Beispiele)

Niedrigere Empfindlichkeit			Höhere Empfindlichkeit	
Niederungsgebiete oder Hochebenen, wo Silhouetten nicht prägnant sind und/oder wo es keine Landmarken gibt	Landschaften, wo nur Silhouetten benachbarter Landschaften prägnant sind und/oder wo es kaum Landmarken gibt	Landschaften mit einigen prominenten Silhouetten, wobei diese nicht außergewöhnlich sind; einige Landmarken am Horizont	Landschaften mit prägnanten Silhouetten, die wichtig für Aussichtspunkte sind, und/oder mit vielen Landmarken am Horizont	Landschaften mit prägnanten oder außergewöhnlichen Silhouetten und/oder außergewöhnlichen Landmarken am Horizont

Tabelle 1 (Fortsetzung)

Wahrnehmungsqualität

Landschaften, die ruhig und abgeschieden liegen (und kaum durch menschliche Aktivitäten beeinflusst sind, so dass dort Natürlichkeit und traditionelle Ländlichkeit noch erfahren werden können) sind von höherer Empfindlichkeit gegenüber WKA als Landschaften, die Spuren moderner Entwicklungen zeigen (weil solche Entwicklungen neue und nicht-charakteristische Merkmale einbringen, welche von Gefühlen der Abgeschiedenheit und Natürlichkeit ablenken).

Bewertung der Empfindlichkeit (Beispiele)

Niedrigere Empfindlichkeit		Höhere Empfindlichkeit	
Landschaften mit viel menschlicher Aktivität (wie Industriegebiete oder Häfen)	ländliche Landschaften mit einigen modernen Entwicklungen und einzelnen Merkmalen der Moderne	eher natürliche Landschaften und/oder Landschaften mit wenig menschlicher Aktivität	abgeschiedene oder „wilde" Landschaften mit wenig oder keiner menschlicher Aktivität

Historischer Landschaftscharakter

Landschaften mit prähistorischen und mittelalterlichen Feldeinteilungen haben eine höhere Empfindlichkeit gegenüber WKA als moderne Agrarlandschaften oder industriell bzw. militärisch geprägte Landschaft. Dies liegt an dem Einfluss von WKA auf die Kohärenz und Wertschätzung dieser Landschaften. Historische Landschaftstypen wie alte Forstgebiete, Marschen, Dünen, Feuchtgebiete, Sandgebiete, Klippen, Auwiesen und Streuobstwiesen sind ebenfalls von höherer Empfindlichkeit.

Bewertung der Empfindlichkeit (Beispiele)

Niedrigere Empfindlichkeit		Höhere Empfindlichkeit	
Landschaft mit unempfindlichen historischen Landschaftstypen	Landschaft, die auch kleinere Gebiete mit höherer Empfindlichkeit aufweist	Landschaft mit historischen Landschaftstypen mittlerer Empfindlichkeit	Landschaft mit historischen Landschaftstypen höherer Empfindlichkeit

Tabelle 1 (Fortsetzung)

Landschaftsbild / Schönheit der Landschaft	
Landschaften von hoher natürlicher Schönheit oder hoher Qualität des Landschaftsbildes (inner- oder außerhalb von Schutzgebieten wie „Heritage Coast" und AONB), deren diesbezügliche Qualitäten bei der Entwicklung von WKA beeinträchtigt würden, sind von höherer Empfindlichkeit gegenüber WKA als Landschaften mit niedriger Qualität des Landschaftsbildes und niedriger natürlicher Schönheit.	
Bewertung der Empfindlichkeit (Beispiele)	
Niedrigere Empfindlichkeit	Höhere Empfindlichkeit
Landschaft mit geringer landschaftlicher Schönheit (Industriegebiet o.ä.)	Landschaft mit mittelmäßiger bis hoher landschaftlicher Schönheit
Landschaft mit niedriger bis mittelmäßiger landschaftlicher Schönheit	Landschaft mit hoher landschaftlicher Schönheit (AONB oder „Heritage Coast")
Landschaft mit mittelmäßiger, landschaftlicher Schönheit	

Quelle: gekürzt und übersetzt nach Land Use Consultants (2011)

Im nächsten Schritt der Untersuchung wurde die Empfindlichkeit der Landschaft gegenüber verschiedenen Größenordnungen (WKA-Höhen und PVA-Größen) beurteilt. Im Falle von WKA wurde auch die Landschaftsempfindlichkeit gegenüber verschiedenen Größen von Windparks beurteilt. Die Empfindlichkeit wurde mit Hilfe einer fünfstelligen Skala beurteilt (siehe Tabelle 2).

Tabelle 2: Empfindlichkeitsstufen und Definitionen

Empfindlichkeitsstufe	Definition
High	Die Charakteristika und Qualitäten der Landschaft sind sehr empfindlich gegenüber Veränderungen durch Art und Umfang der zu beurteilenden Anlagen.
Moderate – High	Die Charakteristika und Qualitäten der Landschaft sind empfindlich gegenüber Veränderungen durch Art und Umfang der zu beurteilenden Anlagen.
Moderate	Einige der wichtigsten Charakteristika und Qualitäten der Landschaft sind empfindlich gegenüber Veränderungen durch Art und Umfang der zu beurteilenden Anlagen.
Low – Moderate	Wenige wichtige Charakteristika und Qualitäten der Landschaft sind empfindlich gegenüber Veränderungen durch Art und Umfang der zu beurteilenden Anlagen.
Low	Die wichtigsten Charakteristika und Qualitäten der Landschaft sind robust und es ist weniger wahrscheinlich, dass die Landschaft durch die zu beurteilenden Anlagen beeinträchtigt wird.

Quelle: Land Use Consultants 2011

6   Präsentation und Diskussion der Resultate

Nachdem die oben gezeigten Kriterien von den beteiligten Akteuren und der Steuerungsgruppe vereinbart wurden, führte das Planungsbüro die Untersuchung durch. Die ersten Resultate wurden im Rahmen eines Workshops vorgestellt und dabei anhand von zwei Beispielanträgen zur Errichtung von Anlagen getestet. Dieser Workshop leitete auch eine Online-Konsultation ein. Die folgenden Informationen sind in den Untersuchungen der „Landscape Character Types" enthalten:

- eine kurze Beschreibung der „Landscape Character Types" anhand des jeweiligen Beurteilungskriteriums und eine Bewertung der Landschaftsempfindlichkeit anhand der fünfstelligen Skala der Empfindlichkeitsstufen in Tabelle 2,
- eine Diskussion der Landschaftsempfindlichkeit des jeweiligen „Landscape Character Types",
- Bewertungen zur Empfindlichkeit gegenüber verschiedenen Entwicklungsmaßstäben (Höhen von WKA und Feldgrößen von PVA) sowie

- für WKA zusätzlich ein Kommentar zur Empfindlichkeit der Landschaft gegenüber verschiedenen Windparkgrößen.

Die Untersuchung weist die relative Empfindlichkeit der „Landscape Character Types" gegenüber den beiden Technologien aus. Es handelt sich jedoch keinesfalls um eine Studie zur Aufnahmefähigkeit der Landschaft, auf deren Basis definitive Aussage über die Eignung eines bestimmten Standortes für WKA oder PVA getroffen werden könnten. Die Untersuchung ist damit kein Ersatz für detaillierte Studien für die spezifische Standortwahl und das genaue Design der Anlagen und ihrer Cluster. Die Untersuchung steht auch in keinem Zusammenhang zu Zielvorgaben für die Entwicklung erneuerbarer Energien der britischen Regierung oder zu technischen Potenzialstudien.

Das beauftragte Planungsbüro weist darauf hin, dass die Untersuchung der Empfindlichkeit der Landschaft zwar auf sorgfältig definierten Kriterien basiert. Wie bei allen Analysen, die auf Informationen beruhen, die mehr oder weniger subjektiv sind, erfordert die Interpretation der Daten allerdings eine gewisse Vorsicht. Es gilt insbesondere zu vermeiden, dass einzelne Landschaftselemente oder -qualitäten stets mit denselben Empfindlichkeiten verbunden werden. Landschaftsempfindlichkeit ist das Ergebnis eines komplexen Zusammenspiels von oft ungleich bewerteten Variablen oder Kriterien. In der Untersuchung in Torridge wurde versucht, dies mit einer Zusammenfassung der Landschaftsempfindlichkeit für jeden „Landscape Character Type" zu vereinfachen, indem aus den Empfindlichkeitsresultaten der verschiedenen Kriterien eine allgemeine Empfindlichkeitsbewertung erstellt wurde. Wegen der Komplexität und der engen Zusammenhänge der Kriterien untereinander wurde gezielt auf ein numerisches Bewertungssystem verzichtet. Die Empfindlichkeitsstufen in Tabelle 2 wurden farblich dargestellt.

Die Bewertungen beruhen auf fachlichem Expertenurteil und berücksichtigen sowohl das Zusammenspiel zwischen den Kriterien als auch die jeweils unterschiedliche Relevanz einzelner Kriterien in einer bestimmten Landschaftseinheit. Es ist erwähnenswert, dass die Untersuchung spezifische ökologische Fragen, die etwa mit Naturschutzgebieten oder Vogelflugrouten verbunden sind, nicht einbezogen hat. Ebenfalls nicht berücksichtigt wurden kulturhistorische und archäologische Problemlagen bezogen auf einzelne (Boden-)Denkmale und ihre Umgebung, sowie technische Aspekte wie etwa die Tatsache, dass Bäume und Wälder Luftturbulenzen verursachen können, welche die Standortwahl von WKA beeinflussen. All diese und weitere Fragen sind bei der Standortwahl für WKA und PVA zwingend zu berücksichtigen und gemeinsam mit dem Planungsantrag vorzubringen, zum Beispiel im Zusammenhang mit einer Umweltverträglichkeitsprüfung, die in England vom Antragsteller selbst erstellt werden muss.

7   Landschaftsstrategien für jeden „Landscape Character Type"

Die Ergebnisse der Untersuchung zeigen, dass alle Landschaften im Bezirk Torridge durch die Entwicklung von WKA und PVA Landschaftsveränderungen ausgesetzt wären. Dies ist nicht verwunderlich, wenn man die Art und den Umfang der beiden Technologien sowie den größtenteils ländlichen Charakter des Bezirks betrachtet. Die Entwicklung erneuerbarer Energien kann nicht immer im Einklang mit den Eigenschaften einer Landschaft erfolgen. Allerdings erkennt Torridge Council die Notwendigkeit an, den Beitrag erneuerbarer Energien zur Stromerzeugung zu maximieren, während gleichzeitig sichergestellt werden soll, dass wichtige Merkmale der Landschaft nicht in unzumutbarer Weise beeinträchtigt werden. Das beauftrage Planungsbüro hat daher für jeden „Landscape Character Type" eine Strategie entwickelt, die jeweils auf diesen Handlungsmaximen beruht:

- Ein erheblicher Schaden an den wichtigsten Merkmalen einer Landschaft soll vermieden werden. Dieser Wunsch wurde durch die beteiligten Akteure und die Steuerungsgruppe in den Prozess eingebracht. Landschaftswandel kann erforderlich sein, um die Nutzung erneuerbarer Energien überhaupt zu ermöglichen.
- Es sollten Standorte gefunden werden, wo Anlagen zur Nutzung erneuerbarer Energien am besten errichtet werden können. Zudem sollten solche Gebiete gefunden werden, wo der Charakter oder Merkmale der Landschaft am stärksten durch erneuerbare Energien beeinträchtigt würden, um diese Landschaften zu schützen.
- Die Vielfalt der Landschaften in Torridge soll erhalten werden. Es gilt sicherzustellen, dass das Design einer Anlage auf den Charakter der Landschaft Bezug nimmt.
- Unbebaute Gebiete in den am wenigsten entwickelten Gebieten in Torridge (zum Beispiel entlang der Küste) sind zu erhalten.
- Zwischen einzelnen WKA- und PVA-Anlagen sind unbebaute Landschaftsausschnitte zu bewahren.
- Die natürliche Schönheit der AONB soll erhalten werden.

Während die Untersuchung der Empfindlichkeit der Landschaften auf die vergleichbaren Empfindlichkeiten der verschiedenen „Landscape Character Types" gegenüber WKA und PVA hinweist, geben ergänzend spezifische Landschaftsstrategien Hinweise darauf, welche Quantität an entsprechenden Anlagen unter Berücksichtigung der oben genannten Kriterien in einem Landschaftsraum untergebracht werden können. Diese Landschaftsstrategien gelten für die folgenden Typen:

- „Landscape Character Type" ohne WKA und PVA: Hierzu zählen auch Landschaftsräume, in denen man WKA und PVA bei guten Sichtverhältnissen in der Ferne sehen kann.
- „Landscape Character Type" mit sehr wenigen und kleinen WKA und PVA: Die WKA stehen hier oft in Verbindung mit landwirtschaftlichen Gebäuden. Es können aber Sichtbeziehungen zu größeren WKA und PVA in der Ferne bestehen.
- „Landscape Character Type" mit wenigen WKA und PVA: WKA und PVA sind in dieser Landschaft jeweils klar voneinander getrennt. Jede Anlage beeinflusst zwar die Landschaftswahrnehmung in der näheren Umgebung; es geht aber kein prägender

Einfluss auf die allgemeine Landschaftswahrnehmung aus. Kumulative Wirkungen oder tiefgreifende Landschaftsveränderungen finden nicht statt. Der „Landscape Character Type" wird nicht von WKA und PVA geprägt.

- „Landscape Character Type" mit mehreren WKA und PVA: Hier sind WKA und PVA „offensichtliche" Bestandteile der Landschaft und prägen bereits ihre Charakteristik. Allerdings kann man den Landschaftscharakter auch noch wahrnehmen, ohne dass WKA und PVA alle Aussichten auf die Landschaft dominieren.
- Windenergie- bzw. Solarenergielandschaft: Hier haben WKA und PVA Anlagen einen überwältigenden Einfluss auf den Landschaftscharakter.

Die Landschaftsstrategien wurden nicht durch die bisherige Entwicklung von Anlagen zur Nutzung erneuerbarer Energien beeinflusst. Sie stellen vielmehr Visionen dar, die darlegen, wie WKA und PVA zur Energiegewinnung in Zukunft eingesetzt werden können, wobei die „Landscape Character Types" als räumliche Rahmen dienen. Zukünftige Anträge, zum Beispiel für das Repowering von WKA, sollten daher die Untersuchung der Empfindlichkeit sowie die Landschaftsstrategien berücksichtigen. Eine spezifische Leitlinie für jeden einzelnen „Landscape Character Type" soll den Umfang und das räumliche Muster der zu errichtenden Anlagen beeinflussen, im Zusammenspiel mit den Empfehlungen, die für den Gesamtraum von Torridge und damit für alle „Landscape Character Types" gelten.

Jede Landschaftsstrategie bezieht sich auf eines der 15 „Landscape Character Types". Die Beziehung zwischen mehreren WKA oder PVA in verschiedenen Landschaftsräumen wird geplant, indem eine Leitlinie für die Konzeption mehrerer Anlagen und eine Leitlinie für die Beurteilung kumulativer Auswirkungen berücksichtigt werden. Die Landschaftsstrategien wurden in einem Workshop vorgestellt, was zu Überarbeitungen führte.

8   Ergebnisse

Die Ergebnisse der Untersuchungen zur Empfindlichkeit der einzelnen „Landscape Character Types" wurden tabellarisch zusammengefasst. Außerdem wurde die allgemeine Empfindlichkeit der „Landscape Character Types" gegenüber den verschiedenen Größenordnungen auf Karten dargestellt. Im Vergleich zu anderen Teilen des Landes sind die Landschaften Torridges generell eher kleinmaßstäblich und ländlich. Ihre Elemente sind ebenfalls eher kleinmaßstäblich; dies gilt etwa für historische Gebäude, Kirchtürme, kleine Felder und windgebeugte Einzelbäume. Dies führte zu dem Resultat, dass die Empfindlichkeit der Landschaften gegenüber WKA und PVA in Torridge eher hoch ist, vor allem entlang der unbebauten Küste. Ausgehend davon hat die Untersuchung ergeben, dass es in Torridge tatsächlich keine Landschaften gibt, deren Empfindlichkeit gegenüber WKA oder PVA als „low" oder „low-moderate" bewertet wurde.

Bei einer feinkörnigeren Betrachtung zeigte sich, dass es innerhalb der einzelnen „Landscape Character Types" oft Gebiete mit höherer oder niedrigerer Empfindlichkeit gibt. Es ist daher wichtig, dass die Inhalte der Untersuchung und die Landschaftsstrategien zur Kenntnis genommen werden, um eine gute Standortwahl und Ausführung von Projekten zur Errichtung von Anlagen zu erreichen. In städtischen Kontexten oder auf Brachen könnten zum Beispiel Variationen gegenüber den umliegenden Gegenden eines Landschaftsraums auftreten. Darüber hinaus könnten kleinere Gebiete mit historischem Landschaftscharakter, wie zum Beispiel Forstgebiete, Marschen, Dünen, Feuchtgebiete, Sandgebiete, Klippen, Auwiesen und Streuobstwiesen gegenüber WKA und PVA eine höhere Empfindlichkeit haben.

Das Planungsbüro „Land Use Consultants" stellte fest, dass die Empfindlichkeit gegenüber WKA und PVA in Gebieten mit höherer „malerischer" Qualität tendenziell höher ist. Es kann sich dabei um Gebiete handeln, die – wie die AONB – aufgrund ihrer besonderen, „malerischen" Qualität einem national anerkannten Schutzstatus unterliegen, es kann sich aber auch um Gebiete mit hoher „malerischer" Qualität handeln, die außerhalb der AONB liegen. Das gilt etwa für Lundy Island.

Die Untersuchung zeigt, dass einige „Landscape Character Types" (zum Beispiel 3A Upper Farmed und Wooded Valley Slopes, 5A Inland Elevated Undulating Land, 5B Coastal Undulating Farmland und 5D Estate Wooded Farmland) wegen ihrer relativ großflächigen, weiten Landschaftsräume, wenig abwechslungsreicher Landnutzungsmuster und relativ simpler Silhouetten eine etwas geringere Empfindlichkeit gegenüber WKA aufweisen. Die gleichen „Landscape Character Types" haben aufgrund ihres landwirtschaftlichen Charakters, den Hecken und Bäumen (welche einen Sichtschutz bieten, vor allem an niedrigen Hängen) und dem Einfluss menschlicher Aktivität ebenfalls eine nur moderate Empfindlichkeit gegenüber PVA.

Die Untersuchung bietet einen ersten Hinweis auf die relative Empfindlichkeit der Landschaften in verschiedenen Gebieten gegenüber WKA und PVA. Sie versucht nicht, die Aufnahmefähigkeit der Landschaft zu beurteilen und sollte daher nicht als eine definitive Aussage über die Eignung eines bestimmten Standorts für die Entwicklung von WKA oder PVA interpretiert werden. Die Untersuchung kann detaillierte Studien zur Projektausführung keinesfalls ersetzen. Anträge für Anlagen zur Nutzung erneuerbarer Energien werden wie andere Bebauungsanträge auch von der Planungsbehörde in Torridge bearbeitet und beurteilt.

Die Untersuchung gelangte zu dem Resultat, dass alle Landschaften in Torridge gegenüber den sehr hohen WKA (111-150 Meter) von sehr hoher Empfindlichkeit sind, weil keine der Landschaften wirklich großflächig ist im Vergleich zu anderen Landschaften in Großbritannien. Es wurde jedoch festgestellt, dass einige der Landschaftsräume, die etwas großflächiger sind, für hohe WKA (75-110 Meter) geeignet sind. Besondere Sorgfalt ist bei der Standortwahl in der Umgebung der AONB notwendig, damit deren besondere Qualitäten nicht beeinträchtigt werden.

Im ganzen Bezirk besteht eine geringere Empfindlichkeit gegenüber kleinen und sehr kleinen WKA (15-50 Meter Höhe), insbesondere wenn solche WKA als Bestandteile landwirtschaftlicher oder anderer Unternehmen zu sehen sind, wenn sie sich also in einer Entfernung von maximal 250 Metern zu Gebäuden befinden. Entlang der unbebauten, naturbelassenen Küste und ihres Hinterlands (einschließlich 1B: Coastal Open Plateau, 4A: Estuaries, 4D:Coastal Slopes and Combes, 4E: Extensive Inter Tidal Sands und 4H: Cliffs) ist die Empfindlichkeit der Landschaften am höchsten, selbst gegenüber den allerkleinsten WKA (15-25 Meter Höhe).

9 Schlussbemerkung

Die Untersuchung zur Empfindlichkeit der Landschaft vereinfacht zum einen die Standortwahl für Antragsteller und zum anderen für die Planungsbehörde die Bearbeitung von Anträgen für WKA und PVA. Dank der Studie sind nun Gebiete bekannt, die mehr oder weniger für solche Anlagen geeignet sind. Die unbebaute Küste wird aufgrund der Studienresultate weiterhin frei von WKA oder PVA bleiben und in anderen empfindlichen Gebieten sollten nur sehr kleine Anlagen genehmigt werden. Ohne die fachlich fundierte Untersuchung wäre es für die Planungsbehörde sehr schwer, ihre Entscheidungen über einzelne Anträge für WKA und PVA zu treffen und zu verteidigen. Die Bevölkerung hat offenbar die Resultate der Untersuchung akzeptiert, auch die Entscheidung, die breitere Öffentlichkeit nicht zu konsultieren.

Das englische Planungssystem ist ein zentralistisches System, bei dem die nationale Regierung bestimmt, was wo genehmigt werden kann und was nicht. Ein Regierungswechsel hat daher immer wieder grundlegende Änderungen des Planungssystems zur Folge. Kommunale Flächennutzungspläne gibt es aber weiterhin nicht und für fast jede Baumaßnahme muss eine einzelne Baugenehmigung („Planning permission") eingeholt werden, vom Gartenhäuschen bis zur WKA (vgl. Scholles und Francis 2006). Die in Torridge nun vorliegende Sensitivitätsanalyse soll der Planungsbehörde helfen, Landschaften und Landschaftsmerkmale zu erhalten. Torridge würde sich ansonsten im Rahmen eines nicht regulierten „Wildwuchses" zu einer Landschaft mit vielen WKA und PVA oder sogar zu einer reinen Windenergie- bzw. Solarenergielandschaft entwickeln.

Das britische Planungssystem erlaubt Antragstellern, gegen einen abgelehnten Antrag beim „Planning Inspectorate", das dem nationalen Ministerium zugeordnet ist, Einspruch zu erheben. Dann wird dort von einem Beamten („Planning Inspector") über den Antrag entschieden. Die Council-Verwaltung Torridge musste vor kurzem in zwei Fällen akzeptieren, dass die Anträge von dem „Planning Inspector" genehmigt wurden, obwohl die Planungsbehörde in Torridge die Anträge abgelehnt hatte. Der erste Antrag betraf zwei 100 Meter hohe WKA, die ungefähr 2 Kilometer von der AONB entfernt errichtet werden sollten. Der „Planning Inspector" kam zu dem Schluss, dass sie den Charakter der Landschaft nicht schädigen würden.

Ein zweiter Antrag galt einer 72 Meter hohen WKA in einem Landschaftsraum, der bisher noch frei von WKA und anderen vertikalen Strukturen ist. Die Planungsbehörde in Torridge lehnte den Antrag ab, weil der Standort spezifische Empfindlichkeiten aufwies. In diesem Fall hat die Landschaft prägnante Silhouetten, die wichtig für Aussichtspunkte sind, und viele Landmarken am Horizont. Der „Planning Inspector" teilte diese

Meinung nicht. Seine Begründungen bezogen sich nur auf den „Landscape Character Type" und nicht auf die lokalen Empfindlichkeiten der Landschaft.

Solche Entscheidungen der Zentralregierung verunsichern nun die Planungsbehörde in Torridge ebenso wie die lokalen politischen Vertreter. Anwohner, die als Windkraftgegner auftreten, sind folglich der Meinung, dass die in diesem Beitrag beschriebene Untersuchung nutzlos sei, weil Anträge von den „Planning Inspectors" genehmigt werden, obwohl die Planungsbehörde sie begründet abgelehnt hat. Es wird daher behauptet, dass die Zentralregierung das „Planning Inspecorate" dazu benutze, die Anzahl von WKA zu erhöhen, obwohl auf lokaler Ebene entschieden wurde, dass die Standorte nicht geeignet seien.

Zurzeit wird ein weiterer Antrag für fünf 126 Meter hohe WKA in einer Entfernung von ungefähr einem Kilometer zur AONB bearbeitet. Es ist wahrscheinlich, dass auch dieser Antrag von der lokalen Planungsbehörde abgelehnt wird, da die Landschaft gegenüber sehr hohen WKA sehr empfindlich ist und weil der Standort die besonderen Qualitäten der AONB beinträchtigen könnte. Es ist damit zu rechnen, dass auch dieser Antragsteller Einspruch erheben und versuchen wird, eine Genehmigung durch den „Planning Inspector" zu erhalten. Die Planungsbehörde wird die Entscheidungen der „Planning Inspectors" weiterhin beobachten, in der Hoffnung, dass die Untersuchung dazu beitragen wird, die Vielfalt der Landschaften in Torridge zu erhalten.

Literatur

Council of Europe (2000). European Landscape Convention. http://conventions.coe.int/Treaty/en/Treaties/Html/176.htm. Zugegriffen: 28. November 2012.

Countryside Agency & Scottish Natural Heritage (2002). Landscape Character Assessment – Guidance for England and Scotland. http://publications.naturalengland.org.uk/publication/2671754?category=31019. Zugegriffen: 28. November 2012.

Countryside Agency & Scottish Natural Heritage (2004). Landscape Character Assessment, Topic Paper 6: Techniques and Criteria for Judging Capacity and Sensitivity. http://www.naturalengland.org.uk/Images/lcatopicpaper6_tcm6-8179.pdf. Zugegriffen: 28. November 2012.

Devon County Council (2011). Devon Landscape Character Assessment. http://www.devon.gov.uk/index/environmentplanning/natural_environment/landscape/landscapecharacter.htm. Zugegriffen: 28. November 2012.

Land Use Consultants (2011). An Assessment of the Landscape Sensitivity to Onshore Wind and Field-Scale Photovoltaic Development. http://www.torridge.gov.uk/CHttpHandler.ashx?id=9934&p=0. Zugegriffen: 28. November 2012.

Torridge District Council (2011). Joint Landscape Character Assessment for North Devon & Torridge Districts. http://www.torridge.gov.uk/index.aspx?articleid=6374. Zugegriffen: 28. November 2012.

Morris, P. & Therivel, R.(2009) (Hrsg.), Methods of Environmental Impact Assessment, 3rd edition, Abingdon: Routledge.

Knight, R. (2009). Landscape and Visual. In P. Morris & R. Therivel (Hrsg.) Methods of Environmental Impact Assessment (S. 120-145). Abingdon: Routledge.

Scholles, F. & Francis, B. (2006). Entwicklung erneuerbarer Energien in Deutschland und England – ein länderübergreifender Vergleich der Planung von Windenergieanlagen in der Region Hannover und in Devon, UVP-Report 4, 160-167.

Vielfalt der Planungskulturen – Auswirkungen auf strategische Planungsprozesse zur Energiewende und Klimaanpassung in Baden-Württemberg

12

Jenny Atmanagara

1   Hintergrund

Die deutsche Bundesregierung hat sich zum Ziel gesetzt, als Beitrag zum Klimaschutz spätestens bis zum Jahr 2022 aus der Atomenergie auszusteigen sowie alternative Energieversorgungskonzepte zu entwickeln und umzusetzen. Die dafür notwendige Infrastruktur wird mit einem rasanten Landschaftswandel einhergehen, insbesondere in den Gebieten mit Energieproduktionsstandorten. So stellt zum Beispiel der Ausbau der Windenergie einen zentralen Baustein der Energiewende in Baden-Württemberg dar, bei deren Umsetzung es unter anderem zu Konflikten mit dem Naturschutz und dem Immissionsschutz kommen kann (LUBW 2012). Die damit verbundenen strategischen Planungsprozesse setzen sich mit Herausforderungen auseinander, die sich in der Regel nicht mehr allein auf regionaler und nationaler Ebene oder durch eine einzelne Fachdisziplin lösen lassen. Sie erfordern vielmehr eine inter- und transdisziplinäre Herangehensweise, die mit einem Aufeinandertreffen unterschiedlicher Kulturen und Ansätze einhergeht.

Die Umsetzung der Energiewende stellt somit ein Konglomerat komplexer strategischer Planungsprozesse dar, das zahlreiche Disziplinen und Akteure einschliesst. Die damit verbundene Vielfalt der Interessen, Wertvorstellungen, Meinungen und Ansätze erfordert es, verstärkt das Augenmerk auf die unterschiedlichen Kulturen in verschiedenen Fachdisziplinen, sozialen Gruppen und (bei grenzüberschreitenden Projekten) auch Ländern zu richten. Diese kulturellen Unterschiede haben Einfluss darauf, wie Planungsprozesse wahrgenommen und bewertet und welche Handlungsstrategien und –massnahmen entwickelt und umgesetzt werden.

Die Notwendigkeit eines wissensbasierten Prozesses hin zu einer resilienten und klimafreundlichen Gesellschaft hat kürzlich auch der „Wissenschaftliche Beirat der Bundesregierung Globale Umweltveränderungen" betont. Dafür seien – neben der inter- und transdisziplinären Zusammenarbeit – eine systemische Perspektive, soziale und technische Innovationen und verstärkte Forschung und Bildung notwendig (vgl. WBGU 2012). Im Rahmen des Rio+20-Prozesses wurde zudem die Notwendigkeit unterstrichen, kulturelle Aspekte bei Governance und politischen Entscheidungsfindungen stärker zu berücksichtigen (vgl. UCLG 2012). Beide Dokumente betonen das Erfordernis einer intensiveren Kooperation zwischen Wissenschaft und Gesellschaft, einschliesslich verschiedener Fachdisziplinen und Akteure. Somit wird der Bedarf, kulturelle Unterschiede besser zu verstehen und eine gemeinsame Sprache zu finden, zukünftig weiter zunehmen. Bisher haben jedoch die Konzepte der Kultur und der Resilienz kaum Eingang in die Praxis gefunden.

2   Zielsetzung und methodische Herangehensweise

Vor diesem Hintergrund stellen sich nun die Fragen, wie man von der Vision der Energiewende zum konkreten Handeln der Akteure kommen kann und wie innovative Technologien und Infrastrukturen unter Berücksichtigung der Handlungsinteressen und -optionen der involvierten Akteure umgesetzt werden sollen. Dieser Beitrag erhebt jedoch keinen Anspruch darauf, auf diese Fragen eine abschließende Antwort zu finden – zumal diese in den einzelnen Planungsprozessen und -regionen voraussichtlich unterschiedlich ausfallen wird.

Vielmehr ist es Ziel des vorliegenden Beitrags, die wesentlichen Komponenten strategischer Planungsprozesse zu skizzieren, die auf sie einwirkenden kulturellen Einflussfaktoren zu analysieren und diese in Beziehung zur aktuellen Diskussion der Energiewende und der Klimaanpassung zu setzen. Dabei sollen weniger die Ansätze verschiedener Planungssysteme verglichen werden, die Abram (2011) als „cultures of planning" bezeichnet; vielmehr stehen verschiedene Kulturen innerhalb der Planung, die „cultures in planning", die bestimmte Gruppen ein- oder ausschliessen können (Abram 2011, S. 14), im Mittelpunkt der Betrachtung.

Zu diesem Zweck werden zunächst die Konzepte der Kultur und der Resilienz sowie weitere planungstheoretische Grundlagen erläutert. Um diese theoretischen Erkenntnisse zu ergänzen und mit den Erfahrungen der Praxis zu verknüpfen, werden Ergebnisse aus Workshops herangezogen, die sich in verschiedenen Regionen Baden-Württembergs mit den Themen Landschaftsbild beziehungsweise Klimaanpassung beschäftigt haben. Dies umfasst Workshops zur Landschaftsbildbewertung in sechs Planungsregionen Baden-Württembergs sowie einen Workshop im Rahmen des Projektes „KlimaMoro – Raumentwicklungsstrategien zum Klimawandel" in der Region Mittlerer Oberrhein / Nordschwarzwald.

Der vorliegende Beitrag basiert – neben den Workshop-Ergebnissen – auf Grundlagen die im Rahmen zweier europäischer Forschungsprojekte erarbeitet worden sind: Die COST[1] Aktion IS 1007 „Investigating Cultural Sustainability" untersucht Kultur als grundlegenden Baustein bzw. als Voraussetzung auf dem Weg zu einer nachhaltigen Entwicklung und analysiert deren Rolle in verschiedenen Umwelt- und Sozialpolitiken

1 European Cooperation in Science and Technology: Forschungskooperation seit den 1970er Jahren, die im Rahmen sogenannter „Aktionen" gemeinsame Publikationen, Konferenzen, Austausch von Nachwuchswissenschaftlern etc. finanziell unterstützt.

(nähere Informationen unter: www.culturalsustainability.eu/). Das Projekt „TURaS – Transitioning towards Urban Resilience and Sustainability"[2] identifiziert und bewertet Strategien, Massnahmen und Instrumente für den Umgang mit aktuellen Herausforderungen wie Klimawandel, Verlust natürlicher Ressourcen und unkontrollierte Zersiedelung. Ein besonderes Augenmerk wird hierbei auf die Einbindung der Zivilgesellschaft in die strategischen Planungsprozesse gelegt (nähere Informationen unter: www.turascities.eu). Im Einzelnen kamen bei den Analysen Methoden wie Literatur- und Dokumentenanalyse, schriftliche Befragung sowie partizipative Methoden zum Einsatz.

Eine solche Kombination aus induktiven und deduktiven Herangehensweisen, ermöglicht einerseits die Berücksichtigung der „Alltagsrealität" und der sich wandelnden „Sachprobleme" (Glaser & Strauss 1998, S. 242f.) und andererseits eine ausreichend wissenschaftliche Fundierung.

3   Theoretische Grundlagen

Zur Einordnung und zum besseren Verständnis der folgenden Ausführungen sollen an dieser Stelle zunächst die beiden Kernkonzepte der (Planungs-)Kultur und der Resilienz erläutert werden:

Im Hinblick auf strategische Planungsprozesse zur Klimaanpassung kann das Konzept der Kultur nicht ohne weiteres mit einer einzigen Definition widergegeben werden[3]. Es hängt vielmehr vom jeweiligen Kontext ab, wie „Kultur" verstanden, wahrgenommen und empfunden wird. Somit lässt sich Kultur in zahlreiche Sub-Kulturen unterteilen und verändert sich zudem über Raum und Zeit. Das Konzept der Kultur umfasst verschiedene Ideen und vielfältige Bedeutungen und zeichnet sich vor allem durch eine hohe Heterogenität aus, wie Knieling und Othengrafen (2009, S. 41f.) formuliert haben:

> Culture is never homogeneous, but heterogeneous. Because of its subtle and complex character, or [...] because no population can be adequately characterized as a single culture, it is rather a collection of different subcultures. These subcultures may exist among occupational groups, social classes, genders, races, religions, professions, corporations, and social movements. Decisive for the existence of subcultures is a relatively stable homogeneous and consistent system of values, beliefs, norms and rules, signs and symbols, traditions and other factors that members of a group, an organization, or a nation have in common [...].

---

2   7. Forschungsrahmenprogramm der EU, Theme Env. 2011.2.1.5-1: Sustainable and Green Cities

3   Das digitale Wörterbuch der Deutschen Sprache des 20. Jahrhunderts (DWDS) definiert den Begriff „Kultur" zum Beispiel folgendermaßen: „1a) Gesamtheit der von der Menschheit im Prozess ihrer Auseinandersetzung mit der Umwelt geschaffenen und ihrer Höherentwicklung dienenden materiellen Güter sowie der geistigen, künstlerischen und moralischen Werte" und „1b) besondere Art und Höhe [dieser] [...] bei bestimmten Völkern, in bestimmten Epochen" (vgl. Berlin-Brandenburgische Akademie der Wissenschaften 2011).

Unter den verschiedenen Subkulturen wird „Planungskultur" mit denjenigen Berufsgruppen assoziiert, die sich mit dem Design und der zukünftigen Entwicklung von Raum und Umwelt beschäftigen, zum Beispiel Raumplaner, Stadt- und Regionalplaner, Architekten, Landschaftsplaner sowie benachbarte Disziplinen wie Geographen, Bauingenieure, Soziologen etc. Diese werden bei ihrer Arbeit durch einen mehr oder weniger gemeinsamen Denkrahmen und das Planungssystem, indem sie tätig sind, geprägt. Darüber hinaus findet Planung immer in einem bestimmten kulturellen Kontext statt, den die interaktiven Prozesse zwischen verschiedenen Akteuren, deren kognitiver Denkrahmen sowie bestimmte Planungsverfahren und -instrumente ausmachen und auf den die Planer eingehen müssen. Somit ist es die jeweilige Gesellschaft, die die Planungsprozesse in ihrem Raum maßgeblich beeinflusst und steuert, oder wie Knieling und Othengrafen (2009, S. 42. f.) formuliert haben:

> [...], planning culture might be understood as the way in which a society possesses institutionalised or shared planning practices. It refers to the interpretation of planning tasks, the way of recognising and addressing problems, the handling and use of certain rules, procedures and instruments, or ways and methods of public participation. It emerges as the result of the accumulated attitudes, values, rules, standards and beliefs shared by the group of people involved. This includes informal aspects (traditions, habits and customs) as well as formal aspects (constitutional and legal framework).

Im Zusammenhang mit dem Thema der Klimaanpassung hat in den letzten Jahren vor allem das Konzept der Resilienz neue Aktualität gewonnen. Ursprünglich in anderen Fachdisziplinen, wie zum Beispiel der Entwicklungspsychologie (vgl. Werner 1971, vgl. Elder 1961) und der Ökologie (vgl. Holling 1973) entwickelt, ist in den letzten Jahren das Konzept der Resilienz mehr und mehr auf soziale beziehungsweise sozio-ökonomische und sozio-ökologische Systeme übertragen und angewendet worden (vgl. Folke 2006; vgl. Birkmann 2008). Dabei wird Resilienz primär als die Fähigkeit eines Systems verstanden, Schocks und Störungen zu absorbieren und möglichst unbeschadet weiter zu existieren beziehungsweise zentrale Funktionen aufrechtzuerhalten („Robustheit" oder „Widerstandskraft", engl. „resistance"). Eine zweite wesentliche Eigenschaft resilienter Systeme ist die Fähigkeit zur Wiederherstellung des Ausgangszustands nach der Einwirkung von Störungen und Schocks („Bewältigungskapazität", engl. „recovery" oder „coping capacity"). Diese Eigenschaft wird im Konzept der „engineering resilience" betont, wobei die Zeitspanne bis zur Wiedererlangung des Ausgangszustandes gemessen wird (vgl. Hollnagel et al. 2006). In diesem Sinne erholt sich ein System von den Folgen einer Krise umso schneller, je resilienter es ist. Schließlich ist die Lern- und Anpassungsfähigkeit als dritte Dimension von Resilienz mit einzubeziehen, wonach ein resilientes System in der Lage ist, zu lernen und sich veränderten (Umwelt-)Bedingungen anzupassen. Diesem sehr weitgefassten Begriffsverständnis folgend verfügt ein resilientes System oder eine resiliente Gesellschaft über eine hohe Anpassungskapazität und ist in der Lage, sich sowohl reaktiv als auch proaktiv an sich wandelnde Umweltbedingungen anzupassen (Birkmann et al. 2011, S. 17).

Bei strategischen Planungsprozessen zur Energiewende und zur Klimaanpassung, wie sie im Folgenden erläutert werden, wird deutlich, dass beide Grundkonzepte – Kultur und Resilienz – von Bedeutung sind und ineinander greifen. Unterschiedliche Akteure prägen mit ihren unterschiedlichen „Kulturen" entscheidend die Planung, den Bau und die Nutzung neuer Energieinfrastrukturen. Auf diese Art und Weise formen sie den Planungsprozess, so dass Resilienz („Anpassungsfähigkeit") in diesem Zusammenhang nicht (nur) als anzustrebendes Ziel betrachtet werden kann, sondern vielmehr als eine Systemeigenschaft interpretiert werden muss, die den Prozess entscheidend mitgestaltet. In diesem Prozess kann zwar versucht werden, den Weg zu einer resilienteren Gesellschaft planerisch zu ebnen, jedoch bleibt das tatsächliche Resultat aufgrund der unterschiedlichen Kulturen und Ansätze der beteiligten Akteure zunächst offen. Zum Beispiel kann bezüglich des Kulturlandschaftsschutzes eine angepasste Gestaltung technischer Anlagen (Farbgebung, Material, Anpassung und Umbau dieser Systeme) die Nachhaltigkeit dieser Techniken im Sinne der Dauerhaftigkeit und Akzeptanz verbessern. Ob dies aber tatsächlich eintrifft, wird sich erst in der Zukunft zeigen. Daraus folgt, dass die Entwicklung neuer Energien nicht allein eine enorme technische Innovation darstellt, sondern in ihrer Umsetzung wesentlich von den Handlungsinteressen, -optionen, und -beschränkungen der involvierten Akteure (= Individuen) abhängt.

Wie Individuen Situationen bewerten, ihre Ziele definieren und durch Anwendung bestimmter Mittel und Handlungen die gesellschaftliche Realität prägen, hat unter anderem Werlen (1997) in seiner sozialgeographischen Konzeption zur Handlungstheorie dargestellt. Im Mittelpunkt dieser Konzeption steht der sog. „Ziel-Mittel-Ansatz", der im Wesentlichen besagt, dass eine Handlung das Vorhandensein eines Ziels und die Notwendigkeit adäquater Mittel zur Erreichung dieses Ziels voraussetzen (vgl. Abb. 1). Bei der Umsetzung des Ziels können Erfolge beziehungsweise Misserfolge sowie beabsichtigte oder unbeabsichtigte Folgen auftreten, wie Werlen ausführt (1997, S. 24f.):

> Jede Handlung ist von einem Zweck geleitet beziehungsweise auf ein Ziel, eine Intention hin entworfen. Die gegebene Situation des Handelns wird vom Handelnden in Bezug auf das Handlungsziel definiert. Einige der Situationselemente werden von ihm als Mittel der Zielerreichung bestimmt und, falls sie ihm verfügbar sind, ausgewählt. Die nicht verfügbaren zielrelevanten Elemente bilden die ′Zwänge′ des Handelns. In der Handlungsverwirklichung wird sich die getroffene Wahl der Mittel und/oder des Ziels als Erfolg oder Misserfolg erweisen. Unabhängig davon, ob der beabsichtigte Zustand (Veränderung der Situation oder Bewahrung der Situation vor einer Veränderung) erreicht wird oder nicht, resultieren aus jedem Akt Folgen, die beabsichtigt oder unbeabsichtigt sein können.

Wie in Abbildung 1 ersichtlich, besteht der Handlungsablauf typischerweise aus vier Prozesssequenzen, die sowohl verdeckt als auch offen ablaufen können: (I) der Handlungsentwurf, (II) die Situationsdefinition, (III) die Handlungsrealisierung und (IV) das Handlungsresultat.

(I) Zunächst stellt der Handlungsentwurf als Intention des Akteurs die vorbereitende, planende, antizipierende Sequenz dar, wobei hypothetisch Mittel für bestimmte Zwecke festgelegt und Handlungsabläufe zur Erfüllung generalisierter und berechtigter Erwartungen der anderen Gesellschaftsmitglieder angestrebt werden.

(II) Es folgt diejenige Sequenz, in der die Situation als solche wahrgenommen und strukturiert wird. Dabei werden die (ziel-)relevanten und verfügbaren (physisch-materiellen) Mittel bestimmt und ausgewählt, während die nicht verfügbaren zielrelevanten Elemente als „Zwänge" des Handelns angesehen werden (sog. physische Komponente). Hierbei wird die Situation unter Berücksichtigung geltender Werte und Normen definiert (sog. soziale Komponente).

(III) Die Handlungsrealisierung stellt die durchführende Sequenz dar, in der die Situation umgewandelt oder vor einer Veränderung bewahrt wird. Dabei wird entweder die technische Komponente (Zweck-Mittel-Relation), die Legitimität des Handelns oder die Konsens/Dissens stiftende Komponente der Handlung hervorgehoben.

(IV) Schließlich umfasst das Handlungsresultat die beabsichtigten und nicht-beabsichtigten Folgen der durchgeführten Handlung, einerseits für den Handelnden selbst, andererseits für andere Handelnde. Die aus dem Handlungsakt resultierenden Folgen werden als neue Voraussetzung für zu wählende Zweck-Mittel-Relationen, als bestanderhaltende/-gefährdende Komponente für die Gesellschaft oder als neue Voraussetzung zur Verständigung über Situationen beziehungsweise als Fähigkeit zur Interaktion von Bedeutung (Werlen 1997, S. 39f.). Einschränkend fügt der Autor jedoch an, dass das Ergebnis nicht unbedingt auf einem bewussten Plan von Menschen basiert, denn (a) werden Handlungsentwürfe nicht immer so verwirklicht, wie sie vorgesehen waren, (b) können Folgen auftreten, die vom Entwurf nicht vorgesehen gewesen sind, oder (c) können Folgen unbeabsichtigt auf ungünstige Weise auf den Handelnden zurückwirken, und (d) können Folgen bei anderen Menschen zu derartigen Zwängen führen, dass diese ihre eigenen Ziele nicht mehr verwirklichen können. (Werlen 1997, S. 49)

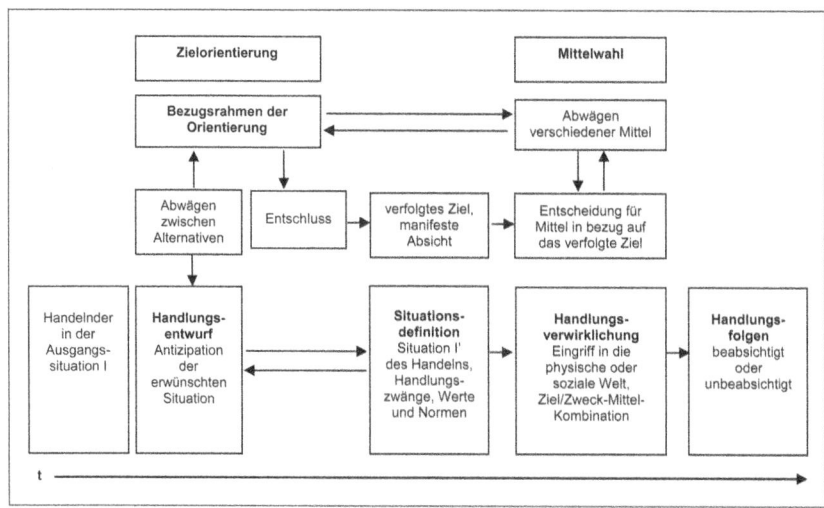

Abbildung 1: Modellhafte Rekonstruktion des Handlungsablaufs (Werlen 1997, S. 40, modifiziert)

Das Handeln von Individuen bzw. Gruppen von Individuen spiegelt sich auch an verschiedenen Stellen im Planungszyklus wider, sowohl auf Seiten der Planer als auch anderer involvierter Akteure. Der typische Verlauf eines Planungszyklus und seine einzelne Ablaufschritte sind im „Planungsmodell der dritten Generation" beschrieben worden (vgl. Heidemann 1992; vgl. Schönwandt 2002). Während frühere Planungsmodelle die Rationalität von Entscheidungen (1. Generation) oder die Kommunikation und Partizipation (2. Generation) in den Vordergrund stellten, basiert dieses Modell auf systemtheoretischen Ansätzen und integriert die verschiedenen Komponenten, Abläufe und Abhängigkeiten eines Planungsprozesses.

Wie aus Abbildung 2 ersichtlich, bestehen die verschiedenen Komponenten des Planungszyklus niemals isoliert, sondern interagieren stets miteinander (vgl. Abb. 2): Basierend auf ihrem individuellen und disziplin-spezifischen „Mind-Set" (Methoden, Konzepte, Theorien, Weltsichten) erschaffen sich Planer eine „Planungswelt" aus spezifischen Ansätzen und operieren in der „Alltagswelt". In dieser werden bestimmte Agenden, das heißt verschiedene Punkte der politischen Diskussion oder der politischen Auseinandersetzung durch die beteiligten Akteure in einer Arena ausgearbeitet. Die Interaktion zwischen „Planerwelt" und „Alltagswelt" bildet die Basis eines Planungszyklus, den man in folgende miteinander verbundene Ablaufschritte dekonstruieren kann: (i) das – idealerweise gemeinsam durch Planer und beteiligte Akteure erarbeitete – Verständnis der Sachlage, (ii) die Erarbeitung von Varianten, (iii) die Verständigung über das weitere Vorgehen, (iv) die Eingriffe, (v) die räumlichen, sozialen, ökologischen, ökonomischen und politisch-administrativen Gegebenheiten sowie (vi) die Resultate beziehungsweise Ergebnisse. Letztere können ein neues Verständnis oder eine Neubewertung der Situation herbeiführen, was wiederum einen (neuen) Planungsprozess initiieren kann (für weitere Details siehe Schönwandt 2002, S. 30ff. und Schönwandt 2008, S. 19ff.)

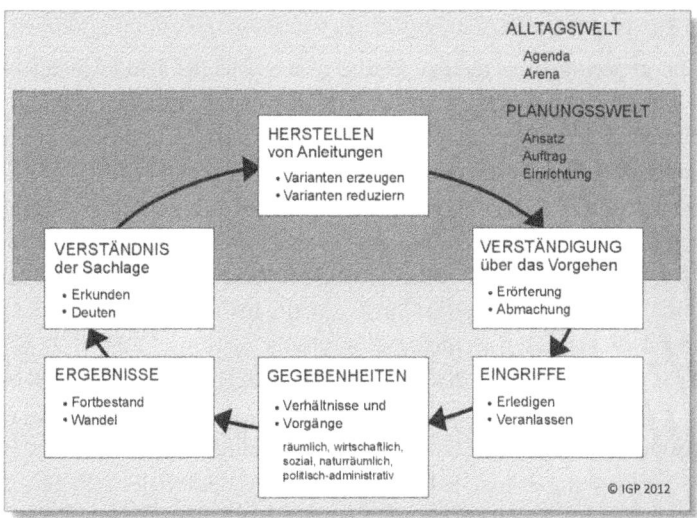

Abbildung 2: Planungsmodell der Dritten Generation (Schönwandt 2002, S. 47, © IGP)

Für strategische Planungsprozesse im Zuge der Energiewende und der Klimaanpassung sind eine hohe Komplexität und eine Unvorhersagbarkeit der Handlungsfolgen kennzeichnend. Hierzu tragen die unterschiedlichen Kulturen und Ansätze der involvierten Akteure ebenso bei wie die Langfristigkeit des Prozesses und die damit verbundene Unsicherheit bezüglich weiterer Einflussfaktoren. Die hier beschriebenen Konzepte und planungstheoretischen Modelle ermöglichen es, diese Planungsprozesse besser zu verstehen, indem sie deren einzelne Komponenten näher beleuchten sowie die Handlungsabsichten und -optionen von Individuen analysieren. Aufgrund des Systemverständnisses einerseits sowie der Betrachtung von Individuen andererseits wird der Diskurs zur gesellschaftlichen Resilienz und der Rolle der Kultur darin unterstützt.

4   Strategische Planungsprozesse zur Energiewende und zur Klimaanpassung in Baden-Württemberg

In Baden-Württemberg ist das Thema der Energielandschaften eng an die vom Land angestrebte Nachhaltigkeitsstrategie gebunden. Der politische Prozess für diese Nachhaltigkeitsstrategie begann im Jahr 2007. Themenschwerpunkte der nach dem Regierungswechsel im März 2011 neu aufgelegten Nachhaltigkeitsstrategie (UMBW 2012) sollen – neben der Messbarkeit von Nachhaltiger Entwicklung sowie der verstärkten Einbindung von Bürgern und Experten – vor allem die Themen Energie und Klima, Ressourcen (Rohstoffe, Fläche, Biodiversität, Natur und Umwelt) sowie Bildung für nachhaltige Entwicklung sein; zukünftig sollen noch die Themen nachhaltige Mobilität und Integration hinzukommen. Hierfür sollen jeweils Aktionsprogramme aufgelegt werden, um konkrete Lösungen und Umsetzungskonzepte zu erarbeiten, zum Beispiel das Aktionsprogramm „Konfliktfelder im Zusammenhang mit der Energiewende und dem Ausbau erneuerbarer Energien".

Um die Energiewende umsetzen zu können, ist es Ziel der Landesregierung, bis 2020 mindestens 10% der Energie aus Windkraftanlagen bereitzustellen, was die Errichtung von ca. 1.200 neuen Anlagen in Baden-Württemberg erfordert. Wie sich unter anderem der aktuellen Tagespresse entnehmen lässt, ist der politische Prozess zur Energiewende jedoch bei weitem noch nicht abgeschlossen und geht mit vielfältigen Konflikten einher. Diese zeigen sich vor allem beim Natur- und Landschaftsschutz, aber auch bei Interessenkonflikten mit dem Tourismus (Stuttgarter Nachrichten, 22.05.2012) sowie mit Anwohnern in der Nähe von Windkraftanlagen, die insbesondere Lärmbelästigung und sinkende Grundstückspreise fürchten (Schwäbische Zeitung, 27.09.2012). So zeigt zum Beispiel Abb. 3 , dass es gerade in den Gebieten, die aufgrund ihrer hohen Windpotenziale für die Windenergienutzung besonders geeignet erscheinen, zum Beispiel der Nordosten und der Südosten des Landes, zu Interessenskonflikten mit dem Naturschutz kommt (vgl. Abb. 3). Ergänzend ist hier jedoch anzumerken, dass viele Gebiete – trotz hoher Windenergiepotentiale – aufgrund ihrer Topographie weniger für den Bau von Windenergieanlagen geeignet sind, z.B. die Steilhänge in den Tälern des Schwarzwaldes.

Windenergiepotenziale ab 5,25 m/s in 100 m über Grund und Schutzgebiete nach Naturschutz- und Waldrecht gemäß Windenergieerlass vom 09.05.2012

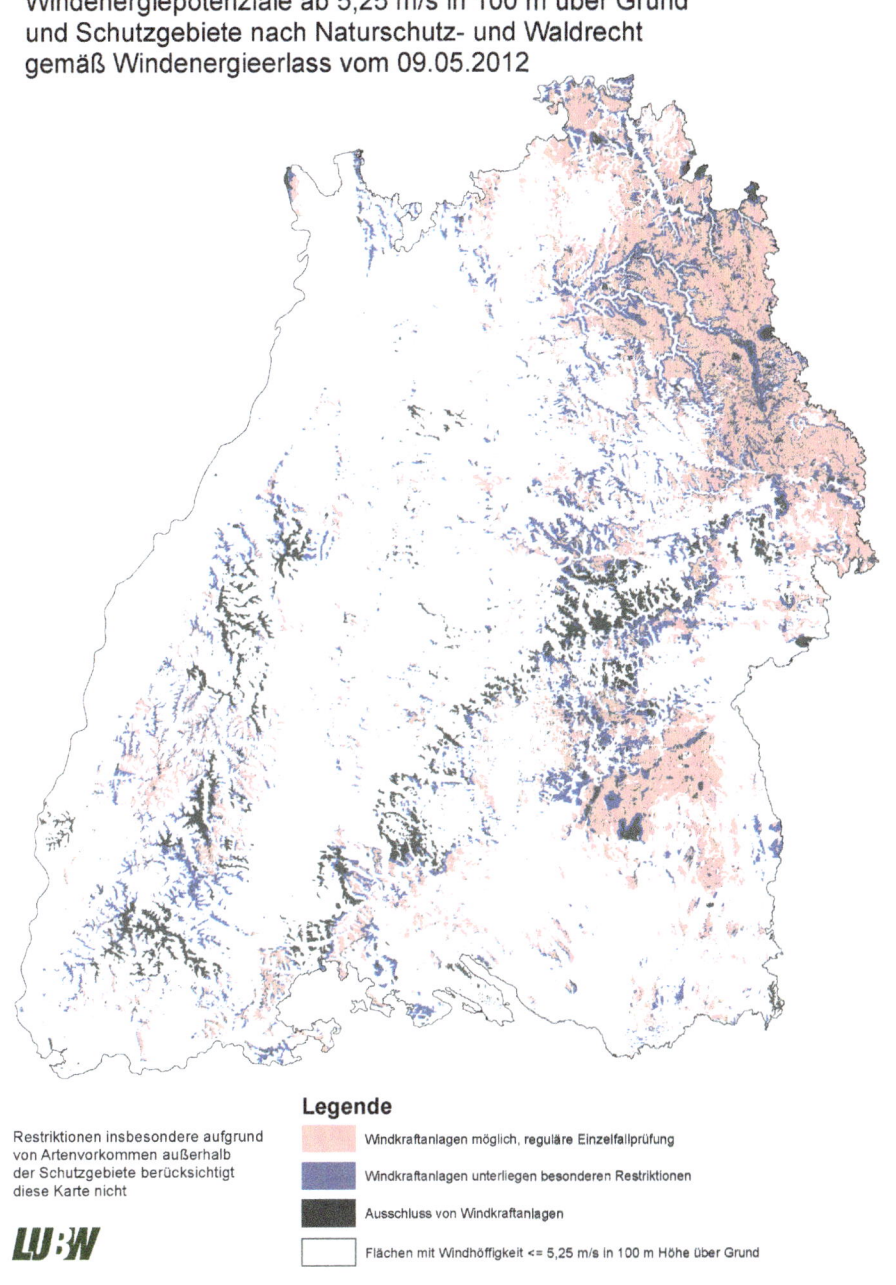

Legende

Restriktionen insbesondere aufgrund von Artenvorkommen außerhalb der Schutzgebiete berücksichtigt diese Karte nicht

LUBW

Windkraftanlagen möglich, reguläre Einzelfallprüfung

Windkraftanlagen unterliegen besonderen Restriktionen

Ausschluss von Windkraftanlagen

Flächen mit Windhöffigkeit <= 5,25 m/s in 100 m Höhe über Grund

Abbildung 3: Überlagerung von Windenergiepotenzialen und Schutzgebieten in Baden-Württemberg (LUBW 2012)

Im Zusammenhang mit der Energiewende wird zurzeit auch dem Schutzgut Landschaftsbild im Landschaftsrahmenprogramm Baden-Württembergs mehr Aufmerksamkeit zuteil. Zum Beispiel ist es Ziel des kürzlich abgeschlossenen Projektes „Landschaftsbildbewertung – Pilotprojekt für eine flächendeckende, GIS-gestützte Modellierung der landschaftsästhetischen Qualität in sechs Planungsregionen Baden-Württembergs", die Machbarkeit einer großflächigen Landschaftsbildbewertung aufzuzeigen und Hinweise für eine landesweite Bearbeitung zu geben "(vgl. Roser 2012). Aufbauend auf einer Dissertation am Institut für Landschaftsplanung und Ökologie der Universität Stuttgart (vgl. Roser 2011) wurde hier eine Methodik angewandt, die einerseits auf der GIS-gestützten Analyse von landschaftsbildbeeinflussenden Faktoren beruht (v.a. Topographie, Mischung der Landbedeckungsarten, Fehlen störender Elemente). Andererseits wurden Referenzdaten mit Hilfe einer Befragung erhoben, bei der 300 Fotos von typischen Landschaften aus den sechs Regionen bewertet werden sollten. Befragt wurden über 250 Personen aus allen Regionen, darunter sogenannte „Normalbürger", Fachexperten sowie Mandatsträger. Im Ergebnis zeigte sich, dass die individuellen Bewertungen nur geringfügig variierten, dass es also einen „intersubjektiven Grundkonsens über die ästhetische Qualität unserer Landschaften" zu geben scheint (Roser 2012, S. 38).

Dieses Beispiel veranschaulicht sowohl die Möglichkeiten als auch die Grenzen solcher Bewertungsverfahren. Einerseits ist hier eine Vielzahl an Personen aus unterschiedlichen Gruppen eingebunden worden, was die Subjektivität der Einzelbewertungen lindert und die politische Diskussion des Themas mit verschiedenen Akteuren erst richtig angestoßen hat. Andererseits kann bei solchen Workshops bereits die Auswahl der Teilnehmer sowie der Zwang zum Gruppenkonsens das Resultat in eine bestimmte Richtung lenken und damit das Bewertungsergebnis verfälschen. Des Weiteren können bei der beschriebenen Herangehensweise keine Aussagen darüber getroffen werden, wie und aufgrund welcher Interessen bestimmte Landschaften von einzelnen Individuen beziehungsweise Gruppen beurteilt werden, denn hierfür wäre die Verknüpfung der Ergebnisse mit weiteren Daten zu bestimmten sozialen Gruppen oder Milieus notwendig. Eine solche Korrelation der oben beschriebenen Befragungsergebnisse zum Landschaftsbild mit Daten der Soziologie würde auch detailliertere Aussagen bezüglich der involvierten Individuen, des politischen Willens und des kulturellen Kontextes an den Standorten von Windenergieanlagen erlauben, zum Beispiel Stadt-Land- Unterschiede, verschiedene Milieus, Anteil Migranten etc.

Einschränkend ist weiter anzumerken, dass bei diesem Forschungsprojekt zunächst der Umgang mit dem Schutzgut Landschaftsbild im Landschaftsrahmenprogramm im Mittelpunkt des Forschungsinteresses stand. Die Auswirkungen von Windkraftanlagen auf das Landschaftsbild waren hingegen nicht Gegenstand dieser Untersuchung. Zu diesem Thema wird zur Zeit ein weiteres Forschungsprojekt im Biosphärenreservat Schwäbische-Alb durchgeführt, bei dem der Frage nachgegangen werden soll, ob Landschaften mit Windkraftanlagen anders bewertet werden und welche Implikationen sich daraus für die Standortsuche dieser Anlagen ergeben.

Wie oben bereits erwähnt, stellt das Landschaftsbild und seine mögliche Aufwertung oder Beeinträchtigung durch Windenergieanlagen aber nur einen von vielen Konflikten im Zusammenhang mit der Energiewende dar. Weitere Interessen von anderen Flächennutzern und Anwohnern spielen ebenfalls eine wichtige Rolle.

Um ein besseres Verständnis möglicher Konflikte und der ihnen zugrundeliegenden Ursachen in strategischen Planungsprozessen zu gewinnen, ist eine detaillierte Betrachtung des Planungszyklus und der kulturellen Unterschiede der involvierten Akteure unerlässlich. Auftretende Konflikte in strategischen Planungsprozessen beruhen nicht selten auf einer oder mehrerer der folgenden Ursachen, die kulturell bedingt sind:

a) Bei den Beteiligten bestehen unterschiedliche Problemverständnisse beziehungsweise Problemdefinitionen.
b) Dem Handeln der Beteiligten liegen verschiedene Ansätze zugrunde.
c) Die Beteiligten operieren mit Begriffen, die sie unterschiedlich definieren, d.h. sie haben ein unterschiedliches Sprachverständnis.

Im Folgenden sollen diese Aspekte anhand eines strategischen Planungsprozesses zur Klimaanpassung illustriert werden: Im Rahmen des vom Bundesministerium für Verkehr, Bau und Stadtentwicklung (BMVBS) initiierten Projektes „KlimaMoro – Raumentwicklungsstrategien zum Klimawandel" (2009-2011) wurden in der Region Mittlerer Oberrhein / Nordschwarzwald regionale Workshops durchgeführt (vgl. Hemberger, im Druck; vgl. RV NSW/MO 2011).

Ad a)

Unter anderem wurde dabei die Veränderung der Baumartenzusammensetzung infolge des Klimawandels diskutiert. Dabei traten bei den Teilnehmern unterschiedliche Problemverständnisse und Gründe – also unterschiedliche Bewertungen derselben Situation – zu Tage, und zwar folgende:

- die heutige Technologie der holzverarbeitenden Industrie kann das Holz der neuen Baumarten nicht verarbeiten (ökonomischer Grund);
- die Änderung der Baumartenzusammensetzung geht mit dem Verlust des traditionellen Landschaftsbildes einher (kultureller Grund);
- aufgrund der Landschaftsbildänderung kommt es zu einem Rückgang der Touristenzahlen (ökonomischer Grund);
- die Änderung der Baumartenzusammensetzung selbst ist das Problem (ökologischer beziehungsweise ethischer Grund).

Anhand dieser unterschiedlichen Bewertungen wird die Notwendigkeit deutlich, das zu lösende Problem klar zu definieren, um eine kohärente Argumentation von der Problemdefinition bis zu seiner Lösung zu erarbeiten. Ob eine Ausgangssituation (A) tatsächlich als Problem empfunden wird, hängt wesentlich von der negativen Bewertung durch die beteiligten Individuen ab (A-). Somit ist die Bewertung eines Problems eine subjektive Interpretation, das heißt sozial konstruiert und abhängig von der Wahrnehmung und dem Hintergrund der beteiligten Akteure (Beruf, Ausbildung, Zugehörigkeit zu einer sozialen Gruppe etc.). Jede dieser Bewertungen ist abhängig von unterschiedlichen Planungskulturen und wird zu verschiedenen Handlungen und Problemlösungen führen. Deshalb ist es notwendig, in interdisziplinären Planungsprozessen das zu lösende Problem präzise zu definieren und der kulturellen Prägung der beteiligten Akteure mit ihren verschiedenen Werten, Meinungen, Interessen (mehr als bisher) Beachtung zu schenken.

Ad b)

Neben dem Problemverständnis der involvierten Akteure spielt der verwendete Planungsansatz eine wichtige Rolle. Ein Planungsansatz umfasst einen Satz von vier miteinander verbundenen und voneinander abhängigen Komponenten: Problem(e), Ziel(e), Methoden, spezifischer Hintergrund der Planer, insbesondere seine/ihre ethischen Positionen, Werte etc. (vgl. Kuhn, 1981; vgl. Bunge, 1996). Planung basiert nie auf objektiven Weltsichten, da sie jeweils vom Betrachter und seinem/ihrem Standpunkt abhängen – der „Brille", durch die Planer eine gegebene Situation betrachten. Je nach den paradigmatischen Ansätzen der jeweiligen Disziplin konstruieren Planer ein Problem, die Ursachen des Problems und die Strategien und Maßnahmen in disziplin-spezifischer Art und Weise. Diese berufliche Voreingenommenheit führt zu einer Verengung der Perspektiven, da jeder Planungsansatz nur einen begrenzten Umfang an Problemdefinitionen, Zielsetzungen und Lösungen erlaubt (vgl. Schönwandt & Voigt 2005).

Das oben beschriebene Beispiel der Problemdefinition (siehe ad a)) illustriert die verschiedenen Standpunkte des Menschen bezüglich des Wertes der Natur (vgl. Abb. 4). Auf der einen Seite gibt es die Position, dass die Natur einen Eigenwert hat und der Mensch diese deshalb schützen sollte. Dieser Planungsansatz fördert im oben beschriebenen Beispiel die Entwicklung von Maßnahmen, die den Schutz der bestehenden Baumartenzusammensetzung anstreben. Auf der anderen Seite steht die Position, dass der Mensch höherrangig sei und die Natur in erster Linie eine wichtige Ressource für seine Aktivitäten darstellt. Dieser Ansatz führt in dem Beispiel unweigerlich zu Maßnahmen, die die Ausstattung und die Maschinen der holzverarbeitenden Industrie an die neuen Bedingungen anpassen. Diese gegensätzlichen Positionen illustrieren die Vielfalt an Werten und ihren möglichen Einfluss auf die Planung.

Natur & Mensch

NATUR ALS		
... Eigenwert, soziale Ordnung und gemeinsame Herkunft	... Überraschung, Abenteuer und Sehnsucht	... nützliche Ressource und Bedrohung
Der Mensch ist ein Teil der Natur und trägt Sorge für ihren Erhalt. Er ordnet sich den Naturphänomenen unter.	Natur ist eine „Gegenwelt" zur vergesellschafteten, technisierten und organisierten Welt.	Der Mensch steht über der Natur. Er kann sie gestalten und natürliche Ressourcen aufbrauchen. Oft muss er sie dabei „zähmen".

© IGP 2012

Abbildung 4: „Natur und Mensch" (Gill 2003, S. 54, © IGP)

Ad c)

Neben der Problemdefinition und dem verwendeten Planungsansatz ist – gerade im Hinblick auf unterschiedliche Planungskulturen - der angemessene Umgang mit Sprache und die Definition der verwendeten Kernbegriffe für den Planungsprozess entscheidend. Da vor allem in interdisziplinären und internationalen Projekten eine Vielzahl an Akteuren mit unterschiedlichem Hintergrund involviert ist, erscheint es notwendig, die wichtigsten Konzepte und Kernbegriffe zu definieren. So wurde zum Beispiel im Rahmen der eingangs erwähnten COST Aktion „Investigating Cultural Sustainability" deutlich, dass es in den verschiedenen Sprachen Europas unterschiedliche Verständnisse des Begriffes „Kultur" gibt.

Indem die Kernbegriffe unter den beteiligten Akteuren abgestimmt und definiert werden, wird die Kommunikation über die Inhalte und das Verfahren des Projektes erleichtert. Derartige Definitionen müssen für die Fragestellung oder das zu untersuchende Problem nutzbringend sein, weil sie die Planungshandlungen bestimmen, indem sie das Spektrum für mögliche Lösungen erweitern oder einengen. Allzu oft gehen Planer davon aus, dass die Konzepte, die sie verwenden, hinreichend gut definiert sind und auf die gleiche Art und Weise von allen involvierten Parteien verstanden werden. Darüber hinaus müssen sich Planer bewusst sein, das Konzepte nicht „richtig" oder „falsch" sind, sondern auf Vereinbarungen sowie auf dem Hintergrund der Personen beruhen, die sie verwenden (weitere Details siehe Schönwandt 2002).

Eine bessere Beachtung dieser drei Aspekte – Problemverständnis, Planungsansatz und Sprachverständnis – in strategischen Planungsprozessen zur Energiewende und zur Klimaanpassung würde die Kommunikation in diesen interdisziplinären (und zum Teil auch internationalen) Projekten schärfen und eine erfolgreiche Kommunikation sowie geeignete Problemlösungen ermöglichen. Im Zuge der steigenden Komplexität von strategischen Planungsprozessen und der Unvorhersagbarkeit von Planungsfolgen wird dieser Aspekt zukünftig noch wichtiger.

5   Vielfalt der Planungskulturen und deren Auswirkungen auf Strategische Planungsprozesse zur Energiewende und zur Klimaanpassung

Wie eingangs erläutert, stellt Resilienz die Widerstands- und Anpassungsfähigkeit eines Systems gegenüber kurzfristig auftretenden Ereignissen und sich langfristig verändernden Umweltbedingungen dar. Gerade die Lern- und Anpassungsfähigkeit einer Gesellschaft kann nicht ohne die kulturellen Unterschiede der beteiligten Akteure gedacht werden, weshalb beide Konzepte – Kultur und Resilienz – Eingang in diesen Beitrag gefunden haben, wenn auch ohne den Anspruch auf eine vollständige Integration.

Im Hinblick auf strategische Planungsprozesse zur Energiewende und zur Klimaanpassung ist der Rückgriff auf weitere theoretische Grundlagen hilfreich, um einzelne Komponenten und den Ablauf dieser Prozesse sowie die Handlungsabsichten und -optionen der beteiligten Akteure besser zu verstehen. Wie anhand des Planungsmodells der Dritten Generation verdeutlicht (vgl. Heidemann 1992 und Schönwandt 2002), können sich kulturelle Unterschiede zwischen sozialen Gruppen mit verschiedenem Hintergrund an mehreren Stellen des Planungszyklus bemerkbar machen. Sie zeigen sich erstens in der Art und Weise wie Planer innerhalb der „Planungswelt" denken und handeln, das heißt es gibt vielfältige Planungsansätze in Abhängigkeit des Wissens und des beruflichen Hintergrundes eines Planers. Zweitens besteht die „Alltagswelt" aus zahlreichen Akteuren mit verschiedenen Interessen, Einstellungen und Werten, die in unterschiedlichen Arenen agieren und dabei vielfältige Vorstellungen einfließen lassen. Drittens existieren innerhalb des Planungszyklus selbst kulturelle Unterschiede im Hinblick auf das Verständnis der Situation und deren Bewertung (Problemdefinition), die Verständigung über das Vorgehen und die Umsetzung von Planungsmaßnahmen. Viertens findet Planung nie in einem Vakuum statt, sondern ist stets in bestimmten kulturellen Kontexten angesiedelt, die sich im Laufe der Zeit auch verändern können, insbesondere wenn neue Gruppen oder Individuen die Szene betreten oder Paradigmenwechsel erfolgen. Somit werden Planungsaspekte in verschiedenen Kulturen und im Zeitverlauf unterschiedlich behandelt. Das oben beschriebene regionale Beispiel aus dem „KlimaMoro"-Workshop veranschaulicht diesen Aspekt ebenso wie die politische Neubewertung des Atomausstiegs und das Einläuten der Energiewende in Deutschland nach den Ereignissen in Fukushima, Japan, im Frühjahr 2011.

Um das Denken und Handeln einzelner Akteure in strategischen Planungsprozessen zur Energiewende und Klimaanpassung besser verstehen zu können, greift jedoch eine Betrachtung des Planungszyklus und seiner Komponenten zu kurz. Gerade im Hinblick

auf kulturelle Unterschiede involvierter Akteure erscheint es notwendig, die Handlungsabsichten und -optionen der am Planungszyklus beteiligten Individuen näher zu betrachten. Wie anhand des Handlungsablaufs nach Werlen 1997 erläutert, bewerten diese
Individuen eine gegebene Situation und gestalten diese anhand ihrer Ziele und der ihnen
zur Verfügung stehenden Mittel. Auf der anderen Seite unterstehen alle Individuen verschiedenen Zwängen, da ihr Handeln durch limitierte Mittel oder durch die Interessen
anderer wieder eingeschränkt wird. Erst in der Umsetzung und der Rückkopplung mit
den gesetzten Zielen zeigen sich die Erfolge beziehungsweise Misserfolge, Synergien und
Konflikte sowie die beabsichtigten oder unbeabsichtigten Folgen des individuellen Handelns aller Akteure im Planungsprozess. In strategischen Planungsprozessen zur Energiewende und zur Klimaanpassung nehmen die beteiligten Individuen ständig und bei
allen Arbeitsschritten Bewertungen vor, indem sie politische oder planerische Vorgaben
mit ihren eigenen Interessen, Meinungen und Werten abgleichen. Die Bewertungsproble-
matik und die damit einhergehende „Nicht-Objektivierbarkeit" von Planungsproblemen
und -lösungen illustriert das oben beschriebene Beispiel der Landschaftsbildbewertung
in sechs Regionen Baden-Württembergs.

Anhand dieser Ausführungen wird deutlich, dass bei strategischen Planungsprozessen zur Energiewende und Klimaanpassung kulturelle Unterschiede auf verschiedenen
Ebenen wirken können, und zwar hinsichtlich:

- des Hintergrunds des Individuums bzw. einer Gruppe von Individuen (Ausbildung
  und Beruf, mentales Modell, Werte, Einstellungen, Interessen etc.);
- der Interaktion persönlicher und sozialer Identitäten (Zugehörigkeit zu einer bestimmten Gruppe, kollektives Gedächtnis der Gesellschaft, historische Erfahrungen,
  Traditionen etc.) (vgl. Haselsberger 2010);
- der Art und des Umfangs der Institutionalisierung von Werten in Planungsprozessen
  (Riten, gesetzlicher Rahmen etc.);
- des kultureller Kontextes, in dem der Planungsprozess stattfindet;
- des politischen Willens zur Anpassung und Innovation.

Im Rahmen des vorliegenden Beitrages ist insbesondere die erste Ebene, d.h. der Hintergrund von Individuen beziehungsweise Gruppen von Individuen, betrachtet worden.
Wie anhand der eingangs beschriebenen Beispiele aus der aktuellen politischen Diskussion zur Energiewende und zur Klimaanpassung in Baden-Württemberg erläutert, können sich die BeWERTung von Ausgangssituationen (Problemdefinition) und die zugrundeliegenden Planungsansätze bei verschiedenen Akteuren erheblich unterscheiden und
prägen somit Planungsabläufe und -ergebnisse. Darüber hinaus sind die Bedeutung der
Sprache und das Verständnis der Kernbegriffe als wesentliche Bestandteile der Kultur
hervorzuheben. Sie können eine Quelle von Missverständnissen und Konflikten zwischen verschiedenen Akteuren in strategischen Planungsprozessen bilden.

Beim Thema der Energiewende als Strategie zur Klimaanpassung muss ein auf bun-
despolitischer Ebene gefasster politischer Entschluss auf regionaler Ebene umgesetzt wer-

den. Die Region ist auch der Raum, in dem sich das tägliche Leben der beteiligten Akteure abspielt und in dem sie interagieren. In diesen regionalen bzw. lokalen Gemeinschaften werden Wertkonflikte und andere kulturelle Unterschiede häufig besonders deutlich, wie zum Beispiel die oben genannten Zeitungsberichte illustrieren. Zudem stellen sich erst „vor Ort" weitere Fragen zur zukünftigen Entwicklung der Kulturlandschaft als „Umsetzungsraum der Energiewende" und damit zur nachhaltigen Raumentwicklung.

6   Schlussfolgerungen

Auf der Grundlage verschiedener Konzepte und planungstheoretischer Modelle analysiert dieser Beitrag strategische Planungsprozesse zur Energiewende und Klimaanpassung in Baden-Württemberg. Dabei verdeutlichen Beispiele aus regionalen Workshops die unterschiedlichen Kulturen und Ansätze der Akteure, die in solchen Planungsprozessen involviert sind. Insbesondere wirken sich verschiedene Problemdefinitionen und Bewertungen sowie unterschiedliche Planungsansätze und Definitionen der Kernbegriffe bzw. -konzepte auf die Planungsprozesse und -ergebnisse aus. Dies gilt umso mehr, wenn Planungsprojekte inter- und transdisziplinär oder grenzüberschreitend durchgeführt werden. Für die Entwicklung geeigneter Strategien und Maßnahmen in strategischen Planungsprozessen zur Energiewende und Klimaanpassung ist es daher notwendig, sich dieser kulturellen Unterschiede stärker bewusst zu werden und die Strategien und Maßnahmen an die jeweiligen regionalen Gegebenheiten anzupassen.

Um Missverständnisse und Konflikte, die aus den oben beschriebenen Aspekten resultieren können, zu vermeiden, erscheint es zudem notwendig, den Wissenstransfer zu fördern und damit – im Sinne eines „Empowerment" – die beteiligten Akteure in die Lage zu versetzen, die komplexen Inhalte strategischer Planungsprozesse zur Energiewende und Klimaanpassung besser einschätzen zu können und sich des eigenen Standpunktes bewusst zu werden. Die oben beschriebenen Instrumente (Problemdefinition, Offenlegen der Planungsansätze, Definition von Kernbegriffen) können hierzu einen Beitrag leisten.

Die Vielfalt an Planungskulturen und auch die Langfristigkeit der Planungsprozesse trägt in solchen strategischen Planungsprozessen dazu bei, dass sie von einer sehr hohen Komplexität geprägt sind. Diese manifestiert sich im Einzelnen an folgenden Merkmalen:

- die Vielschichtigkeit zu berücksichtigender Aspekte;
- die Prozesshaftigkeit;
- die Dynamik / Veränderung im Laufe der Zeit;
- die Abhängigkeit / Wechselwirkung der einzelnen Komponenten des Planungsprozesses;
- die hohe Anzahl beteiligter Akteure mit unterschiedlichen, zum Teil widersprüchlichen Interessen.

Aufgrund dieser Merkmale können an verschiedenen Stellen im Planungsprozess Spannungen auftreten, die das Erreichen von mehr Resilienz (Widerstands- und Anpassungsfähigkeit) im Hinblick auf den Klimawandel erheblich erschweren können. Auch die direkte Übertragbarkeit von Strategien und Maßnahmen zwischen verschiedenen Regionen erscheint vor diesem Hintergrund äußerst schwierig.

Um generell ein besseres Verständnis von Planungsproblemen und -widerständen zu erreichen, muss eine entsprechende Analyse tiefer gehen als der übliche Vergleich von Planungssystemen. Dies umzusetzen ist jedoch nicht nur aufgrund fehlender Ressourcen in Planungsforschung und -praxis schwierig, sondern auch weil sich viele der beteiligten Akteure wahrscheinlich nur sehr ungern so tief „in die Karten gucken" lassen. Weitere Schwierigkeiten bestehen darin, dass sich die eigene Kultur erst in Abgrenzung zu anderen definieren lässt, was aber auch die Gefahr von Stereotypen birgt. Schließlich erscheint ein statisches Bild von „Kultur" gerade im Hinblick auf die Lern- und Anpassungsfähigkeit (Resilienz) von Gesellschaften überholt.

Danksagung

Ich danke meinen Kollegen an der Universität Stuttgart vielmals für Ihre Unterstützung bei der Erarbeitung dieses Beitrags: Für die Bereitstellung der Praxisbeispiele gilt mein Dank Dr.-Ing. Frank Roser (Institut für Landschaftsplanung und Ökologie) sowie Dr. des. Christoph Hemberger (Institut für Grundlagen der Planung). Dipl.-Ing. Eva-Maria Stumpp (Institut für Landschaftsplanung und Ökologie) danke ich für ihre kritischen Anmerkungen bezüglich der aktuellen Resilienz-Diskussion.

Literatur

Abram, S. (2011). *Culture and Planning*. Farnham: Ashgate.

Berlin-Brandenburgische Akademie der Wissenschaften (2011). Digitales Wörterbuch der deutschen Sprache des 20. Jahrhunderts. http://www.dwds.de/. Zugegriffen: 12. Juli 2011.

Birkmann, J. (2008). Globaler Umweltwandel, Naturgefahren, Vulnerabilität und Katastrophenresilienz. Notwendigkeit der Perspektivenerweiterung in der Raumplanung, *Raumforschung und Raumordnung 66*, 5-22.

Birkmann, J., Böhm, H. R., Buchholz, F., Büscher, D., Daschkeit, A., Ebert, S., Fleischhauer, M., Frommer, B., Köhler, S., Kufeld, W., Lenz, S., Overbeck, G., Schanze, J., Schlipf, S., Sommerfeldt, P., Stock, M., Vollmer, M. & Walkenhorst, O. (2011). Glossar Klimawandel und Raumplanung. E-Paper der ARL Nr. 10. http://shop.arl-net.de/media/direct/pdf/e-paper_der_arl_nr10.pdf. Zugegriffen: 19. März 2012.

Bunge, M. A. (1996). *Finding Philosophy in Social Sciences*. New Haven, London: Yale University Press.

COST Secretariat (2010). *Memorandum of Understanding for the implementation of a European Concerted Research Action designated as COST Action IS1007: Investigating Cultural Sustainability*. Document No. COST 4206/10, 16. Dezember 2010. Brussels.

Elder, G. H. (1961). *Family structure and the transmission of values and norms in the process of child rearing*. Dissertation.

Folke, C. (2006). Resilience: The emergence of a perspective for social-ecological systems analyses, *Global Environmental Change 16*, 253-267.

Gill, B. (2003). *Streitfall Natur. Weltbilder in Technik- und Umweltkonflikten.* Wiesbaden: Westdeutscher Verlag.

Glaser, B. G. & Strauss, A. L. (1998). *Grounded theory. Strategien qualitativer Forschung.* Bern, Göttingen, Toronto, Seattle: Hans Huber.

Haselsberger, B. (2010). *Reshaping Europe - Borders' Impact on Territorial Cohesion.* Dissertation, Technische Universität Wien.

Heidemann, C. (1992). Regional Planning Methodology. *The First & Only Annotated Picture Primer on Regional Planning. Discussion Paper Nr. 16.* Karlsruhe: Institut für Regionalwissenschaft.

Hemberger, C. (im Druck). *Vorgehensweisen beim Lösen komplexer Planungsprobleme.* Dissertation, Universität Stuttgart.

Holling, C. S. (1973). Resilience and Stability of Ecological Systems, *Annual Review of Ecology and Systematics 4,* 1-23.

Hollnagel, E., Woods, D. D. & Leveson, N. (Hrsg.) (2006). *Resilience Engineering: Concepts and Precepts.* Aldershot: Ashgate.

Knieling, J. & Othengrafen, F. (2009). En Route to a Theoretical Model for Comparative Research on Planning Cultures. In J. Knieling & F. Othengrafen (Hrsg.), *Planning Cultures in Europe* (S. 39-62). Burlington: Ashgate.

Kuhn, T. S. (1981). *Die Struktur wissenschaftlicher Revolutionen.* Frankfurt am Main: Suhrkamp.

LUBW – Landesanstalt für Umwelt, Messungen und Naturschutz Baden-Württemberg (2012). Windkraft und Naturschutz – Planungshinweise der LUBW. http://www.lubw.baden-wuerttemberg.de/servlet/is/216927/. Zugegriffen: 11. September 2012.

Roser, F. (2011). *Entwicklung einer Methode zur großflächigen rechnergestützten Analyse des landschaftsästhetischen Potenzials.* Dissertation, Universität Stuttgart. Berlin: Weißensee Verlag.

Roser, F. (2012). *Landschaftsbildbewertung – Pilotprojekt für eine flächendeckende, GIS-gestützte Modellierung der landschaftsästhetischen Qualität in sechs Planungsregionen Baden-Württembergs.* Abschlussbericht. Stuttgart: Verband Region Stuttgart & Ministerium für ländlichen Raum und Verbraucherschutz Baden-Württemberg.

RV NSW/MO – Regionalverband Nord-Schwarzwald / Mittlerer Oberrhein (2011). *KLIMAMORO – Raumentwicklungsstrategien zum Klimawandel. Endbericht der Modellregion Nordschwarzwald / Mittlerer Oberrhein.* Stuttgart: Institut für Grundlagen der Planung, Universität Stuttgart.

Schönwandt, W. L. & Voigt, A. (2005). Planungsansätze. In ARL - Akademie für Raumforschung und Landesplanung (Hrsg.), *Handwörterbuch der Raumplanung* (S. 769-776). Hannover: Verlag der ARL.

Schönwandt, W. L. (2002). *Planung in der Krise? Theoretische Orientierungen für Architektur, Stadt- und Raumplanung.* Stuttgart: Kohlhammer.

Schönwandt, W. L. (2008). *Planning in Crisis? Theoretical Orientations for Architecture and Planning.* Aldershot: Ashgate.

Schwäbische Zeitung (2012). Windkraftanlagen sorgen für Entrüstung. Von Ingo Selle. http://www.schwaebische.de/region/sigmaringen-tuttlingen/pfullendorf/rund-um-pfullendorf_artikel,-Windkraftanlagen-sorgen-fuer-Entruestung-_arid,5323024.html. Zugegriffen: 27. September 2012

Stuttgarter Nachrichten (2012): Erneuerbare Energien. Kein Platz für sieben Windräder. Von Frank Krause. http://www.stuttgarter-nachrichten.de/inhalt.erneuerbare-energien-kein-platz-fuer-sieben-windräder/. Zugegriffen: 22. Mai 2012.

UCLG – United Cities and Local Governments (2011). *Culture as the Fourth Pillar of Sustainable Development.* Barcelona: Ajuntament de Barcelona, Institut de Cultura.

UMBW – Ministerium für Umwelt, Klima und Energiewirtschaft Baden-Württemberg (2012): Nachhaltig handeln Baden-Württemberg. http://www2.um.baden-wuerttemberg.de/servlet/is/29878/. Zugegriffen: 26. November 2012.

WBGU – Wissenschaftlicher Beirat der Bundesregierung Globale Umweltveränderungen (2012). Factsheet Nr. 5 - Forschung und Bildung für die Transformation. http://www.wbgu.de/fileadmin/ templates/dateien/veroeffentlichungen/factsheets/fs5/wbgu_fs5.pdf. Zugegriffen: 13. März 2012.

Werlen, B. (1997). *Gesellschaft, Handlung und Raum. Grundlagen handlungstheoretischer Sozialgeographie*. Stuttgart: Steiner.

Werner, E. (1971). *The children of Kauai: a longitudinal study from the prenatal period to age ten*. Honolulu: University of Hawaii Press.

Fazit

Die Landschaften der Energiewende – Themen und Konsequenzen für die sozialwissenschaftliche Landschaftsforschung

13

Ludger Gailing

1 Einführung

Wenn Sozialwissenschaftler zu einem gesellschaftlichen Prozess forschen, der von hoher aktueller Brisanz ist, weil er von großen Umbrüchen und vielfältigen Debatten geprägt ist, so bietet sich die Möglichkeit, zu einer Versachlichung beizutragen. Die Energiewende in Deutschland – und auch in anderen Staaten – ist ein solcher Wandlungsprozess. Angesichts der Vehemenz seiner physisch-materiellen Auswirkungen, der Konsequenzen für das Landschaftserleben und der neu entflammten gesellschaftlichen und politischen Debatten um Landschaften stellt er die derzeit wohl bedeutendste empirische Herausforderung für die Landschaftsforschung dar.

Dieser Herausforderung hat sich der Arbeitskreis Landschaftsforschung mit den einzelnen Beiträgen für diesen Band in einem ersten Schritt gestellt. Mit diesem Schlussbeitrag möchte ich zweierlei erreichen: zum einen sollen einzelne ausgewählte Argumente aus den Beiträgen aufgegriffen und thematisch neu zusammengeführt werden (Kapitel 2 bis 5).[1] Zum anderen sollen aber auch Konsequenzen für eine künftige sozialwissenschaftliche und interdisziplinäre Landschaftsforschung aufgezeigt werden (Kapitel 6).

2 Energielandschaften: Diskurse, Materialitäten und Handlungsräume

Womit hat man es zu tun, wenn in sozialwissenschaftlicher Hinsicht zu Energielandschaften geforscht wird? Was sind eigentlich Energielandschaften? Antworten auf diese Fragen werden wohl vor allem diskurstheoretische Forschungsansätze bieten, denn „Energielandschaft" ist zunächst einmal eine Vokabel. Es sollte gefragt werden, wo und in welchen zeitlichen und räumlichen Kontexten diese Vokabel verwendet wird – bezie-

---

[1] Dabei werden auch Argumente aus der aktuellen Literatur sowie aus Vorträgen und Diskussionen des Workshops zum Thema „Neue Energie – Neue Energielandschaften – Neue Perspektiven der Landschaftsforschung?" (vgl. Gailing 2012a, S. 17ff.) berücksichtigt.

hungsweise wo und in welchen zeitlichen und räumlichen Kontexten die Wörter „Energie" und „Landschaft" gemeinsam verwendet werden. Der Beitrag von Otto und Leibenath in diesem Band hat gezeigt, dass etwa „Windkraft" und „Landschaft" sowohl in allgemeingesellschaftlicher Hinsicht als auch in einzelnen konkreten Raumausschnitten oft miteinander artikuliert werden. Die Auseinandersetzungen um erneuerbare Energien gehören dank intensiver und durchaus heterogener diskursiver Verknüpfungen nun zum veränderten semantischen Hof von „Landschaft".

Der Terminus „Energielandschaft" selbst fällt dabei noch nicht allzu häufig. Aber einige der Debatten zur Energiewende und zu ihren lokalen beziehungsweise regionalen Folgen stehen doch bereits in diesem Fokus. Die Deutsche Landeskulturgesellschaft (2011) fragt etwa danach, ob die neuen „Energie-Landschaften" denn nun „Fallen oder Chancen für ländliche Räume" seien. Energielandschaften können also etwas Negatives bedeuten – etwa die materielle Überprägung der „heimatlichen Normallandschaft" (Beitrag Kühne in diesem Band) – oder auch etwas Positives: zum Beispiel mehr regionale Wertschöpfung und neu gewonnene Entscheidungsautonomie. Von „Energielandschaften" ist oft dann die Rede, wenn die physisch-materiellen Auswirkungen der Energiewende auf einen begrifflichen Nenner gebracht werden sollen – so etwa bei Johann (2010, S. 54), der mit diesem Terminus die raumgreifenden Entwicklungen beschreibt und quantifiziert, die durch den Ausbau der erneuerbaren Energien in Deutschland erfolgen.

Energielandschaften sind fast immer ein physisch-materielles Nebenprodukt des Akteurshandelns und handlungsleitender Institutionen – hier der Akteure und Regeln im Energiesystem. Veränderungen dieser Akteurskonstellationen haben physisch-materielle Folgen und diese wirken wiederum auf die Akteure zurück (siehe Beitrag von Becker, Gailing und Naumann in diesem Band). Ist aber nicht gerade die heute entstehende und sich transformierende Energielandschaft in physisch-materieller Hinsicht sozusagen nur eine Restkategorie; nichts bewusst Erzeugtes? Wer denkt bei der Ausgestaltung gesetzlicher Anreizsysteme – zum Beispiel des Erneuerbare-Energien-Gesetzes – oder bei staatlichen Planungen – zum Beispiel zum Netzausbau oder zur Raumordnung von Offshore-Windparks[2] – an den Aspekt der „Landschaften"? Von lokal gestalteten Ausnahmen abgesehen sind Energielandschaften wohl in ganz besonderer Weise bloße *Neben*produkte und keine Produkte energiepolitischen Handelns.

Kollektives Handeln hatte immer schon Auswirkungen auf das physische Erscheinungsbild und die Materialität von Landschaften. Das ist heute nicht anders als früher: So waren etwa auch die Landschaften der fossilen und atomaren Stromerzeugung „Energielandschaften". Ein Titel einer US-amerikanischen Dissertation, die sich auf den Zeitraum 1820-1930 bezieht, macht mit einem Doppelpunkt diese „Gleichung" auf: „Energy Landscapes: Coal Canals, Oil Pipelines, and Electricity Transmission Wires" (Jones 2009). Diese Energielandschaften waren Nebenprodukte von Änderungen des damaligen Energiesystems, das auf fossilen Energieträgern beruhte. Auch heute sind vergleichbare Umwälzungen wieder zu beobachten. Da die Produktion von Elektrizität aus erneuerba-

---

2   Vgl. hierzu Gee und Burkhard (2012).

ren Energien aber besonders raumextensiv ist, werden heute auch deutlich mehr Landschaften zu Energielandschaften als zu Zeiten der fossil oder atomar basierten Energieversorgung. Energieerzeugung wird sichtbarer und präsenter. Windkraft ist zum Beispiel „an energy resource that reminds us that our electricity comes from somewhere" (Pasqualetti 2000). Selbst für die regenerativen Energielandschaften der Nachkriegszeit galt dies noch nicht in einem vergleichbaren Ausmaß wie heute (siehe Beitrag Hasenöhrl in diesem Band).

Mit Hilfe von Ansätzen der neuen Institutionen- und der Governance-Forschung untersuchten sozialwissenschaftliche Kulturlandschaftsforscher in den letzten Jahren, was es heißt, Kulturlandschaften als Handlungsräume kollektiver Akteure aufzufassen (vgl. Fürst et al. 2008; Gailing 2012b). Das ist möglich, wenn man auf die Institutionensysteme der Raumplanung, des Naturschutzes, der Tourismuspolitik oder der ländlichen Entwicklungspolitik rekurriert. Aber ist es auch sinnvoll, wenn die Energiepolitik und die Gestaltung regionaler Energiewenden in den Mittelpunkt der Betrachtung rücken? Können auch Energielandschaften kollektive Handlungsräume sein? Derzeit konstituieren sich zwar viele Energie*regionen* als kollektive Handlungsräume, aber ein expliziter Landschaftsbezug ist dabei in den allermeisten Fällen nicht gegeben. Vielleicht werden sich aber auch die klassischen Handlungsräume, die einen Landschaftsbezug aufweisen, in dem Sinne wandeln, dass sie zugleich zu Handlungsräumen der Energiewende werden und diese mit ihrer eigenen inhaltlichen Agenda anreichern. Beispiele wären Großschutzgebiete oder LEADER-Regionen, die sich dem Thema zuwenden. Derzeit stehen aber in diesem Kontext offensichtlich noch eher die Konflikte zwischen erneuerbaren Energien und anderen Landnutzungs- oder Schutzaspekten im Fokus (siehe etwa zum Biosphärengebiet Schwäbische Alb den Beitrag von Megerle in diesem Band).

3   Die Ästhetik neuer Energielandschaften

An dem Beispiel der Schwäbischen Alb lässt sich auch zeigen, wie die Art und Weise, in der man heute über neue Energielandschaften redet, von überkommenen stereotypen Landschaftskonstrukten (Beitrag Kühne in diesem Band) und „Bildern im Kopf" (Beitrag Kost in diesem Band) geprägt wird. Wenn die Mehrheit der Menschen an die „Schwäbische Alb" oder den „Albtrauf" denken, werden ganz spezifische Raumbilder und Raumsymbole erinnert, die heute selbstverständlich sind, weil sie einen historischen Prozess der kollektiven Ontologisierung erfahren haben. Diese Aspekte der kollektiven Konstruktion von einzelnen Landschaften sind durch den Zubau von Anlagen erneuerbarer Elektrizitätserzeugung bedroht. Dass es gar nicht so einfach ist, diese eher „weichen" Kriterien des ästhetischen Landschaftscharakters auch in der formellen Planung zu berücksichtigen, zeigt der Beitrag von Francis in diesem Band.

In der Landschaftsforschung wird ja die Frage durchaus kontrovers diskutiert, ob die neuen Energielandschaften eigentlich überhaupt schon ästhetisch fassbar seien. Tessin (2002, S. 39) postulierte beispielsweise, dass ein Gebiet, zu dem noch keine „innere Distanz" aufgebaut werden konnte, weil es mit dem alltäglichen Leben und Wirtschaften vieler Menschen verbunden ist, noch nicht als vorrangig ästhetisches Objekt und damit nicht als Landschaft wahrgenommen werden könne. Für Siebert (1960, S. 248) waren Hochspannungsleitungen in den 1960er Jahren noch „ihrem Wesen nach so landschaftsfremd, dass sie nur schwer in das Landschaftsbild einzuordnen sind." Heute provozieren Windparks ähnliche Argumentationen, wohingegen die Relikte der Windmühlenlandschaften des 18. und 19. Jahrhunderts längst eine Verklärung erfahren haben. Wenn erst die ästhetisierende Entdeckung und Verklärung – häufig verbunden mit Verlusterfahrungen – aus einer bloßen Gegend eine Landschaft machen, dann wären unsere zeitgenössischen Energielandschaften noch keine Landschaften.

Die Ästhetisierung der aktuellen Energielandschaften wird wohl noch auf sich warten lassen, auch wenn es hierfür schon popkulturelle und andere popularisierte Beispiele[3] gibt. Heute scheint es daher darum zu gehen, zu lernen, die Landschaften der Energiewende auch ästhetisch wertzuschätzen: „learning to love the landscapes of carbon-neutrality" (Selman 2010, S. 157). Diese „acquired aesthetic" (ebd.) soll gelingen, wenn eine rationale und moralisch-ethische (vgl. Pasqualetti 2000) Einsicht in die technologische Notwendigkeit der Anlagen zur Lösung drängender Fragen des globalen Klimawandels gegeben ist. Möglicherweise stellt dies – zumindest für viele Gegner lokaler Energiewenden – eine Überforderung des ästhetischen Denkens, Fühlens und Handelns dar. Im Zusammenhang mit dem Bau von Windkraftanlagen oder Freiflächen-Photovoltaikanlagen wird „Landschaftsästhetik" derzeit eigentlich fast nur mit „Akzeptanzverlust" oder „Technisierung der Kulturlandschaft" (Bosch und Peyke, S. 109) konnotiert. Es wird noch selten (vgl. aber Schöbel 2012) darüber nachgedacht, die neuen Energielandschaften auch in ästhetischer Hinsicht als eine Gestaltungsaufgabe wahrzunehmen.

Wenn man Kühne (Beitrag in diesem Band) folgt, muss Landschaft nicht stereotyp schön, sondern vertraut sein, um als heimatliche Normallandschaft akzeptiert zu werden. Diese Vertrautheit entstehe jeweils innerhalb einer Generation. Die ästhetische Konstruktion der heimatlichen Normallandschaft sei aber tatsächlich auch wandelbar, allerdings lediglich durch den Übergang von einer Generation zur nächsten (vgl. auch Kühne 2013). Die Energielandschaften unserer Zeit werden sich somit zu den heimatlichen Normallandschaften kommender Generationen entwickeln. Aber auch jenseits von Sozialisationsprozessen und intergenerationellem Wandel können ästhetische Werturteile verändert werden, denn: Landschaftsästhetik wird auch ganz bewusst durch Akteurshandeln produziert und reproduziert. Politik, Medien, Zivilgesellschaft und Forschung beeinflussen, was in ästhetischer Hinsicht als wertvoll oder wertlos gilt. Auch die Planer üben in Planungsprozessen zur Energiewende einen solchen Einfluss aus – jeweils vor dem Hintergrund ihrer planungskulturellen Voraussetzungen (siehe Beitrag Atmanagara in diesem Band). Sogar der Justiz kommt eine solche Rolle zu, wenn sie mittels der Hilfskonstruktion des „gebildeten Durchschnittsbetrachters" darüber entscheidet, was

---

3 Vgl. z.B. den Reiseführer „Erneuerbare Energien entdecken" (Frey 2011).

in einer Landschaft schön, reizvoll oder typisch sei (siehe Beitrag von Franke und Eissing in diesem Band).

Ästhetische Geschmacksentscheidungen akademisch gebildeter, bürgerlicher Männer ohne Migrationshintergrund können sich dann vermittels richterlicher Urteile in physisch-materiellen Strukturen niederschlagen. Auch im Rahmen des Workshops wurde darüber diskutiert, wer beispielsweise in den Pionierdörfern der Energiewende heute „das Sagen habe" und mit seinen Entscheidungen und Ideen dort die Energielandschaften der Gegenwart gestalte. Die Entscheider sind offenbar vor allem Männer, die eher älter und nicht akademisch gebildet sind – nach Kühnes Vortrag eigentlich klassische Gegner der Energiewende mit einem besonders konservativen landschaftsästhetischen Empfinden. Kunze (siehe seinen Beitrag in diesem Band) zeigte dagegen auf, dass die entscheidenden lokalen „Experten zweiter Ordnung" in den Pionierdörfern gerade solche älteren Männer seien. Der Einbezug von Gender-Aspekten und weiteren Dimensionen der Sozialstruktur, des Bildungsstandes oder des Migrationshintergrundes in Forschungen zur ästhetischen Konstruktion von (Energie-)Landschaften kann als wichtiges Desiderat dieses Bandes festgehalten werden.

4 Energielandschaften als Konflikträume

Viele der Beiträge haben gezeigt, dass es ein Ziel der Landschaftsforschung sein sollte, sich den widerstreitenden Interessen und Konflikten von Akteuren zuzuwenden. In diesem Sinne sind Energielandschaften dann ein ganz besonderer Typ kollektiver Handlungsräume; sie sind Konflikträume zwischen verschiedenen Ansprüchen an die Landschaft. Sie wären damit zugleich Debattenräume und wohl auch Räume eines Bedarfs nach partizipatorischen Lösungen. Dass Partizipation und Aushandlung angesichts antagonistischer Diskurse, divergierender planungskultureller Hintergründe, formeller Vorgaben staatlicher Handlungsebenen oder ökonomischer Interessen der Energiewirtschaft (siehe Beiträge von Otto und Leibenath, Atmanagara, Francis sowie Becker et al. in diesem Band) nicht immer gelingen werden, liegt auf der Hand.

Die Energiewende wird – das zeigt etwa der Beitrag von Megerle in diesem Band – von Praktikern der Raum- und Landschaftsplanung teils mit Skepsis und teils mit positiven Erwartungen begleitet. Die Thematisierung damit verbundener Konflikte um die Landnutzung und das Landschaftsbild ist seit den 1990er Jahren ein schon fast klassischer Topos landschaftsbezogener Forschung, häufig allerdings verbunden mit einem transformationskritischen Grundton. Argumente des Landschaftsschutzes werden dann gegen die „Verspargelung" oder die „Vermaisung" der Landschaft in Stellung gebracht. Wie wichtig umwelthistorische Perspektiven auf die Konflikte um Energielandschaften sein können, verdeutlicht der Beitrag von Hasenöhrl in diesem Band. Die heutigen Auseinandersetzungen um den Ausbau erneuerbarer Energien reproduzieren zentrale Argumentationen und Bewertungsmuster der Nachkriegszeit, wobei diese bereits von widerstreitenden Debatten des 19. Jahrhunderts geprägt waren.

Wenn man die Konflikte um die neuen Energielandschaften verstehen will, wird es zudem wichtig sein, die Akteursvielfalt der „neuartigen kommunalen und regionalen Energiepolitik" (Beitrag Leibenath in diesem Band) zu berücksichtigen. Landschaftsforschung muss sich daher den klassischen und neuen Akteuren der Energiewirtschaft – zum Beispiel Stadtwerken, Energieversorgungsunternehmen, neuen Energiegenossenschaften – ebenso zuwenden wie staatlichen Akteuren auf den unterschiedlichen Handlungsebenen der Mehrebenen-Governance oder zivilgesellschaftlichen Bewegungen. Letzteres betrifft sowohl Protestbewegungen als auch aktive lokale Eliten und „Experten zweiter Ordnung", die dezentrale Energiewenden gestalten. Becker, Naumann und Gailing haben mit ihrem Beitrag in diesem Band gezeigt (vgl. auch Becker et al. 2012), dass sich für Kommunen und die Zivilgesellschaft neue Chancen bieten, stärker als bisher Einfluss auf die Energieversorgung zu nehmen. Bei dieser lokalen und regionalen Repolitisierung der Energieversorgung dürfte auch widerstreitenden „Landschaftsargumenten" eine große Bedeutung zukommen. Es wird zu beobachten sein, ob mit dieser (Re-)Politisierung auch eine stärkere Polarisierung einhergehen wird.

Von sozialwissenschaftlichen Ansätzen werden zunächst keine Lösungen der antagonistischen Problemlagen in den neuen Energielandschaften zu erwarten sein, wohl aber Analysen der kulturellen, institutionellen und gesellschaftlichen Dynamiken, die in den Konflikträumen der Energiewende zu konstatieren sind. Dabei werden Landschaftsforscher nicht umhin kommen, weniger die althergebrachten Facetten des Forschungsfeldes „Landschaft", sondern vielmehr die Akteure und handelnden Individuen mit ihren landschaftsbezogenen Wahrnehmungsweisen, Realitätskonstruktionen und Interessen in den Mittelpunkt ihrer Betrachtung zu rücken.

5   Planungswissenschaftliche Herausforderungen

Der vorliegende Band hat nicht das explizite Ziel, planungspraktische Instrumente zu diskutieren oder Raum- und Landschaftsplaner bei der Erstellung von Konzepten und bei formellen Planungen zu beraten. Es liegt aber auf der Hand, dass die hier vorgestellten Perspektiven auch praxisrelevant sind. Dabei spielt formelle Planung eine wesentliche Rolle, wie die drei Beiträge im Abschnitt zu „Planungswissenschaftlichen Ansätzen" deutlich machen. Eine gängige These in der planungswissenschaftlichen Befassung mit Konflikten lautet, dass mehr Partizipation zu weniger formellen – auch juristischen – Auseinandersetzungen führe. Ein wesentlicher Aspekt im Kontext der dezentralen Ausgestaltung der Energiewende scheint gerade die monetäre Teilhabe an den Erlösen, Pachten und Gewinnen zu sein, die mit Anlageninvestitionen in Windkraft, Solarenergie oder Biomassenutzung verbunden sind. Zustimmung zu umstrittenen Vorhaben ist leichter möglich, wenn die individuelle ökonomische Beteiligung und die lokale Wertschöpfung gewährleistet werden. Der Bezug klassischer Planungsinstrumente zu ökonomischen Instrumenten für ein „Mehr" an Teilhabe und Wertschöpfung ist aber bislang weitgehend unerforscht.

Ein weiterer Aspekt für eine gelungene Partizipation dürfte eine veränderte Methodik sein, die nicht nur rationale und kognitive, sondern auch emotionale, symbolische und ästhetische Aspekte einbezieht; denn häufig werden gerade auf den Ebenen der Emotionalität, der Raumsymbolik und der Ästhetik die Konflikte um erneuerbare Energien verhandelt. Wer zudem die Bevölkerung konstitutiv in die Energiewende einbeziehen will, müsste sogar versuchen, die Unterrepräsentanz der Mindermächtigen (hinsichtlich Sozialstruktur, Alter, Bildung, Migrationshintergrund und so weiter) in den Partizipationsprozessen zu verringern.

Wie wichtig eine transdisziplinäre Perspektive und damit ein Einbezug gesellschaftlicher Akteure in die Forschung ist, lässt sich daran zeigen, dass im Rahmen des Workshops Planungspraktiker solche Ideen für eine veränderte, sozial gerechtere und entschleunigte konstitutive Beteiligung als wenig realistisch beurteilt haben. Die Energiewende bedeute vielmehr faktisch, dass der Planungsdruck steige und selbst Partizipationsprozesse beschleunigt würden. Die „hehren" Ansprüche an die Planung halten – wie üblich (vgl. Sager 2009) – einem Realitätscheck nicht stand. Wie diese Lücke zwischen Zielen und Handeln überbrückt werden könnte, stellt eine anspruchsvolle Fragestellung für die planungswissenschaftliche Landschaftsforschung dar.

Letztlich ist aber auch festzuhalten – und dies dürfte ernüchternd sein für all jene, die die Energiewende als zentral gesteuerten Prozess begreifen: Viele gesellschaftlichen Entwicklungsprozesse entziehen sich einer Institutionalisierung und Standardisierung. Der Erfolg eines Instruments der Partizipation oder der verbesserten Teilhabe wird je nach lokaler Sozialstruktur und Akteurskonstellation jeweils höchst unterschiedlich ausfallen. Nischen- und Laborlösungen, die „bottom-up" mit dem Mut zum offenen Ausgang entwickelt werden, stellen den Normalfall vieler beispielhafter Energiedörfer und Energieregionen dar (vgl. Kunze 2012). Die künftige gesellschaftliche Governance der Energiewende wird – wie alle anderen sozial-ökologischen Prozesse der Landschaftsentwicklung (vgl. Plieninger und Bieling 2012) – nicht Gegenstand von Prognosen und rationalen Kausalitätsketten sein können.

6   Ausblick

In den transitorischen Landschaften der Energiewende als empirischen Fällen bündeln sich wie in einem „Brennglas" zukünftig relevante Aspekte einer sozialwissenschaftlichen und inter- sowie transdisziplinären Landschaftsforschung. Zu diesen gehören die folgenden Forschungsdesiderate:

- Der Einbezug von „Materialität" in die sozialwissenschaftliche Landschaftsforschung: Theorien und Konzepte, welche die Rolle der Materialität von Technologien oder Landschaftsstrukturen in systematischer Weise berücksichtigen, sind in der Forschung stärker zu berücksichtigen. Dazu sind vorhandene Beispiele (vgl. etwa Krauss 2010) auszuwerten und Bezüge zu etablierten landschaftsbezogenen Ansätzen des Sozialkonstruktivismus, der Institutionen- und Governanceforschung, der Resilienzforschung oder der Diskurstheorie herzustellen.

- Die empirische und konzeptionelle Einbindung von Machtaspekten: Manche Theorieansätze behandeln Machtaspekte eher kursorisch oder blenden sie aus. Wenn – wie mit diesem Band gezeigt – künftig in der Landschaftsforschung ein besonderer Fokus auf Akteure und ihr Handeln gelegt werden soll, dann sind auch Analysen zu deren Machtverhältnissen erforderlich. Solche Machtfragen stellen sich insbesondere in den neuen Energielandschaften. „Landscapes of power" (Solomon et al. 2005, S. 309) sollten – im doppelten Sinne des Wortes „power" – im Fokus der künftigen Landschaftsforschung stehen (vgl. auch Nadaï und van der Horst 2010).
- Perspektive auf Akteure und Individuen: Die unterschiedlichen Rollen von Akteuren in räumlich-gesellschaftlichen Prozessen sowie ihre individuellen Dispositionen bezogen auf Gender, Sozialstruktur, Bildungsstand oder Migrationshintergrund systematisch in Forschungen zum landschaftsbezogenen Handeln und zur sozialen Konstruktion von Landschaft einzubeziehen, ist ein weiteres Desiderat.
- Normativitäten und „commons": Die Wahrnehmung, Bewertung und Steuerung neuer Energielandschaften ist nicht zu verstehen, wenn nicht die unterschiedlichen gesellschaftlichen Ziele, die dabei in Widerstreit stehen, zum Gegenstand der Analyse werden. Normative Gemeinwohlziele sind ebenso wie Gemeinschaftsgutaspekte der neuen Energielandschaften (vgl. auch European Science Foundation 2010) wichtige zukünftige Forschungsthemen.
- Governance: Wie oben bereits angedeutet, besteht ein erheblicher Forschungsbedarf bezüglich der Frage, wie Energielandschaften überhaupt gesteuert werden sollen. Welche Rolle können formelle Planungen spielen? Welche Bedeutung haben informelle Konzepte, Partizipationsansätze und Teilhabeprojekte? Wie sieht ein möglicher Bezug der Raum- und Landschaftsplanung zu diesen informellen gesellschaftlichen oder ökonomischen Ansätzen aus?

Die sozialwissenschaftliche und interdisziplinäre Landschaftsforschung wird zu diesen Themen und Fragen keine einfachen Antworten liefern, denn die soziale Konstruktion, die diskursive und institutionelle Konstituierung, die Governance, die Wahrnehmung, die ästhetische Bewertung oder die materielle Transformation der neuen Energielandschaften sind komplexe Prozesse. Sie erfordern weitere empirische, theoretisch-konzeptionelle und anwendungsorientierte Forschungen.

Literatur

Becker, S., Gailing, L. & Naumann, M. (2012). *Neue Energielandschaften – neue Akteurslandschaften. Eine Bestandsaufnahme im Land Brandenburg*. Berlin.

Bosch, S. & Peyke, G. (2011). Gegenwind für die Erneuerbaren – Räumliche Neuorientierung der Wind-, Solar- und Bioenergie vor dem Hintergrund einer verringerten Akzeptanz sowie zunehmender Flächennutzungskonflikte im ländlichen Raum, *Raumforschung und Raumordnung 69*, 105-118.

Deutsche Landeskulturgesellschaft (Hrsg.) (2011). *Energie-Landschaften!? Fallen oder Chancen für ländliche Räume*. Müncheberg (Schriftenreihe der Deutschen Landeskulturgesellschaft, 8).

European Science Foundation (2010). Landscape in a Changing World (Science Policy Briefing, October 2010). http://www.esf.org/index.php?eID=tx_nawsecuredl&u=0&file=fileadmin/be_user/CEO_Unit/Science_Policy/ESF-COST/2010/Landscape_SPB/SPB_Landscape_Changing-World.pdf&t=1355339334&hash=5d203ae5e3eac9a6b8e2a59f915f567081065eff.   Zugegriffen: 11. Dezember 2012.

Frey, M. (2011). *Deutschland – Erneuerbare Energien entdecken*. Ostfildern: Karl Baedeker Verlag.

Fürst, D., Gailing, L., Pollermann, K. & Röhring, A. (Hrsg.) (2008). *Kulturlandschaft als Handlungsraum. Institutionen und Governance im Umgang mit dem regionalen Gemeinschaftsgut Kulturlandschaft*. Dortmund: Rohn.

Gailing, L. (2012a). Neue Energien – Neue Landschaften? *IRSaktuell Nr. 71*, 17-19.

Gailing, L. (2012b). Sektorale Institutionensysteme und die Governance kulturlandschaftlicher Handlungsräume. Eine institutionen- und steuerungstheoretische Perspektive auf die Konstruktion von Kulturlandschaft, *Raumforschung und Raumordnung 70*, 147-160.

Gee, K. & Burkhard, B. (2012). Offshore wind farming on Germany's North Sea coast: tracing regime shifts across scales. In T. Plieninger & C. Bieling (Hrsg.), *Resilience and the Cultural Landscape. Understanding and Managing Change in Human-Shaped Environments* (S. 185-201). Cambridge: Cambridge University Press.

Johann, R. (2010). Energielandschaften. Erneuerbare Energien als Treiber für die Raumentwicklung, *polis – Magazin für urban development 17*, 54-56.

Jones, C. F. (2009). Energy Landscapes: Coal Canals, Oil Pipelines, and Electricity Transmission Wires in the Mid-Atlantic, 1820-1930. University of Pennsylvania. http://repository.upenn.edu/edissertations/16. Zugegriffen: 28. Juli 2012.

Krauss, W. (2010). The 'Dingpolitik' of Wind Energy in Northern German Landscapes: An Ethnographic Case Study, *Landscape Research 35*, 195-208.

Kühne, O. (2013). *Landschaftstheorie und Landschaftspraxis. Eine Einführung aus sozialkonstruktivistischer Perspektive*. Wiesbaden: Springer VS.

Kunze, C. (2012). *Soziologie der Energiewende: erneuerbare Energien und die Transition des ländlichen Raums*. Stuttgart: Ibidem.

Nadaï, A. & van der Horst, D. (2010). Introduction: Landscapes of energies, *Landscape Research 35*, 143-155.

Pasqualetti, M. J. (2000). Morality, Space, and the Power of Wind-Energy Landscapes, *The Geographical Review 90*, 381-394.

Plieninger, T. & Bieling, C. (Hrsg.) (2012). *Resilience and the Cultural Landscape. Understanding and Managing Change in Human-Shaped Environments*. Cambridge: Cambridge University Press.

Sager, T. (2009). Planners' Role: Torn between Dialogical Ideals and Neo-liberal Realities, *European Planning Studies 17*, 65-84.

Schöbel, S. (2012). *Windenergie und Landschaftsästhetik. Zur landschaftsgerechten Anordnung von Windfarmen*. Berlin: Jovis.

Selman, P. (2010). Learning to Love the Landscapes of Carbon-Neutrality, *Landscape Research 35*, 157-171.

Solomon, B. D., Pasqualetti, M. J. & Luchsinger, D. A. (2005). Energy Geography. In G. L. Gaile & C. J. Willmott (Hrsg.), *Geography in America at the Dawn of the 21st Century* (S. 303-313). Oxford: Oxford University Press.

Siebert, A. (1960). Landschaftspflege als Aufgabe der Raumordnung. Landschaftsschäden – Landschaftsschutz. In Akademie für Raumforschung und Landesplanung (Hrsg.), *Raumforschung* (S. 233-248). Bremen: Walter Dorn.

Tessin, W. (2002). Die ästhetisch-ideologische Inwertsetzung des Profanen: Eine weitere ausholende Randnotiz zum Buch „Zwischenstadt" von Thomas Sieverts, *Stadt und Grün 51*, 34-40.

Autorenverzeichnis

Jenny Atmanagara ist als akademische Mitarbeiterin am Städtebau-Institut, Fachgebiet Orts- und Regionalplanung, der Universität Stuttgart tätig. Forschungsschwerpunkte: Evaluation öffentlicher Politiken zur Raumentwicklung und zum Landschaftsmanagement, Planungskulturen und ortsgebundene Ansätze, Resilienz von städtischen und regionalen Systemen, Human-Nature-Interface.

Sören Becker ist wissenschaftlicher Mitarbeiter am Leibniz-Institut für Regionalentwicklung und Strukturplanung (IRS) in Erkner. Forschungsschwerpunkte: neue Institutionen in der Energiewende, Infrastrukturen als Gemeinschaftgüter, Prozesse gesellschaftlicher Selbstorganisation und regionale Entwicklung in Ostdeutschland.

Hildegard Eissing ist Landschaftsplanerin und lehrt an der Johannes Gutenberg-Universität Mainz.

Bärbel Francis ist Stadtplanerin und arbeitet im Torridge District Council in Devon (Vereinigtes Königreich) als Environmental and Sustainability Officer. Sie bearbeitet derzeit u.a im Rahmen des EU-INTERREG-Projekts „Cordiale – Managing Landscape Change" ein Forschungsvorhaben zum Thema „Is fixed point photography an effective tool for monitoring and analysing landscape change?"

Nils M. Franke ist Leiter des Wissenschaftlichen Büros Leipzig und lehrt an den Universitäten Hamburg, Hamburg HafenCity, Leipzig und Mainz. Forschungsschwerpunkte: Geschichte des Naturschutzes, Ehrenamt im Naturschutz und Naturschutz im Kontext des Rechtsextremismus.

Ludger Gailing arbeitet als wissenschaftlicher Mitarbeiter und stellvertretender Leiter der Forschungsabteilung „Institutionenwandel und regionale Gemeinschaftsgüter" am Leibniz-Institut für Regionalentwicklung und Strukturplanung (IRS) in Erkner. Forschungsschwerpunkte: Institutionen und Governance der Raumentwicklung (u.a. Kulturlandschafts- und Freiraumpolitik, Energiewende), soziale Konstruktionen von Räumen und Landschaften, Gemeinschaftsgutforschung.

Ute Hasenöhrl ist wissenschaftliche Mitarbeiterin am Leibniz-Institut für Regionalentwicklung und Strukturplanung in Erkner. Forschungsschwerpunkte: Umwelt- und Sozialgeschichte; Entwicklung und Wahrnehmung technischer Infrastrukturen (vor allem Beleuchtung und Energiesysteme); Zivilgesellschaft und soziale Bewegungen (vor allem Natur- und Umweltschutz); Institutionen und Gemeinschaftsgüter; Kulturlandschaften und Freiraumplanung.

Susanne Kost ist promovierte Planungswissenschaftlerin. Seit 2005 arbeitet sie in der Arbeitsgruppe Empirische Planungsforschung (AEP) der Universität Kassel und setzt sich im Forschungsschwerpunkt Kulturlandschaftsentwicklung mit interkulturellen Vergleichen zur Wahrnehmung und Bewertung von Landschaftsräumen, mit den Konsequenzen gesellschaftlicher und kultureller Prozesse auf die Gestalt von Raum und Landschaft sowie mit Strategien regionaler Akteure in der Landnutzung und Regionalentwicklung auseinander.

Olaf Kühne ist Professor für Ländliche Entwicklung/Regionalmanagement an der Hochschule Weihenstephan-Triesdorf und außerplanmäßiger Professor für Geographie an der Universität des Saarlandes in Saarbrücken. Forschungsschwerpunkte: Landschaftstheorie, soziale Akzeptanz von Landschaftsveränderungen, Nachhaltige Entwicklung, Transformationsprozesse ins Ostmittel- und Osteuropa, Regionalentwicklung, Stadt- und Landschaftsökologie.

Conrad Kunze hat an der BTU Cottbus promoviert. Er leitet das Büro für die demokratische Energiewende Berlin. Er publiziert zur Energiewende im ländlichen Raum und anderen Themen der Umweltsoziologie. An verschiedenen Forschungsprojekten ist er als Freelancer beteiligt.

Markus Leibenath ist wissenschaftlicher Mitarbeiter am Leibniz-Institut für ökologische Raumentwicklung und Lehrbeauftragter an der Technischen Universität Dresden. Forschungsschwerpunkte: Soziale Konstruktion und Governance von Landschaften im Zuge der Energiewende, netzwerkartige Kooperation im Naturschutz, grenzüberschreitende und europäische Raumentwicklung, Diskursanalyse.

Heidi Megerle ist Professorin für Angewandte Geographie und Planung an der Hochschule für Forstwirtschaft Rottenburg und Studiengangleiterin des BSc.-Studienganges „Naturraum- und Regionalmanagement". Forschungsschwerpunkte: Angewandte Geographie und Planung; Auswirkungen des Klimawandels sowie der Energiewende auf Ländliche Räume; landschaftsbezogener (Geo-)Tourismus.

Matthias Naumann ist wissenschaftlicher Mitarbeiter am Leibniz-Institut für Regionalentwicklung und Strukturplanung (IRS) in Erkner und Lehrbeauftragter an der Brandenburgischen Technischen Universität Cottbus. Seine Forschungsschwerpunkte sind die Wechselwirkungen zwischen Infrastruktur- und Raumentwicklung sowie kritische Ansätze in der Geographie.

Antje Otto ist wissenschaftliche Mitarbeiterin an der Universität Potsdam am Lehrstuhl „Geographie und Naturrisikenforschung". Zuvor war sie am Leibniz-Institut für ökologische Raumentwicklung tätig. Forschungsschwerpunkte: Soziale Konstruktionen und Diskurse von Naturrisiken, Klimawandel sowie von Landschaften im Kontext der Energiewende.

The manufacturer's authorised representative in the EU is Springer
Nature Customer Service Centre GmbH, Europaplatz 3, 69115 Heidelberg,
Germany. If you have any concerns regarding our products, please
contact ProductSafety@springernature.com

Printed and bound by CPI Group (UK) Ltd, Croydon, CR0 4YY

27/04/2026

02097613-0001